高等学校算法类课程系列教材

U0388984

算法设计与分析基础

（Java版）学习与上机实验指导

◎ 李春葆 刘 娟 喻丹丹 编著

清华大学出版社

北京

内 容 简 介

本书是《算法设计与分析基础(Java版)(微课视频版)》(李春葆等,清华大学出版社,2023,以下简称为《教程》)的配套学习与上机实验指导书,给出了《教程》中所有练习题和在线编程题的参考答案,读者通过研习有助于提高灵活运用算法设计策略解决实际问题的能力。书中列出了所有题目,自成一体,可以脱离《教程》单独使用。

本书适合高等院校计算机及相关专业的本科生及研究生使用,也适合IT企业面试者和编程爱好者研习。

图书在版编目(CIP)数据

算法设计与分析基础(Java版)学习与上机实验指导/李春葆,刘娟,喻丹丹编著. —北京:清华大学出版社,2023.9
高等学校算法类课程系列教材
ISBN 978-7-302-62635-0

Ⅰ.①算… Ⅱ.①李… ②刘… ③喻… Ⅲ.①算法设计-高等学校-教学参考资料 ②算法分析-高等学校-教学参考资料 ③JAVA 语言-程序设计-高等学校-教学参考资料 Ⅳ.①TP301.6 ②TP312.8

中国国家版本馆CIP数据核字(2023)第019725号

策划编辑:魏江江
责任编辑:王冰飞
封面设计:刘　键
责任校对:时翠兰
责任印制:曹婉颖

出版发行:清华大学出版社
　　　网　　　址:http://www.tup.com.cn,http://www.wqbook.com
　　　地　　　址:北京清华大学学研大厦A座　　　　　邮　　编:100084
　　　社 总 机:010-83470000　　　　　　　　　　　邮　　购:010-62786544
　　　投稿与读者服务:010-62776969,c-service@tup.tsinghua.edu.cn
　　　质量反馈:010-62772015,zhiliang@tup.tsinghua.edu.cn
　　　课件下载:http://www.tup.com.cn,010-83470236
印 装 者:三河市龙大印装有限公司
经　　　销:全国新华书店
开　　　本:185mm×260mm　　　　印　　张:17　　　　字　　数:414字
版　　　次:2023年9月第1版　　　　　　　　　　印　　次:2023年9月第1次印刷
印　　　数:1~1500
定　　　价:49.80元

产品编号:098168-01

前言

    本书是《算法设计与分析基础(Java版)(微课视频版)》(李春葆等,清华大学出版社,2023,以下简称为《教程》)的配套学习与上机实验指导书。全书共分为9章,与《教程》的各章相同。本书包含338道练习题,其中单项选择题120道,问答题113道,算法设计题105道,所有练习题都给出了详细的解题思路和参考答案;在线编程题89道,与相关知识点对应,难度适中,均选自LeetCode网站,所有在线编程题都给出了解题思路、提交可通过(Accept)的源代码、执行时间和空间信息。另外,本书提供了两个附录,附录A给出了在线编程实验报告格式,附录B给出了在线编程实验报告示例。

    本书提供书中习题的程序源码和两套期末试卷,读者扫描封底的文泉云盘防盗码,再扫描目录上方的二维码,可以下载。书中所有程序的调试和运行环境为Java 1.8。

    书中列出了全部练习题和在线编程题题目,因此自成一体,可以脱离《教程》单独使用。

    本书的出版得到了武汉大学计算机学院核心课程建设项目和清华大学出版社魏江江分社长的全力支持,王冰飞老师给予精心编辑,LeetCode网站提供了无私的帮助,编者在此一并表示衷心的感谢。尽管编者不遗余力,但由于水平所限,本书仍存在不足之处,敬请教师和同学们批评指正。

编　者

2023 年 7 月

目录

源码+试卷下载

第 3 章 必备技能——基本算法设计方法 /37

第6章　朝最优解方向前进——分支限界法　　/146

第 9 章　最难问题——NP 完全问题　/253

附录　/257

第 1 章 算法入门——概论

1.1 单项选择题及其参考答案 ✳

1.1.1 单项选择题

1. 下列关于算法的说法中正确的有_____。

Ⅰ. 求解任何问题的算法是唯一的

Ⅱ. 算法必须在有限步操作之后停止

Ⅲ. 算法的每一步操作必须是明确的，不能有歧义或含义模糊

Ⅳ. 算法执行后一定产生确定的结果

    A. 1个   B. 2个   C. 3个   D. 4个

2. 算法分析的目的是_____。

    A. 找出数据结构的合理性   B. 研究算法中输入和输出的关系

    C. 分析算法的效率以求改进   D. 分析算法的易读性和可行性

3. 以下关于算法的说法中正确的是_____。

    A. 算法最终必须用计算机程序实现   B. 算法等同于程序

    C. 算法的可行性是指指令不能有二义性   D. 以上几个都是错误的

4. 对于给定的问题，考虑算法时间复杂度的意义在于_____。

    A. 设计出时间复杂度尽可能低的算法

    B. 若该问题已有多种算法，选择其中时间复杂度低的算法

    C. 提高算法的设计水平

    D. 判断算法的正确性

5. 某算法的时间复杂度为 $O(n^2)$，表明该算法的_____。

    A. 问题规模是 n^2 B. 执行时间等于 n^2

    C. 执行时间与 n^2 成正比   D. 问题规模与 n^2 成正比

6. 下列表达不正确的是_____。

    A. $n^2/2+2^n$ 的渐进表达式上界函数是 $O(2^n)$

    B. $n^2/2+2^n$ 的渐进表达式下界函数是 $\Omega(2^n)$

    C. $\log_2 n^3$ 的渐进表达式上界函数是 $O(\log_2 n)$

    D. $\log_2 n^3$ 的渐进表达式下界函数是 $\Omega(n^3)$

7. 当输入规模为 n 时，算法增长率最快的是_____。

    A. 5^n B. $20\log_2 n$ C. $2n^2$ D. $3n\log_3 n$

8. 设 n 是描述问题规模的非负整数，下面程序段的时间复杂度为_____。

```
int x=2;
while(x<n/2)
    x=2*x;
```

    A. $O(\log_2 n)$ B. $O(n)$ C. $O(n\log_2 n)$ D. $O(n^2)$

9. 设 n 是描述问题规模的非负整数,下面程序段的时间复杂度为_____。

```
int s=0;
for(int i=1;i<=n;i*=2) {
    for(int j=0;j<i;j++)
        s++;
}
```

    A. $O(\log_2 n)$ B. $O(n)$ C. $O(n\log_2 n)$ D. $O(n^2)$

10. 设 n 是描述问题规模的非负整数,下面程序段的时间复杂度为_____。

```
int x=0,y=0;
for(int i=1;i<n;i++) {
    y=y+1;
    for(int j=0;j<2*n;j++)
        x++;
}
```

    A. $O(\log_2 n)$ B. $O(n)$ C. $O(n\log_2 n)$ D. $O(n^2)$

11. 下面的算法段针对不同的正整数 n 做不同的处理,其中 odd(n) 函数当 n 是奇数时返回 true,否则返回 false。

```
while(n>1) {
    if(odd(n))
        n=3*n+1;
    else
        n=n/2;
}
```

    该算法所需计算时间的下界是_____。

    A. $\Omega(2^n)$ B. $\Omega(n\log_2 n)$ C. $\Omega(n!)$ D. $\Omega(\log_2 n)$

12. 某算法的空间复杂度为 $O(1)$,则_____。

    A. 该算法的执行不需要任何辅助空间

    B. 该算法的执行所需辅助空间的大小与问题规模 n 无关

    C. 该算法的执行不需要任何空间

    D. 该算法的执行所需空间的大小与问题规模 n 无关

1.1.2 单项选择题参考答案

1. 答:由于算法具有有穷性、确定性和输出性,所以 Ⅱ、Ⅲ、Ⅳ 正确,而解决某个问题的算法不一定是唯一的。答案为 C。

2. 答:算法分析即算法性能分析,包括时间复杂度分析和空间复杂度分析,其目的是改进算法效率。答案为 C。

3. 答:算法最终不一定用计算机程序实现。算法具有有穷性,而程序不必具有有穷性。算法的确定性是指指令不能有二义性。答案为 D。

4. **答**：算法时间复杂度分析的主要目的之一是比较同一问题的多种求解算法的好坏。答案为 B。

5. **答**：算法的时间复杂度是问题规模 n 的函数，时间复杂度为 $O(n^2)$ 表示该算法的上界为 n^2，即执行时间与 n^2 成正比。答案为 C。

6. **答**：$n^2/2+2^n=O(2^n)$，$n^2/2+2^n=\Omega(2^n)$，$\log_2 n^3=3\log_2 n=O(\log_2 n)$。答案为 D。

7. **答**：5^n 是指数级的，其他为多项式级的。答案为 A。

8. **答**：该算法中的基本操作是 $x=2*x$，设其执行时间为 $f(n)$，则有 $2^{f(n)}\leqslant n/2$，即 $f(n)<\log_2(n/2)=O(\log_2 n)$。答案为 A。

9. **答**：不妨设 $n=2^k$，在外 for 循环中，i 依次取值为 1、2^1、2^2、$\cdots$、2^k，每次内循环的循环体 $s++$ 执行 i 次，所以 $s++$ 的执行次数 $=1+2^1+2^2+\cdots+2^k=2^{k+1}-1=O(n)$。答案为 B。

10. **答**：在两重 for 循环中，每重 for 循环的执行次数均为 $O(n)$，所以时间复杂度为 $O(n^2)$。答案为 D。

11. **答**：算法的下界是考虑最好的情况，该算法的最好情况是 $n=2^k$，$k=\log_2 n$，此时 while 循环仅执行 k 次 $n=n/2$ 语句，对应的时间复杂度为 $\Omega(\log_2 n)$。答案为 D。

12. **答**：算法的空间复杂度表示执行该算法所需辅助空间的大小与问题规模 n 的关系，空间复杂度为 $O(1)$ 表示所需辅助空间的大小与问题规模 n 无关。答案为 B。

1.2 问答题及其参考答案

1.2.1 问答题

1. 什么是算法？算法有哪些特性？

2. 简述算法分析的目的。

3. 判断一个大于 2 的正整数 n 是否为素数的方法有多种，给出两种算法，说明其中一种算法更好的理由。

4. 写出下列阶函数从低到高排列的顺序：

2^n，3^n，$\log_2 n$，$n!$，$n\log_2 n$，n^2，n^n，10^3

5. XYZ 公司宣称他们最新研制的微处理器的运行速度为其竞争对手 ABC 公司同类产品的 100 倍。对于时间复杂度分别为 n、n^2、n^3 和 $n!$ 的各算法，若用 ABC 公司的计算机在 1 小时内能解决输入规模为 n 的问题，那么用 XYZ 公司的计算机在 1 小时内能解决输入规模为多大的问题？

6. 小王针对某个求解问题设计出两个算法 A 和 B，算法 A 的平均时间复杂度为 $O(n\log_2 n)$，算法 B 的平均时间复杂度为 $O(n^2)$，一般认为算法 A 好于算法 B。但小王采用同一组测试数据进行测试时发现算法 A 的执行时间多于算法 B 的执行时间。请给出解释。

7. 试证明以下关系成立：

(1) $10n^2-2n=\Theta(n^2)$

(2) $2^{n+1}=\Theta(2^n)$

8. 试证明 $O(f(n)) + O(g(n)) = O(\max\{f(n), g(n)\})$。

9. 试证明 $\max(f(n), g(n)) = \Theta(f(n) + g(n))$。

10. 证明若 $f(n) = O(g(n))$，则 $g(n) = \Omega(f(n))$。

11. 试证明如果一个算法在平均情况下的时间复杂度为 $\Theta(g(n))$，则该算法在最坏情况下的时间复杂度为 $\Omega(g(n))$。

12. 化简下面 $f(n)$ 函数的渐进上界表达式。

(1) $f_1(n) = n^2/2 + 3^n$

(2) $f_2(n) = 2^{n+3}$

(3) $f_3(n) = \log_2 n^3$

(4) $f_4(n) = 2^{\log_2 n^2}$

(5) $f_5(n) = \log_2 3^n$

13. 对于下列各组函数 $f(n)$ 和 $g(n)$，确定 $f(n) = O(g(n))$ 或 $f(n) = \Omega(g(n))$ 或 $f(n) = \Theta(g(n))$，并简要说明理由。注意这里渐进符号按照各自严格的定义。

(1) $f(n) = 2^n, g(n) = n!$

(2) $f(n) = \sqrt{n}, g(n) = \log_2 n$

(3) $f(n) = 100, g(n) = \log_2 100$

(4) $f(n) = n^3, g(n) = 3^n$

(5) $f(n) = 3^n, g(n) = 2^n$

14. $2^{n^2} = \Theta(2^{n^3})$ 成立吗？证明你的答案。

15. $n! = \Theta(n^n)$ 成立吗？证明你的答案。

16. 有一个算法 $del(h, p)$，其功能是删除单链表 h 中的指针 p 指向的结点。该算法是这样实现的：(1) 若结点 p 不是尾结点，将结点 p 的后继结点的数据复制到结点 p 中，再删除其后继结点。(2) 若结点 p 是尾结点，用 pre 从 h 开始遍历找到结点 p 的前驱结点，再通过 pre 结点删除结点 p。分析该算法的时间复杂度。

17. 以下算法用于求含 n 个整数的数组 a 中任意两个不同元素之差的绝对值的最小值，分析该算法的时间复杂度，并对其进行改进。

```java
int mindiff(int a[],int n) {
    int ans=Integer.MAX_VALUE;
    for(int i=0;i<n;i++) {
        for(int j=0;j<n;j++) {
            if(i!=j) {
                int diff=Math.abs(a[i]-a[j]);
                ans=Math.min(ans,diff);
            }
        }
    }
    return ans;
}
```

1.2.2 问答题参考答案

1. **答**：算法是求解问题的一系列计算步骤。算法具有有限性、确定性、可行性、输入性和输出性 5 个重要特性。

2. **答**：算法分析的主要目的如下。

(1) 对算法的某些特定输入估算所需的内存空间和运行时间。

(2) 用于比较同一类问题的不同算法的优劣。

3. **答**：判断一个大于 2 的正整数 n 是否为素数的两种算法如下。

```java
boolean isPrime1(int n) {                  //算法 1
    for(int i=2;i<n;i++) {
        if(n% i==0)                        //n 能够被 i 整除
            return false;
    }
    return true;
}
boolean isPrime2(int n) {                  //算法 2
    for(int i=2;i<=(int)Math.sqrt(n);i++) {
        if(n% i==0)                        //n 能够被 i 整除
            return false;
    }
    return true;
}
```

算法 1 的时间复杂度为 $O(n)$，算法 2 的时间复杂度为 $\sqrt{n}$，所以算法 2 更好。

4. **答**：10^3，$\log_2 n$，$n\log_2 n$，n^2，2^n，3^n，$n!$，n^n。

5. **答**：XYZ 公司的计算机在 1 小时内能解决的问题规模为 n'，则

(1) 对于时间复杂度为 n 的算法，$n'=100n$。

(2) 对于时间复杂度为 n^2 的算法，$(n')^2=100n^2$，$n'=10n$。

(3) 对于时间复杂度为 n^3 的算法，$(n')^3=100n^3$，$n'=\sqrt[3]{100}\,n\approx4.64n$。

(4) 对于时间复杂度为 $n!$ 的算法，$n'!=100n!$，$n'<+\log_2 100=n+6.64$。

6. **答**：算法时间复杂度 O 表示问题规模 n 趋于 ∞ 时的上界，是一种趋势分析，并不表示算法的绝对执行时间。例如算法 A 的执行时间 $T_A(n)$ 可能是 $n\log_2 n+1000n$，算法 B 的执行时间 $T_B(n)$ 可能是 n^2+n。小王的一组测试数据一定是有限的，其问题规模可能较小，所以出现了算法 A 的执行时间多于算法 B 的执行时间，但不能由此否定算法 A 好于算法 B。

7. **证明**：(1) 因为 $\lim\limits_{n\to\infty}\dfrac{10n^2-2n}{n^2}=10$，所以 $10n^2-2n=\Theta(n^2)$ 成立。

(2) 因为 $\lim\limits_{n\to\infty}\dfrac{2^{n+1}}{2^n}=2$，所以 $2^{n+1}=\Theta(2^n)$ 成立。

8. **证明**：对于任意 $f_1(n)\in O(f(n))$，存在正常数 c_1 和正常数 n_1，使得对所有 $n\geqslant n_1$，有 $f_1(n)\leqslant c_1 f(n)$。

类似地，对于任意 $g_1(n)\in O(g(n))$，存在正常数 c_2 和自然数 n_2，使得对所有 $n\geqslant n_2$，有 $g_1(n)\leqslant c_2 g(n)$。

令 $c_3=\max\{c_1,c_2\}$，$n_3=\max\{n_1,n_2\}$，$h(n)=\max\{f(n),g(n)\}$，则对所有 $n\geqslant n_3$，有 $f_1(n)+g_1(n)\leqslant c_1 f(n)+c_2 g(n)\leqslant c_3 f(n)+c_3 g(n)=c_3(f(n)+g(n))\leqslant 2c_3\max\{f(n),g(n)\}=2c_3 h(n)=O(\max\{f(n),g(n)\})$。

9. **证明**：当 n 足够大时，显然有 $0 \leqslant \max(f(n), g(n)) \leqslant f(n) + g(n)$。

假设 $f(n) \leqslant g(n)$，则

$$\max(f(n), g(n)) = g(n) = \frac{1}{2}g(n) + \frac{1}{2}g(n) \geqslant \frac{1}{2}f(n) + \frac{1}{2}g(n)$$

$$= \frac{1}{2}(f(n) + g(n))$$

假设 $f(n) \geqslant g(n)$，则

$$\max(f(n), g(n)) = f(n) = \frac{1}{2}f(n) + \frac{1}{2}f(n) \geqslant \frac{1}{2}f(n) + \frac{1}{2}g(n)$$

$$= \frac{1}{2}(f(n) + g(n))$$

所以总有 $\max(f(n), g(n)) \geqslant \frac{1}{2}(f(n) + g(n))$ 成立。

合并起来：

$$\frac{1}{2}(f(n) + g(n)) \leqslant \max(f(n) + g(n)) \leqslant (f(n) + g(n))$$

即 $\max(f(n), g(n)) = \Theta(f(n) + g(n))$。

10. **证明**：若 $f(n) = O(g(n))$，有 $\lim\limits_{n \to \infty} \dfrac{f(n)}{g(n)} = c \neq \infty$，则 $\lim\limits_{n \to \infty} \dfrac{g(n)}{f(n)} = \dfrac{1}{c} \neq 0$，所以有 $g(n) = \Omega(f(n))$。

11. **证明**：设该算法的平均情况下的执行时间为 $f_1(n)$，最坏情况下的执行时间为 $f_2(n)$。由于平均时间复杂度为 $\Theta(g(n))$，则 $c_1 g(n) \leqslant f_1(n) \leqslant c_2 g(n)$，其中 c_1 和 c_2 均为正常量。根据定义可知算法的最坏情况下的执行时间 $f_2(n) \geqslant$ 平均情况下的执行时间 $f_1(n) \geqslant c_1 g(n)$，所以有 $f_2(n) \geqslant c_2 g(n)$，即 $f_2(n) = \Theta(g(n))$。

12. **答**：(1) $f_1(n) = O(3^n)$

(2) $f_2(n) = 2^{n+3} = 8 \times 2^n = O(2^n)$

(3) $f_3(n) = \log_2 n^3 = 3\log_2 n = O(\log_2 n)$

(4) $f_4(n) = 2^{\log_2 n^2} = 2^{2\log_2 n} = 2^{\log_2 n + \log_2 n} = 2^{\log_2 n} \times 2^{\log_2 n} = n \times n = O(n^2)$

(5) $f_5(n) = \log_2 3^n = n\log_2 3 = O(n)$

13. **答**：(1) $f(n) = O(g(n))$，因为 $f(n)$ 的阶低于 $g(n)$ 的阶。

(2) $f(n) = \Omega(g(n))$，因为 $f(n)$ 的阶高于 $g(n)$ 的阶。

(3) $f(n) = \Theta(g(n))$，因为 $f(n)$ 和 $g(n)$ 都是常量阶，即同阶。

(4) $f(n) = O(g(n))$，因为 $f(n)$ 的阶低于 $g(n)$ 的阶。

(5) $f(n) = \Omega(g(n))$，因为 $\lim\limits_{n \to \infty} \dfrac{f(n)}{g(n)} = \lim\limits_{n \to \infty} 1.5^n = \infty$，$f(n)$ 的阶高于 $g(n)$ 的阶。

14. **答**：不成立。证明如下：

$$\lim_{n \to \infty} \frac{2^{n^2}}{2^{n^3}} = \lim_{n \to \infty} 2^{n^2 - n^3} = 2^{-\infty} = \frac{1}{2^{\infty}} = 0$$

应该是 $2^{n^2} = O(2^{n^3})$，而不是 $2^{n^2} = \Theta(2^{n^3})$。

15. **答**：不成立。证明如下：

$$n! \approx \sqrt{2\pi n}\left(\frac{n}{e}\right)^n$$

$$\lim_{n\to\infty}\frac{n!}{n^n} \approx \lim_{n\to\infty}\frac{\sqrt{2\pi n}\left(\frac{n}{e}\right)^n}{n^n} = \lim_{n\to\infty}\frac{\sqrt{2\pi n}}{e^n} = 0$$

应该是 $n! = O(n^n)$，而不是 $n! = \Theta(n^n)$。

16. 答：假设单链表 h 中含 n 个结点，情况(1)的时间复杂度为 $O(1)$，情况(2)的时间复杂度为 $O(n)$（从头到尾遍历的时间为 $O(n)$）。

采用平摊分析方法，$\text{del}(h,p)$ 算法根据 p 分为 n 个状态（分别是 p 指向第 1 个结点、第 2 个结点、……、第 n 个结点），其中只有一个状态属于情况(2)，其他 $n-1$ 个状态属于情况(1)，平摊结果是 $\dfrac{(n-1)O(1)+O(n)}{n} = O(1)$。

17. 答：该算法中采用两重循环，所以时间复杂度为 $O(n^2)$。可以先对数组 a 递增排序，再求出两两相邻元素之差的绝对值 diff，比较求出最小值 ans。对应的改进算法如下：

```java
int mindiff1(int a[],int n) {
    Arrays.sort(a);                     //对 a[0..n-1]递增排序
    int ans=Integer.MAX_VALUE;
    for(int i=1;i<n;i++) {
        int diff=Math.abs(a[i]-a[i-1]);
        ans=Math.min(ans,diff);
    }
    return ans;
}
```

上述算法的时间主要花费在排序上，排序的时间复杂度为 $O(n\log_2 n)$，所以整个算法的时间复杂度也为 $O(n\log_2 n)$。

1.3　算法设计题及其参考答案　※

1.3.1　算法设计题

1. 设计一个尽可能高效的算法求 $1 + \dfrac{1}{2!} + \dfrac{1}{3!} + \cdots + \dfrac{1}{n!}$，其中 $n \geqslant 1$。

2. 有一个数组 a 包含 $n(n>1)$ 个整数元素，设计一个尽可能高效的算法将后面 $k(0 \leqslant k \leqslant n)$ 个元素循环右移。例如，$a = (1,2,3,4,5)$，$k = 3$，结果为 $a = (3,4,5,1,2)$。

1.3.2　算法设计题参考答案

1. 解：对应的算法如下。

```java
double sum(int n) {                     //求和算法
    double s=1.0;
    int f=1;                            //求 i!
```

```
for(int i=2;i<=n;i++) {
    f*=i;
    s+=1.0/f;
}
return s;
}
```

上述算法的时间复杂度为 $O(n)$，属于高效的算法。

2. **解**：设 $a = xy$，x 表示前面 $n-k$ 个元素序列，y 表示后面 k 个元素序列，a' 表示 a 的逆置，题目的结果为 yx，而 $yx = ((yx)')' = (x'y')'$。对应的算法如下：

```
void swapst(int a[],int s,int t) {        //逆置 a[s..t]
    int i=s,j=t;
    while(i<j) {
        int tmp=a[i];
        a[i]=a[j]; a[j]=tmp;              //交换 a[i]和 a[j]
        i++; j--;
    }
}
void crightk(int a[],int n,int k) {       //循环右移 k 个元素
    swapst(a,0,n-k-1);
    swapst(a,n-k,n-1);
    swapst(a,0,n-1);
}
```

上述算法的时间复杂度为 $O(n)$，属于高效的算法。

第 2 章

工之利器——常用数据结构及其应用

2.1　单项选择题及其参考答案 ✳

2.1.1　单项选择题

1. ArrayList 集合的底层数据结构是_____。

　　A. 数组　　　　　　B. 链表　　　　　　C. 哈希表　　　　　D. 红黑树

2. LinkedList 集合与 ArrayList 集合相比_____。

　　A. 查询快　　　　　B. 增删快　　　　　C. 元素不重复　　　D. 元素自然排序

3. 以下 Java 集合中，_____是有序的。

　　A. ArrayList　　　　B. LinkedList　　　C. TreeMap　　　　D. HashMap

4. 查找小于关键字 key 的最大元素，以下 Java 集合中最快的是_____。

　　A. ArrayList　　　　B. LinkedList　　　C. Deque　　　　　D. TreeSet

5. 判断容器中是否存在关键字为 key 的元素，以下 Java 集合中最快的是_____。

　　A. TreeMap　　　　B. HashMap　　　　C. Deque　　　　　D. TreeSet

6. 以下 Java 集合中不能顺序遍历的是_____。

　　A. Queue　　　　　B. Deque　　　　　C. ArrayList　　　　D. LinkedList

7. 以下 Java 集合中具有随机访问特性的是_____。

　　A. ArrayList　　　　B. Deque　　　　　C. TreeSet　　　　　D. HashMap

8. 以下代码的输出结果是_____。

```
Integer a[]={3,5,1,4,2};
Arrays.sort(a,(o1,o2)->o1-o2);
System.out.println(Arrays.toString(a));
```

　　A. [5,4,3,2,1]　　　　　　　　　　　　B. [2,5,4,3,1]

　　C. [2,1,3,4,5]　　　　　　　　　　　　D. [1,2,3,4,5]

9. 以下代码的输出结果是_____。

```
Integer a[]={3,5,1,4,2};
Arrays.sort(a,1,4,(o1,o2)->o2-o1);
System.out.println(Arrays.toString(a));
```

　　A. [5,4,3,2,1]　　　　　　　　　　　　B. [3,5,4,1,2]

　　C. [2,1,3,4,5]　　　　　　　　　　　　D. [1,2,3,4,5]

10. 以下代码的输出结果是_____。

```
ArrayList<Integer>al=new ArrayList<>();
al.add(1);
al.add(3);
al.add(2);
```

```
al.add(5);
al.add(4);
al.sort(Comparator.reverseOrder());
System.out.println(al.toString());
```

  A. [5,4,3,2,1]   B. [2,5,4,3,1]

  C. [2,1,3,4,5]   D. [1,2,3,4,5]

11. 以下代码段的输出结果是_____。

```
Integer a[]={3,5,1,4,2};
PriorityQueue<Integer>pq=new PriorityQueue<>(new Comparator<Integer>() {
    @Override
    public int compare(Integer o1,Integer o2) {
        return o2-o1;
    }
});
for(int x:a)
    pq.offer(x);
while(!pq.isEmpty())
    System.out.printf(" %d",pq.poll());
```

  A. 1 2 3 4 5   B. 1 2 4 5 3   C. 5 4 3 2 1   D. 5 4 2 1 3

12. 以下代码段的输出结果是_____。

```
Integer a[]={3,5,1,4,2};
PriorityQueue<Integer>pq=new PriorityQueue<>((o1,o2)->o1-o2);
for(int x:a)
    pq.offer(x);
while(!pq.isEmpty())
    System.out.printf(" %d",pq.poll());
```

  A. 1 2 3 4 5   B. 1 2 4 5 3   C. 5 4 3 2 1   D. 5 4 2 1 3

2.1.2 单项选择题参考答案

  1. **答**：ArrayList 集合是动态数组。答案为 A。

  2. **答**：与 ArrayList 集合相比，LinkedList 集合采用链表结构，增加和删除元素的速度快。答案为 B。

  3. **答**：TreeMap 采用红黑树实现，满足二叉排序树的性质，是有序的。答案为 C。

  4. **答**：TreeSet 采用红黑树实现，满足二叉排序树的性质，是有序的，可以使用其方法 lower() 快速查找小于关键字 key 的最大元素。答案为 D。

  5. **答**：HashMap 采用哈希表实现，按关键字查找的时间接近于 $O(1)$。答案为 B。

  6. **答**：Queue 是队列容器，不能顺序遍历。答案为 A。

  7. **答**：ArrayList 是一种动态数组，具有随机访问特性。答案为 A。

  8. **答**：Arrays.sort(a,(o1,o2)->o1-o2) 用于将 a 中全部元素递增排序。答案为 D。

9. **答**：Arrays.sort(a,1,3,(o1,o2)−>o2−o1)用于将 $a[1..3]$ 中全部元素递减排序。答案为 B。

10. **答**：al.sort(Comparator. reverseOrder())用于将 al 中全部元素递减排序。答案为 A。

11. **答**：上述代码中 pq 是一个大根堆,元素值越大越优先出队。答案为 C。

12. **答**：上述代码中 pq 是一个小根堆,元素值越小越优先出队。答案为 A。

2.2 问答题及其参考答案

2.2.1 问答题

1. ArrayList 和 LinkedList 有何区别?

2. 在什么情况下用 ArrayList 容器? 在什么情况下用 LinkedList 容器?

3. LinkedList 容器是链表容器,为什么采用循环双链表实现?

4. 以下定义队列的语句正确吗? 为什么?

```
Queue<Integer>qu=new ArrayList<>();
```

5. 在算法设计中可以用双端队列 Deque 作为栈或者队列吗? 为什么?

6. 简述 PriorityQueue 优先队列的实现原理。

7. 简述并查集的作用,说明在并查集中进行路径压缩的好处。

8. 给定一个含 n 个顶点的无向图的所有边,说明采用并查集判断其中是否有环的过程。

9. 简述 HashMap 中 put 和 get 的工作原理。

10. 简述 TreeMap 和 HashMap 集合的相同点和不同点。

11. 指出以下算法的功能。

```
void fun() {
    int a[]=new int[10];
    Random ra=new Random();
    for(int i=0;i<a.length;i++)
        a[i]=ra.nextInt(100)+1;
    Arrays.sort(a);
    System.out.println(Arrays.toString(a));
}
```

12. 指出以下算法的功能。

```
void fun() {
    TreeSet<Integer>s=new TreeSet<>();
    s.add(3);
    s.add(1);
```

```
    s.add(2);
    Iterator it=s.iterator();
    System.out.printf("顺序:");
    while(it.hasNext())
        System.out.printf(" %d",it.next());
    System.out.println();
    System.out.printf("逆序:");
    it=s.descendingIterator();
    while(it.hasNext())
        System.out.printf(" %d",it.next());
    System.out.println();
}
```

13. 指出以下算法的功能。

```
void fun() {
    TreeSet<Integer>s=new TreeSet<>((o1,o2)->o2-o1);
    s.add(3);
    s.add(1);
    s.add(2);
    Iterator it=s.iterator();
    System.out.printf("顺序:");
    while(it.hasNext())
        System.out.printf(" %d",it.next());
    System.out.println();
    System.out.printf("逆序:");
    it=s.descendingIterator();
    while(it.hasNext())
        System.out.printf(" %d",it.next());
    System.out.println();
}
```

14. 指出以下算法的功能。

```
void fun() {
    TreeMap<Integer,String>map=new TreeMap<>((o1,o2)->o2-o1);
    map.put(1,"Mary");
    map.put(3,"John");
    map.put(2,"Smith");
    Iterator it=map.entrySet().iterator();
    while(it.hasNext()) {
        Map.Entry entry=(Map.Entry)it.next();
        int key=(int)entry.getKey();
        String value=(String)entry.getValue();
        System.out.printf("[%d,%s] ",key,value);
    }
    System.out.println();
}
```

个 key-value 对时，HashMap 使用 hashCode()和哈希算法找出存储 key-value 对的索引。Entry 存储在 LinkedList 中，所以如果存在 entry，它使用 equals()方法来检查传递的 key 是否已经存在，如果存在，它会覆盖 value；如果不存在，它会创建一个新的 entry 然后保存。

当调用 get 方法获取一个 key-value 对时，HashMap 使用 hashCode()找到其在哈希表中的索引，然后使用 equals()方法找出正确的 Entry，并返回它的值。

10. 答：TreeMap 和 HashMap 集合都用于存储若干<key,value>键值对的元素，每个元素的 key 是唯一的，可以实现快速插入、查找和遍历。

TreeMap 内部由红黑树实现，查找的时间复杂度为 $O(\log_2 n)$，而 HashMap 内部由哈希表实现，通过 hashCode()和 equals()方法等查找元素，查找的时间复杂度接近 $O(1)$，所以 HashMap 比 TreeMap 拥有更快的查找速度。

正是因为 TreeMap 内部由红黑树实现，所以元素按 key 有序排列，而 HashMap 是无序的，因此在有顺序要求的问题中应该使用 TreeMap，在没有顺序要求的问题中应该使用 HashMap。

11. 答：产生 10 个 1～100 的随机数存放在数组 a 中，将 a 中全部元素递增排序后输出。

12. 答：该算法定义一个 TreeSet 集合 s（默认排序方式是递增顺序），向其中依次插入整数 3，1，2，通过顺序迭代器输出 1，2，3，再通过逆序迭代器输出 3，2，1。

13. 答：该算法定义一个 TreeSet 集合 s（指定排序方式是递减顺序），向其中依次插入整数 3，1，2，通过顺序迭代器输出 3，2，1，再通过逆序迭代器输出 1，2，3。

14. 答：该算法定义一个 TreeMap 集合 map（指定排序方式是按关键字递减顺序），向其中依次插入 3 个 key-value 对，通过顺序迭代器输出[3,John][2,Smith][1,Mary]。

15. 答：采用 HashMap 最合适。定义 HashMap<String,Integer>集合 stud 存储学生数据，姓名作为关键字（String 类型）、分数作为值（Integer 类型），这样按姓名 name 查找学生分数的时间接近 $O(1)$。

2.3 算法设计题及其参考答案

2.3.1 算法设计题

1. 给定一个用 List<Integer>表示的整数序列 v，设计一个算法删除相邻重复的元素，两个或者多个相邻重复的元素仅保留一个，返回删除后的整数序列。

2. 给定一个整数序列采用数组 v 存放，设计一个划分算法以首元素为基准，将所有小于基准的元素移动到前面，将所有大于或等于基准的元素移动到后面。例如，$v=\{3,1,4,6,3,2\}$，划分后结果 $v=\{2,1,3,6,3,4\}$。

3. 给定一个用数组 a 表示的正整数序列，如果其中存在某个整数，大于它的整数个数与小于它的整数个数相等，则称之为中间数。设计一个算法求 a 的中间数，如果不存在中间数则返回−1。例如，$a=\{2,6,5,6,3,5\}$，中间数为 5，返回 5；$a=\{1,2,3,4\}$，不存在中间数，返回−1。

4. 给定一个用数组 a 表示的整数序列,所有整数均不相同,设计一个算法求其中有多少对整数的值正好相差 1。

5. 给定一个用数组 a 表示的整数序列,序列中连续相同的最长整数序列算一段,设计一个算法求 a 中有多少段。例如,$a=\{8,8,8,0,12,12,8,0\}$,答案为 5。

6. 用一个二维数组 v 存储多个长方形,每行表示一个长方形,每个长方形包含编号以及长和宽(均为整数),设计一个算法求出每个长方形的面积并且按面积递减输出。

7. 给定一个非空整数序列采用单链表 h 存放,设计一个划分算法以首结点值为基准,将所有小于基准的结点移动到前面,将所有大于或等于基准的结点移动到后面。例如,$h=\{3,1,4,6,3,2\}$,划分后结果 $h=\{2,1,3,4,6,3\}$。

8. 一个字母字符串采用 String 对象 s 存储,设计一个算法判断该字符串是否为回文,这里字母比较是大小写不敏感的。例如 s="Aa" 是回文。

9. 有一个表达式用 String 对象 s 存放,可能包含圆括号、方括号和花括号,设计一个算法判断其中的各种括号是否匹配。

10. 有 n 个人,编号为 $1\sim n$,每轮从头开始按 $1,2,1,2,\cdots$ 报数,报数为 1 的出列,再做下一轮,设计一个算法求出列顺序。

11. 给定一个含多个整数的序列,设计一个算法求所有元素的和,规定每步只能做两个最小整数的加法运算,给出操作的步骤。

12. 给定一个整数序列和一个整数 k,设计一个算法求与 k 最接近的整数,如果有多个最接近的整数,求最小者。

13. 给定一个字符串采用 String 对象 s 存放,设计一个算法按词典顺序列出每个字符出现的次数。

14. 有一个整数序列采用数组 v 存放,设计一个算法求众数。所谓众数就是这个序列中出现次数最多的整数。假设在给定的整数序列中众数是唯一的。例如,$v=\{1,3,2,1,4,1\}$,其中的众数是整数 1。

15. 给定一个采用数组 v 存放的整数序列和一个整数 k,判断其中是否存在两个不同的索引 i 和 j,使得 $v[i]=v[j]$,并且 i 和 j 的差的绝对值最大为 k。例如,$v=[1,2,3,1]$,$k=3$,结果为 true;$v=[1,2,3,1,2,3]$,$k=2$,结果为 false。

16. 给定一个带权有向图的顶点个数 n 和边数组 edges(元素类型为 $[a,b,w]$,每个元素表示一条边),设计一个算法构造其邻接表存储结构。

2.3.2 算法设计题参考答案

1. **解**:采用《教程》中 2.1.3 节的整体建表法(也可以采用该例的其他方法)。对应的算法如下:

```
List<Integer>delsame(List<Integer>v) {          //求解算法
    int n=v.size();
    int k=1;
    for(int i=1;i<n;i++) {
```

```
            if(v.get(i)!=v.get(k-1)) {              //保留的元素
                v.set(k,v.get(i));
                k++;
            }
        }
        return v.subList(0,k);
    }
```

2. **解**：采用《教程》中 2.1.3 节的区间划分法。以 $v[0]$ 为基准，$v[0..j]$ 存放所有小于 $v[0]$ 的元素，初始时该区间含 $v[0]$（初始时 $j=0$），$v[j+1..n-1]$ 存放所有大于或等于基准的元素。用 i 从 1 开始遍历 v 中其他元素，若 $v[i]<v[0]$，将其前移，即执行 $j++$，将 $v[j]$ 和 $v[i]$ 交换，再执行 $i++$ 继续循环。最后将 $v[0]$ 与 $v[0..j]$ 区间中的最后元素 $v[j]$ 交换。对应的算法如下：

```
void swap(int v[],int i,int j) {              //交换 v[i]和 v[j]
    int tmp=v[i];
    v[i]=v[j]; v[j]=tmp;
}
void partition(int v[]) {                     //求解算法
    int j=0,i=1;
    while(i<v.length) {
        if(v[i]<v[0]) {
            j++;
            swap(v,j,i);
        }
        i++;
    }
    swap(v,0,j);
}
```

3. **解**：若 a 中有 n 个整数（可能有重复的整数），首先将 a 中整数递增排序，如果存在中间数，则该中间数必是 $a[n/2]$，再从位置 $n/2$ 向左边求出第一个不等于 $a[n/2]$ 的位置 left，从位置 $n/2$ 向右边求出第一个不等于 $a[n/2]$ 的位置 right，显然前面小于 $a[n/2]$ 的元素个数为 left+1，后面大于 $a[n/2]$ 的元素个数为 $n-$right，若两者相等，返回 $a[n/2]$，否则返回 -1。对应的算法如下：

```
int middle(int a[]){                          //求解算法
    Arrays.sort(a);                           //对 a 递增排序
    int n=a.length;
    int left=n/2-1,right=n/2+1;
    while(left>=0 && a[left]==a[n/2])
        left--;
    while(right<n && a[right]==a[n/2])
        right++;
    if(left+1==n-right)
        return a[n/2];
    else
        return -1;
}
```

4. **解**：由于所有整数均不相同，可以对 a 递增排序，再累计相邻的差值为 1 的元素对个数即可。对应的算法如下：

```
int Count(int a[]) {                        //求解算法
    Arrays.sort(a);                         //对 a 递增排序
    int n=a.length;
    int ans=0;
    for(int i=1;i<n;i++) {
        if(a[i]==a[i-1]+1)
            ans++;
    }
    return ans;
}
```

5. **解**：a 中的段数用 ans 表示（初始为 0），置 pre=$a[0]$，i 从 1 开始遍历 a；若 $a[i] \neq$ pre，置 ans++，pre=$a[i]$。最后返回 ans。对应的算法如下：

```
int segments(int a[]) {                     //求解算法
    int n=a.length;
    if(n==0) return 0;
    if(n==1) return 1;
    int ans=1;
    int pre=a[0];
    for(int i=1;i<n;i++) {
        if(a[i]!=pre) {
            ans++;
            pre=a[i];
        }
    }
    return ans;
}
```

6. **解**：用二维数组 ans 存放结果，先将 v 中数据复制到 ans 中，求出每个长方形的面积，再通过 Arrays.sort() 方法实现按面积递减排序，最后返回 ans。对应的算法如下：

```
int [][] Recsort(int[][] v) {               //求解算法
    int n=v.length;
    int ans[][]=new int[n][4];
    for(int i=0;i<n;i++) {
        ans[i]=new int[4];
        ans[i][0]=v[i][0];
        ans[i][1]=v[i][1];
        ans[i][2]=v[i][2];
        ans[i][3]=v[i][1] * v[i][2];
    }
    Arrays.sort(ans,(o1,o2)->o1[3]-o2[3]);
    return ans;
}
```

7. **解**：采用删除插入法。假设单链表 h 是带头结点的，用 base 存放基准值，pre 指向首结点，p 指向 pre 结点的后继结点。当 p 不空时循环：若 p. val＜base，通过 pre 结点删除结点 p，再将结点 p 插入表头，同时让 p 指向 pre 结点的后继结点；否则 pre 和 p 同步后移一个结点。对应的算法如下：

```
ListNode partition(ListNode h) {              //求解算法
    if(h.next==null || h.next.next==null)
        return h;
    int base=h.next.val;                      //取基准值
    ListNode pre=h.next,p=pre.next;
    while(p!=null) {
        if(p.val<base) {
            pre.next=p.next;                  //删除结点 p
            p.next=h.next;                    //将结点 p 插入表头
            h.next=p;
            p=pre.next;
        }
        else {
            pre=p;
            p=p.next;
        }
    }
    return h;
}
```

8. **解**：采用双指针方法求解。$i=0$，$j=n-1$，当 $i<j$ 时循环：若 $s[i]$ 和 $s[j]$ 的大写不同，返回 false，否则置 $i++$，$j--$ 继续判断，当 $i=j$ 时返回 true。对应的算法如下：

```
boolean ispal(String s) {                     //求解算法
    int i=0,j=s.length()-1;
    while(i<j) {
        if(Character.toUpperCase(s.charAt(i))!=Character.toUpperCase(s.
            charAt(j)))
            return false;                     //若两个字母不相同(大小写不敏感)
        i++; j--;
    }
    return true;
}
```

9. **解**：采用栈求解。定义一个 Stack＜Character＞栈 st，用 i 遍历 s 的字符，若 $s[i]$ 为各种左括号，将其进栈；若 $s[i]$ 为各种右括号，如果栈为空或者栈顶不是相匹配的左括号，则返回 false，否则退栈，跳过其他非括号字符。当表达式 s 遍历完毕，如果栈空，返回 true，否则返回 false。对应的算法如下：

```
boolean ismatch(String s) {                   //求解算法
    Stack<Character>st=new Stack<>();         //定义一个栈 st
    int i=0;
    while(i<s.length()) {
```

```
        char ch=s.charAt(i);
        if(ch=='(' || ch=='[' || ch=='{')          //左括号进栈
            st.push(ch);
        else if(ch==')') {                          //遇到')'
            if(st.empty() || st.peek()!='(')        //栈空或者栈顶不是匹配的'('
                return false;                       //返回 false
            else st.pop();                          //匹配时出栈
        }
        else if(ch==']') {
            if(st.empty() || st.peek()!='[')
                return false;
            else st.pop();
        }
        else if(ch=='}') {
            if(st.empty() || st.peek()!='{')
                return false;
            else st.pop();
        }
        i++;
    }
    return st.empty();
}
```

10. **解**：采用队列求解。用 List＜Integer＞集合 ans 存放最后的出列顺序，定义一个 Queue＜Integer＞队列 qu，先将 $1\sim n$ 进队表示 n 个人的初始队列，在队不空时循环：求出队列中的元素个数 n，循环 n 次，出队元素 x，用 i 表示对应的报数序号，若 $i\%2==1$，x 出列，将其添加到 ans 中，否则表示报数为 2，将 x 再进队排在末尾。最后返回 ans。对应的算法如下：

```
List<Integer>solve(int n) {                     //求解算法
    List<Integer>ans=new ArrayList<>();
    Queue<Integer>qu=new LinkedList<>();
    for(int i=1;i<=n;i++)
        qu.offer(i);
    while(!qu.isEmpty()) {
        int cnt=qu.size();
        for(int i=1;i<=cnt;i++){
            int x=qu.poll();                    //出队 x
            if(i% 2==1)                         //报数为 1
                ans.add(x);
            else                                //报数为 2
                qu.offer(x);
        }
    }
    return ans;
}
```

11. **解**：采用优先队列求解。定义一个小根堆的优先队列 minpq，先将 v 中全部整数进队，在 minpq 中的元素个数大于 1 时循环，出队两个最小整数 x 和 y，执行一次加法运算得到结果 z，再将 z 进队。对应的算法如下：

```
void solve(int v[]) {                        //求解算法
    PriorityQueue<Integer>minpq=new PriorityQueue<Integer>();
    for(int i=0;i<v.length;i++)
        minpq.offer(v[i]);
    int step=1;
    while(minpq.size()>1) {
        int x=minpq.poll();                  //出队 x
        int y=minpq.poll();                  //出队 y
        int z=x+y;
        System.out.printf("第% d步: % d+% d=% d\n",step++,x,y,z);
        minpq.offer(z);
    }
}
```

12. **解**：采用 TreeSet 求解。定义一个 TreeSet<Integer>集合 s，先将 v 中全部整数插入 s 中（去重并且递增排序），若 k 小于或等于最小整数，返回该最小整数；若 k 大于或等于最大整数，返回该最大整数；否则利用 floor() 在 s 中找到小于或等于 k 的最大元素 x，利用 higher() 在 s 中找到大于 k 的最小元素 y，在 x 和 y 中比较找到最接近的整数并返回之。对应的算法如下：

```
int solve(int v[],int k) {                   //求解算法
    TreeSet<Integer>s=new TreeSet<>();
    for(int i=0;i<v.length;i++)
        s.add(v[i]);
    if(k<=s.first())
        return s.first();
    if(k>=s.last())
        return s.last();
    int x=s.floor(k);
    int y=s.higher(k);
    if(k-x<=y-k) return x;                    //x 更接近时返回 x
    else return y;                           //y 更接近时返回 y
}
```

13. **解**：采用 HashMap 求解。定义一个计数器 HashMap<Character,Integer>集合 cntmap，遍历 s 将每个字符作为关键字插入 cntmap 中并计数。最后遍历 cntmap 输出每个字符及其计数。对应的算法如下：

```
void solve(String s) {                       //求解算法
    HashMap<Character,Integer>cntmap=new HashMap<>();
    for(int i=0;i<s.length();i++) {          //字符计数
        char ch=s.charAt(i);
        if(cntmap.containsKey(ch))
            cntmap.put(ch,cntmap.get(ch)+1);
        else
            cntmap.put(ch,1);
    }
```

```
Iterator it=cntmap.keySet().iterator();
while(it.hasNext()) {
    char key=(char)it.next();                    //获取字符 key
    int value=(int)cntmap.get(key);              //获取 key 对应的计数
    System.out.printf("% c: % d\n",key,value);
}
}
```

14. **解**：采用 HashMap 求解。定义一个计数器 HashMap＜Integer，Integer＞集合 cntmap，遍历 v 将每个整数作为关键字插入 cntmap 中并计数。最后遍历 cntmap 找到计数最大的关键字并返回之。对应的算法如下：

```
int solve(int v[]) {                             //求解算法
    HashMap<Integer,Integer>cntmap=new HashMap<>();
    for(int x:v) {                               //整数计数
        if(cntmap.containsKey(x))
            cntmap.put(x,cntmap.get(x)+1);
        else
            cntmap.put(x,1);
    }
    Iterator it=cntmap.keySet().iterator();
    int maxkey=0,maxcnt=0;
    while(it.hasNext()) {
        int key=(int)it.next();                  //获取整数 key
        int value=(int)cntmap.get(key);          //获取 key 对应的计数
        if(value>maxcnt) {
            maxkey=key;
            maxcnt=value;
        }
    }
    return maxkey;
}
```

15. **解**：采用 HashMap 求解。定义一个 HashMap＜Integer，Integer＞集合 map 用于记录一个整数的最后索引（下标）。用 i 遍历 v 中整数，若 $v[i]$ 在 map 中说明 $v[i]$ 是重复整数，前面最近的重复整数的索引为 map.get($v[i]$)，如果 $i-$map.get($v[i]$)≤k 成立，则返回 true，否则执行 map.put($v[i]$,i) 重新设置 $v[i]$ 的最后索引为 i。v 遍历完后返回 false。对应的算法如下：

```
boolean solve(int v[],int k) {                   //求解算法
    HashMap<Integer,Integer>map=new HashMap<>();
    for(int i=0;i<v.length;i++) {
        if(map.containsKey(v[i])) {
            if(i-map.get(v[i])<=k)
                return true;
        }
        else map.put(v[i],i);
    }
    return false;
}
```

16. **解**：采用 ArrayList<ArrayList<Edge>>集合 adj 表示带权有向图的邻接表存储结构。首先向 adj 中添加 n 个空对象，再遍历 edges，对于每条边$[a,b,w]$，建立一个 Edge(b,w)对象，将其添加到 adj$[a]$中。对应的算法如下：

```java
class Edge {                                    //出边类
    public int vno;                             //邻接点
    public int wt;                              //边的权
    public Edge(int vno,int wt) {
        this.vno=vno;
        this.wt=wt;
    }
}
ArrayList<ArrayList<Edge>>solve(int edges[][],int n) { //求解算法
    ArrayList<ArrayList<Edge>>adj=new ArrayList<>();
    for(int i=0;i<n;i++) {                               //添加 n 个 ArrayList
        ArrayList<Edge>row=new ArrayList<>();
        adj.add(row);
    }
    for(int i=0;i<edges.length;i++) {
        int a=edges[i][0];
        int b=edges[i][1];
        int w=edges[i][2];
        adj.get(a).add(new Edge(b,w));
    }
    return adj;
}
```

2.4　在线编程题及其参考答案 ✳

2.4.1　LeetCode26——删除排序数组中的重复项★

问题描述：给定一个含 $n(0 \leqslant n \leqslant 3 \times 10^4)$ 个整数的递增有序数组，其中可能包含重复元素。设计一个空间复杂度为 $O(1)$ 的算法删除其中重复的元素，也就是说多个值相同的元素仅保留一个，返回保留的元素个数 k，新数组中前面的 k 个元素恰好是保留的全部元素。例如，给定 nums$=\{0,0,1,1,1,2,2,3,3,4\}$，答案是返回新的长度 5，并且 nums 更新为$\{0,1,2,3,4,\cdots\}$，前面 5 个元素是保留的元素。要求设计如下方法：

```java
public int removeDuplicates(int[] nums) { }
```

解法 1：整体建表法。用 nums 存放结果，若 nums$[i..j]$是两个或者两个以上的相同元素，则保留最后一个元素，即 i 从 0 到 $n-2$ 循环，若 nums$[i]=$nums$[i+1]$，则 nums$[i]$是删除的元素；若 nums$[i]\neq$nums$[i+1]$，则 nums$[i]$是保留的元素，显然 nums$[n-1]$总是要保留的元素。对应的算法如下：

```
class Solution {
    public int removeDuplicates(int[] nums) {
        int n=nums.length;
        if(n==0) return 0;
        int k=0;                              //k记录结果数组中的元素个数
        int i=0;
        while(i<n-1) {
            if(nums[i]!=nums[i+1]) {          //nums[i]是保留的元素
                nums[k]=nums[i];              //将 nums[i]重新插入结果数组中
                k++;                          //结果数组的长度增 1
            }
            i++;
        }
        nums[k]=nums[n-1];                    //nums[n-1]总是要保留的元素
        k++;                                  //结果数组的长度增 1
        return k;                             //返回保留的元素个数
    }
}
```

上述程序提交时通过,执行用时为 1ms,内存消耗为 43.5MB。

解法 2:移动法。同样用 nums 存放结果,先将结果数组看成整个表,用 k 表示要删除的元素个数(初始为 0),用 i 遍历 nums,遇到保留元素时将 nums$[i]$ 前移 k 个位置,遇到要删除的元素时将 k 增 1。最后返回结果数组的长度 $n-k$。对应的算法如下:

```
class Solution {
    public int removeDuplicates(int[] nums) {
        int n=nums.length;
        if(n==0) return 0;
        int k=0;                              //k记录删除的元素个数
        int i=0;
        while(i<n-1) {
            if(nums[i]!=nums[i+1])            //nums[i]是保留的元素
                nums[i-k]=nums[i];            //将 nums[i]前移 k 个位置
            else                              //nums[i]是要删除的元素
                k++;                          //k 增 1
            i++;
        }
        nums[i-k]=nums[n-1];                  //nums[n-1]总是要保留的元素
        return n-k;                           //返回结果数组的长度 n-k
    }
}
```

上述程序提交时通过,执行用时为 0ms,内存消耗为 42.6MB。

解法 3:区间划分法。用 nums$[0..k]$(共 $k+1$ 个元素)表示保留元素区间,初始时该区间为空,所以置 $k=-1$。nums$[k+1..i-1]$(共 $i-k-1$ 个元素)表示删除元素区间,i 从 0 到 $n-2$ 开始遍历 nums,初始时删除元素区间也为空。

① 若 nums$[i]$ 是保留的元素,将其添加到保留元素区间的末尾,对应的操作是将 k 增

1,接着将 nums[k] 与 nums[i] 交换,扩大了保留元素区间,同时交换到后面 nums[i] 位置的元素一定是 val 元素,再执行 $i++$ 继续遍历。

② 若 nums[i] 是删除的元素,只需要执行 $i++$ 扩大删除元素区间,再继续遍历。

最后结果数组 nums 中的有效元素仅是保留元素区间的 $k+1$ 个元素,返回 $k+1$ 即可。对应的算法如下:

```java
class Solution {
    public int removeDuplicates(int[] nums) {
        int n=nums.length;
        if(n==0) return 0;
        int k=-1;                              //nums[0..k]表示保留元素区间
        int i=0;
        while(i<n-1) {
            if(nums[i]!=nums[i+1]) {           //nums[i]是保留的元素
                                               //扩大保留元素区间
                k++;
                swap(nums,k,i);                //nums[k]和 nums[i]交换
            }
            i++;
        }
        k++;                                   //nums[n-1]总是要保留的元素
        swap(nums,k,n-1);                      //nums[k]和 nums[i]交换
        return k+1;                            //返回结果数组的长度 k+1
    }
    void swap(int a[],int i,int j) {           //交换 a[i]和 a[j]
        int tmp=a[i];
        a[i]=a[j]; a[j]=tmp;
    }
}
```

上述程序提交时通过,执行用时为 1ms,内存消耗为 43.2MB。

2.4.2　LeetCode1480——一维数组的动态和★

问题描述：给定一个含 $n(1\leqslant n\leqslant 1000)$ 个整数的数组 nums($-10^6\leqslant$ nums[i] $\leqslant 10^6$),设计一个算法求数组 nums 的动态和数组 runningSum,其中 runningSum[i]=nums[0]+$\cdots$+nums[i]。例如 nums=$\{1,2,3,4\}$,对应的动态和数组 runningSum=$\{1,1+2,1+2+3, 1+2+3+4\}$。要求设计如下方法:

```java
public int[] runningSum(int[] nums) { }
```

问题求解：这里的动态和数组即为前缀和数组,采用 presum[$0..n-1$] 数组表示,其迭代计算过程是 presum[0]=nums[0],presum[i]=presum[$i-1$]+nums[i]。对应的程序如下:

```java
class Solution {
    public int[] runningSum(int[] nums) {
        int n=nums.length;
        int presum[]=new int[n];
```

```
        presum[0]=nums[0];
        for(int i=1;i<n;i++)
            presum[i]=presum[i-1]+nums[i];
        return presum;
    }
}
```

上述程序提交时通过,执行用时为 0ms,内存消耗为 41.6MB。

2.4.3 LeetCode560——和为 k 的子数组★★

问题描述：给定一个含 $n(1 \leqslant n \leqslant 2 \times 10^4)$ 个整数的数组 nums$(-1000 \leqslant nums[i] \leqslant 1000)$ 和一个整数 $k(-10^7 \leqslant k \leqslant 10^7)$,设计一个算法求该数组中和为 k 的连续子数组的个数。例如,nums$=\{1,2,3\}$,$k=3$,其中两个子数组$\{1,2\}$和$\{3\}$的和均为 3,答案为 2。要求设计如下方法：

```
public int subarraySum(int[] nums, int k) { }
```

问题求解：每个连续子数组都是由 nums 中若干个连续整数构成的。设计一个 HashMap<Integer,Integer>集合 hmap,用于表示某个前缀和出现的次数,显然$\{\}$也是 nums 的一个子数组,其和为 0,看成出现一次,所以先在 hmap 中添加$\{0,1\}$。

用 ans 表示和为 k 的连续子数组的个数(初始为 0),设置前缀和数组 sum,用 i 遍历 nums,对于每个 $j<i$,将 $sum[j]=nums[0]+nums[1]+\cdots+nums[j]$ 的次数添加到 hmap 中,现在有$sum[i]=nums[0]+nums[1]+\cdots+nums[j]+nums[j+1]+\cdots+nums[i]$,若 $sum[i]-k$ 出现过一次,假设 $sum[i]-k=sum[j]$,即 $sum[i]-sum[j]=k$,而 $sum[i]-sum[j]=nums[j+1]+\cdots+nums[i]$ 恰好是 nums 的一个子数组,说明存在一个和为 k 的连续子数组,此时置 ans++,显然若 $sum[i]-k$ 出现过 m 次,则 ans$+=m$。最后返回 ans。实际上 sum 没有必要用数组表示,改为单个变量即可。对应的程序如下：

```
class Solution {
    public int subarraySum(int[] nums, int k) {
        int ans=0;
        int sum=0;
        HashMap<Integer,Integer>hmap=new HashMap<>();
        hmap.put(0,1);                        //添加(0,1)
        for(int i=0;i<nums.length;i++) {
            sum+=nums[i];
            if(hmap.containsKey(sum-k))       //若 sum-k 出现过
                ans+=(int)hmap.get(sum-k);    //累计 ans
            if(hmap.containsKey(sum))         //求前缀和 sum 出现的次数
                hmap.put(sum,hmap.get(sum)+1);
            else
                hmap.put(sum,1);
        }
        return ans;
    }
}
```

上述程序提交时通过，执行用时为 19ms，内存消耗为 43.9MB。

2.4.4　LeetCode328——奇偶链表★★

问题描述：给定一个不带头结点的含 $n(0 \leqslant n \leqslant 10^4)$ 个结点的单链表 head，把所有的奇数结点和偶数结点分别排在一起。这里的奇数结点和偶数结点指的是结点编号的奇偶性，将链表的第一个结点视为奇数结点，第二个结点视为偶数结点，以此类推。结果单链表应当保持奇数结点和偶数结点的相对顺序。要求设计如下方法：

```java
public ListNode oddEvenList(ListNode head) { }
```

问题求解：遍历单链表 head，采用尾插法将奇数结点插入单链表 $h1$ 中，采用尾插法将偶数结点插入单链表 $h2$ 中，依次连接 $h1$ 和 $h2$ 即可。对应的程序如下：

```java
class Solution {
    public ListNode oddEvenList(ListNode head) {        //求解算法
        if(head==null) return null;
        ListNode h1=null,r1=null;
        ListNode h2=null,r2=null;
        ListNode p=head;
        int no=0;
        while(p!=null) {
            no++;                                        //结点的序号(从1开始)
            if(no%2==1) {                                //奇数序号结点p
                if(h1==null)
                    h1=r1=p;
                else {
                    r1.next=p; r1=p;
                }
            }
            else {                                       //偶数序号结点p
                if(h2==null)
                    h2=r2=p;
                else {
                    r2.next=p; r2=p;
                }
            }
            p=p.next;
        }
        if(h1!=null && h2!=null) {
            head=h1;
            r1.next=h2;
            r2.next=null;
        }
        else if(h1!=null) {
            head=h1;
            r1.next=null;
        }
        else {
            head=h2;
            r2.next=null;
        }
        return head;
    }
}
```

上述程序提交时通过,执行用时为 0ms,内存消耗为 40.6MB。

2.4.5 LeetCode23——合并 k 个升序链表★★★

问题描述:给定 $k(0 \leqslant k \leqslant 10^4)$ 个链表,用链表数组 lists($0 \leqslant$ lists$[i]$.length$\leqslant 500$, $-10^4 \leqslant$ lists$[i][j] \leqslant 10^4$)表示,每个链表都已经按升序排列。设计一个算法将所有链表合并到一个升序链表中,返回合并后的链表。例如,lists$=\{\{1,4,5\},\{1,3,4\},\{2,6\}\}$,合并的链表是$\{1,1,2,3,4,4,5,6\}$。要求设计如下方法:

```
public ListNode mergeKLists(ListNode[] lists) { }
```

问题求解:对于给定的 k 个单链表,假设段号为 $0 \sim (k-1)$,采用 k 路归并方式,$p[i]$($0 \leqslant i \leqslant k-1$)用于遍历单链表 lists$[i]$ 的结点。建立一个小根优先队列,队列结点为(val,no),按 val 越小越优先出队。首先将 k 个单链表的首结点值进队,队不空时循环:出队一个结点 e,建立对应值的单链表结点 s,将 s 链接到结果单链表 h 的末尾,同时后移对应的单链表结点指针。最后返回 h.next。对应的程序如下:

```
class QNode {                                    //优先队列结点类
    int val;                                     //元素值
    int no;                                      //段号
    QNode() {}
    QNode(int v,int n) {
        val=v; no=n;
    }
}
class Solution {
    public ListNode mergeKLists(ListNode[] lists) {
        int k=lists.length;
        if(k==0) return null;
        ListNode h=new ListNode();               //定义结果单链表的头结点
        ListNode r=h;                            //r 指向单链表 h 的尾结点
        PriorityQueue<QNode>minpq=
            new PriorityQueue<>((o1,o2)->o1.val-o2.val); //小根堆
        ListNode p[]=new ListNode[k];            //定义指针数组
        for(int i=0;i<k;i++) {
            p[i]=lists[i];
            if(p[i]!=null)
                minpq.offer(new QNode(p[i].val,i));
        }
        while(!minpq.isEmpty()) {                //队不空时循环
            QNode e=minpq.poll();                //出队结点 e
            ListNode s=new ListNode(e.val);      //建立一个单链表结点
            r.next=s; r=s;                       //将结点 s 链接到 h 的末尾
            int no=e.no;
            p[no]=p[no].next;                    //后移对应段的指针
            if(p[no]!=null) {
                minpq.offer(new QNode(p[no].val,no));
            }
        }
    }
```

```
        r.next=null;
        return h.next;
    }
}
```

上述程序提交时通过，执行用时为 4ms，内存消耗为 42.4MB。

2.4.6 LeetCode32——最长有效括号★★★

问题描述：给定一个长度为 $n(0 \leqslant n \leqslant 3 \times 10^4)$ 并且只包含'('和')'的字符串 s，设计一个算法求 s 中最长有效（格式正确且连续）括号子串的长度。例如，$s=$")()())"，其中的最长有效括号子串是"()()"，答案为 4。要求设计如下方法：

```
public int longestValidParentheses(String s) { }
```

问题求解：定义一个栈 st，栈中存放最后一个没有被匹配的右括号的序号。首先将一1进栈，遍历 s：

（1）遇到左括号时将其序号进栈。

（2）遇到右括号时先出栈一次，如果栈空，说明当前右括号是一个没有被匹配的右括号，将其序号进栈以更新最后一个没有被匹配的右括号的下标；如果栈不空，当前右括号的下标减去栈顶元素得到一个有效括号子串的长度（以该右括号为结尾的最长有效括号的长度，因为出栈的部分都是匹配的），比较求最大值 ans。

最后返回 ans 即可。对应的程序如下：

```
class Solution {
    public int longestValidParentheses(String s) {      //求解算法
        int ans =0;
        Stack< Integer>st=new Stack<>();
        st.push(-1);                                      //-1进栈
        for(int i=0;i<s.length();i++) {
            if(s.charAt(i)=='(')                          //遇到左括号时
                st.push(i);                               //将其序号进栈
            else {                                        //遇到右括号时
                st.pop();                                 //出栈
                if(st.isEmpty())                          //若栈空
                    st.push(i);                           //将当前右括号的序号进栈
                else                                      //若栈不空
                    ans=Math.max(ans,i-st.peek());        //求有效括号子串的长度
            }
        }
        return ans;
    }
}
```

上述程序提交时通过，执行用时为 5ms，内存消耗为 41.2MB。

2.4.7 LeetCode678——有效的括号字符串★★

问题描述：给定一个长度为 $n(1 \leqslant n \leqslant 100)$ 的字符串 s，其中只包含'('、')'或者'*'字符，设计一个算法判断 s 是否为有效字符串。有效字符串具有如下规则：

（1）任何左括号'('必须有相应的右括号')'。

（2）任何右括号')'必须有相应的左括号'('。

（3）左括号'('必须在对应的右括号')'之前。

（4）'*'可以被视为单个右括号')'，或单个左括号'('，或一个空字符串。

（5）一个空字符串也被视为有效字符串。

例如，$s=$ "(*))"，其中'*'可以看成'('，结果是匹配的，返回 true。要求设计如下方法：

```
public boolean checkValidString(String s) { }
```

问题求解：设置两个栈，st1 作为左括号栈，st2 作为星号栈。遍历 s：

（1）遇到'('将其序号进 st1 栈。

（2）遇到'*'将其序号进 st2 栈。

（3）遇到')'，若 st1 栈不空，先匹配 st1 栈顶的'('，若 st2 栈不空再匹配 st2 栈顶的'*'（将 st2 栈顶'*'看成一个'('），否则说明不匹配，返回 false。

s 遍历完后同步出栈 st1 中的元素 i 和 st2 中的元素 j，若 $i > j$，表示违反了'('必须在'*'之前的规则（此时的'*'只能看成')'），返回 false。若 st1 栈空，返回 true（此时若 st2 不空，将其中的'*'看成空字符串），否则返回 false（说明 st1 栈中的'('没有被匹配）。对应的程序如下：

```
class Solution {
    public boolean checkValidString(String s) {
        Stack<Integer>st1=new Stack<>();        //左括号栈
        Stack<Integer>st2=new Stack<>();        //星号栈
        int n=s.length();
        for(int i=0;i<n;i++) {
            char ch=s.charAt(i);
            if(ch=='(')                         //遇到'('将其序号进 st1 栈
                st1.push(i);
            else if(ch=='*')                    //遇到'*'将其序号进 st2 栈
                st2.push(i);
            else {                              //遇到')'
                if(!st1.isEmpty())              //先匹配 st1 栈顶的'('
                    st1.pop();
                else if(!st2.isEmpty())         //再匹配 st2 栈顶的'*'(将该'*'看成'(')
                    st2.pop();
                else                            //否则不匹配,返回 false
                    return false;
            }
        }
        while(!st1.isEmpty() && !st2.isEmpty()) {
            int i=st1.pop();
```

```
        int j=st2.pop();
        if(i>j) return false;              //'('必须在'*'之前(将该'*'看成')')
    }
    return st1.isEmpty();
}
}
```

上述程序提交时通过,执行用时为1ms,内存消耗为39.4MB。

2.4.8　LeetCode1823——找出游戏的获胜者★★

问题描述:有 n 名小伙伴一起做游戏。小伙伴们围成一圈,按顺时针顺序从 1 到 n 编号。游戏遵循如下规则:从第 1 名小伙伴所在的位置开始,沿着顺时针方向数 k 名小伙伴,计数时需要包含起始时的那位小伙伴。逐个绕圈进行计数,一些小伙伴可能会被数过不止一次。数到的最后一名小伙伴需要离开圈子,并视作输掉游戏。如果圈子中仍然有不止一名小伙伴,从刚输掉的小伙伴的顺时针方向的下一位小伙伴开始继续执行,否则,圈子中的最后一名小伙伴赢得游戏。对于给定的 n 和 k,设计如下方法返回游戏的获胜者。

```
public int findTheWinner(int n, int k) { }
```

问题求解:本题是经典的约瑟夫问题,采用队列模拟,离开圈子的小伙伴们直接出队,否则该小伙伴们出队后再进队。对应的程序如下:

```
class Solution {
    public int findTheWinner(int n, int k) {
        Queue<Integer>qu=new LinkedList<>();
        for(int i=1;i<=n;i++)              //n个小伙伴围成一圈
            qu.offer(i);
        while(qu.size()>1) {
            int t=k-1;
            while(t-->0) {                 //数 k-1名小伙伴
                qu.offer(qu.peek());       //这些小伙伴出队后再进队
                qu.poll();
            }
            qu.poll();                     //数到 k的小伙伴只出不进
        }
        return qu.peek();
    }
}
```

上述程序提交时通过,执行用时为44ms,内存消耗为40.6MB。

2.4.9　LeetCode215——数组中的第 k 个最大元素★★

问题描述:给定一个整数数组 nums 和整数 $k(1 \leqslant k \leqslant nums.length \leqslant 10^4, -10^4 \leqslant nums[i] \leqslant 10^4)$,设计一个算法返回数组中第 k 个最大的元素,注意这里需要找的是数组排序后的第 k 个最大的元素,而不是第 k 个不同的元素。例如 nums=$\{3,2,3,1,2,4,5,5,6\}$

和 $k=4$,将 nums 递减排序后为 $\{6,5,5,4,3,3,2,2,1\}$,第 4 个最大的元素是 nums[3]=4。要求设计如下方法:

```
public int findKthLargest(int[] nums, int k) { }
```

解法 1:本题求 n 个元素中的第 k 大元素,并且 k 是有效的,实际上就是求第 $n-k+1$ 小的元素。为此将 nums 递增排序,这样 nums[$n-k$] 即为所求。对应的程序如下:

```
class Solution {
    public int findKthLargest(int[] nums, int k) {          //求解算法
        int n=nums.length;
        Arrays.sort(nums);                                   //递增排序
        return nums[n-k];
    }
}
```

上述程序提交时通过,执行用时为 2ms,内存消耗为 41.8MB。

解法 2:采用大根堆 maxpq,先将 nums 中所有元素进队,然后出队 $k-1$ 次,最后返回第 k 次出队的元素即可。对应的程序如下:

```
class Solution {
    public int findKthLargest(int[] nums,int k) {   //求解算法
        int n=nums.length;
        if(n==1) return nums[0];
        PriorityQueue<Integer>maxpq=new PriorityQueue<Integer>(new
            Comparator<Integer>() {
            @Override                                    //整数大根堆
            public int compare(Integer o1,Integer o2) {
                return o2-o1;                            //按元素值越大越优先出队
            }
        });
        for(int x:nums)                                  //将 nums 中的所有元素进队
            maxpq.offer(x);
        for(int i=1;i<k;i++)                             //出队 k-1 次
            maxpq.poll();
        return maxpq.poll();                             //返回第 k 次出队的元素
    }
}
```

上述程序提交时通过,执行用时为 5ms,内存消耗为 41.8MB。

解法 3:采用小根堆 minpq,先将 nums 中前 k 个元素进队,然后处理剩余的整数,若 nums[i]大于堆顶元素,则出队一次,再将 nums[i]进队,否则跳过 nums[i]。这样处理完后 minpq 中恰好包含 nums 中 k 个最大的整数,而堆顶是其中的最小整数,返回堆顶元素即可。对应的程序如下:

```
class Solution {
    public int findKthLargest(int[] nums,int k) {        //求解算法
```

```
            int n=nums.length;
            if(n==1) return nums[0];
            PriorityQueue<Integer>minpq=new PriorityQueue<>();
            for(int i=0;i<k;i++)              //将前 k 个整数进队
                minpq.offer(nums[i]);
            for(int i=k;i<n;i++) {            //处理剩余的整数
                if(nums[i]>minpq.peek()) {
                    minpq.poll();
                    minpq.offer(nums[i]);
                }
            }
            return minpq.peek();
        }
    }
```

上述程序提交时通过，执行用时为 3ms，内存消耗为 41.4MB。

解法 4：采用 TreeMap<Integer,Integer>集合 cntmap，用于存放每个整数出现的次数，并且整数关键字的顺序是从大到小排列。先遍历 nums 一次生成 cntmap。置 cnt=0，顺序迭代 cntmap 中的整数关键字（从大到小），将该整数 key 的次数累积到 cnt 中；若 cnt≥k，则 key 就是第 k 大的整数，返回 key 即可。对应的程序如下：

```
class Solution {
    public int findKthLargest(int[] nums,int k) {      //求解算法
        int n=nums.length;
        if(n==1) return nums[0];
        TreeMap<Integer,Integer>cntmap=new TreeMap<>((o1,o2)->o2-o1);
        for(int x:nums) {
            if(cntmap.containsKey(x))
                cntmap.put(x,cntmap.get(x)+1);
            else
                cntmap.put(x,1);
        }
        int cnt=0;
        Iterator it=cntmap.keySet().iterator();
        while(it.hasNext()) {
            int key=(int)it.next();                   //获取整数 key
            int value=(int)cntmap.get(key);           //获取 key 对应的计数
            cnt+=value;
            if(cnt>=k) return key;
        }
        return 0;
    }
}
```

上述程序提交时通过，执行用时为 13ms，内存消耗为 42.2MB。

解法 5：采用 HashMap<Integer,Integer>集合 hmap，用于存放每个整数出现的次数（无序）。求出 nums 中的最大元素 maxd，遍历 nums 一次生成 hmap。置 cnt=0，key 从 maxd 开始递减，在 hmap 中求出 key 的次数，并且累积到 cnt 中；若 cnt≥k，则 key 就是第 k 大的整数，返回 key 即可。对应的程序如下：

```
class Solution {
    public int findKthLargest(int[] nums,int k) {   //求解算法
        int n=nums.length;
        int maxd=nums[0];
        for(int i=1;i<n;i++) {
            if(nums[i]>maxd)
                maxd=nums[i];
        }
        HashMap<Integer,Integer>hmap=new HashMap<>();
        for(int i=0;i<n;i++) {
            if(hmap.containsKey(nums[i]))                //累计 nums[i]出现的次数
                hmap.put(nums[i],hmap.get(nums[i])+1);
            else
                hmap.put(nums[i],1);
        }
        int cnt=0;
        int key=maxd;                                    //从 maxd 开始递减求第 k 大的元素
        while(true) {
            if(hmap.containsKey(key))
                cnt+=hmap.get(key);
            if(cnt>=k) return key;
            key--;                                       //递减 key
        }
    }
}
```

上述程序提交时通过,执行用时为 5ms,内存消耗为 42.1MB。

2.4.10 LeetCode692——前 k 个高频单词★★

问题描述:见《教程》中的 2.11.5 节。

问题求解:由于计数不必按单词有序,所以将 cntmap 改为 HashMap 类型,这样按关键字查找的时间接近 $O(1)$,提高了程序的性能。但 ansmap 要求按关键字(单词计数)递减排列,所以不能改为 HashMap。对应的程序如下:

```
class Solution {
    public List<String>topKFrequent(String[] words, int k) {
        HashMap<String,Integer>cntmap=new HashMap<>();      //定义计数器 cntmap
        for(int i=0;i<words.length;i++) {                   //单词计数存放在 cntmap 中
            if(cntmap.containsKey(words[i]))
                cntmap.put(words[i],cntmap.get(words[i])+1);
            else
                cntmap.put(words[i],1);
        }
        TreeMap<Integer,TreeSet<String>>ansmap=new TreeMap<>(
            new Comparator<Integer>() {                     //定义以计数为关键字的 ansmap
            @Override
            public int compare(Integer o1,Integer o2) {
```

```
                return o2-o1;                    //按关键字（单词计数）递减排序
        }
    });
    Iterator it=cntmap.keySet().iterator();
    while(it.hasNext()) {
        String key=(String)it.next();            //获取字符串 key
        int value=(int)cntmap.get(key);          //获取 key 对应的计数
        TreeSet<String>s;
        if(ansmap.containsKey(value)) {          //ansmap 中存在该计数
            s=ansmap.get(value);
            s.add(key);
            ansmap.put(value,s);
        }
        else {                                   //ansmap 中不存在该计数
            s=new TreeSet<>();
            s.add(key);
            ansmap.put(value,s);
        }
    }
    List<String>ans=new ArrayList<>();
    it=ansmap.keySet().iterator();
    while(it.hasNext() && k>0){                  //取前 k 个字符串存放在 ans 中
        int key=(int)it.next();                  //获取 key
        TreeSet<String>value=ansmap.get(key);    //获取 key 对应的值
        for(String x:value) {
            if(k>0) {
                ans.add(x);
                k--;
            }
            else break;
        }
    }
    return ans;
    }
}
```

上述程序提交时通过，执行用时为 7ms，内存消耗为 41.8MB。

第 **3** 章

必备技能——基本算法设计方法

3.1　单项选择题及其参考答案　　✳

3.1.1　单项选择题

1. 穷举法的适用范围是_____。
   A. 一切问题　　　　　　　　　　　B. 解的个数极多的问题
   C. 解的个数有限且可一一列举　　　D. 不适合设计算法

2. 如果一个 4 位数恰好等于它的各位数字的 4 次方和,则这个 4 位数称为玫瑰花数。
例如 $1634=1^4+6^4+3^4+4^4$,则 1634 是一个玫瑰花数。若想求出 4 位数中所有的玫瑰花数,可以采用的解决方法是_____。
   A. 递归法　　　　B. 穷举法　　　　C. 归纳法　　　　D. 都不适合

3. 有一个数列,递推关系是 $a_1=\dfrac{1}{2}$,$a_{n+1}=\dfrac{a_n}{a_n+1}$,则求出的通项公式是_____。

   A. $a_n=\dfrac{1}{n+1}$　　　B. $a_n=\dfrac{1}{n}$　　　C. $a_n=\dfrac{1}{2n}$　　　D. $a_n=\dfrac{n}{2}$

4. 猜想 $1=1,1-4=-(1+2),1-4+9=1+2+3,\cdots$ 的第 5 个式子是_____。
   A. $1^2+2^2-3^2-4^2+5^2=1+2+3+4+5$
   B. $1^2+2^2-3^2+4^2-5^2=-(1+2+3+4+5)$
   C. $1^2-2^2+3^2-4^2+5^2=-(1+2+3+4+5)$
   D. $1^2-2^2+3^2-4^2+5^2=1+2+3+4+5$

5. 对于迭代法,下面的说法不正确的是_____。
   A. 需要确定迭代模型
   B. 需要建立迭代关系式
   C. 需要对迭代过程进行控制,要考虑什么时候结束迭代过程
   D. 不需要对迭代过程进行控制

6. 设计递归算法的关键是_____。
   A. 划分子问题　　　　　　　　　　B. 提取递归模型
   C. 合并子问题　　　　　　　　　　D. 求解递归出口

7. 若一个问题的求解既可以用递归算法,也可以用迭代算法,则往往用___①___算法,因
为___②___。
   ① A. 先递归后迭代　　　　　　　　B. 先迭代后递归
   　 C. 递归　　　　　　　　　　　　D. 迭代
   ② A. 迭代的效率比递归高　　　　　B. 递归宜于问题分解
   　 C. 递归的效率比迭代高　　　　　D. 迭代宜于问题分解

8. 一般来说,递归需要有递归出口和递归体,求解过程分为分解和求值,当到达递归出
口时_____。
   A. 进行运算　　　B. 返回求值　　　C. 继续分解　　　D. 结束求解

9. 递归函数 $f(n)=f(n-1)+n(n>1)$ 的递归出口是_____。

    A. $f(-1)=0$ B. $f(1)=1$ C. $f(0)=1$ D. $f(n)=n$

10. 递归函数 $f(n)=f(n-1)+n(n>1)$ 的递归体是_____。

    A. $f(1)=0$ B. $f(1)=1$

    C. $f(n)=n$ D. $f(n)=f(n-1)+n$

11. 有以下递归算法，$f(123)$ 的输出结果是_____。

```
void fun(int n) {
    if(n>0) {
        System.out.printf("%d",n%10);
        f(n/10);
    }
}
```

    A. 321   B. 123   C. 6   D. 以上都不对

12. 有以下递归算法，$f(123)$ 的输出结果是_____。

```
void fun(int n) {
    if(n>0){
        f(n/10);
        System.out.printf("%d",n%10);
    }
}
```

    A. 321   B. 123   C. 6   D. 以上都不对

13. 整数单链表 h 是不带头结点的，结点类型 ListNode 为（val,next），则以下递归算法中隐含的递归出口是_____。

```
void fun(ListNode h) {
    if(h!=null) {
        System.out.printf("%d",h->val);
        f(h.next);
    }
}
```

    A. if(h!=null) return;   B. if(h==null) return 0;

    C. if(h==null) return;   D. 没有递归出口

14. $T(n)$ 表示输入规模为 n 时算法的效率，以下算法中性能最优的是_____。

    A. $T(n)=T(n-1)+1,T(1)=1$ B. $T(n)=2n^2$

    C. $T(n)=T(n/2)+1,T(1)=1$ D. $T(n)=3n\log_2 n$

3.1.2 单项选择题参考答案

1. **答**：穷举法作为一种基本算法设计方法并非是万能的，主要适合于解个数有限且可一一列举的问题的求解。答案为 C。

2. 答：4 位数的范围是 1000～9999，可以一一枚举。答案为 B。

3. 答：采用不完全归纳法，$a_1 = \frac{1}{2}$，$a_2 = \frac{1}{3}$，$a_3 = \frac{1}{4}$，$a_4 = \frac{1}{5}$，$\cdots$，$a_n = \frac{1}{n+1}$，可以采用数学归纳法证明其正确性。答案为 A。

4. 答：推导如下。

$n=1，1^2=1$

$n=2，1-4=1-2^2=-(1+2)$

$n=3，1-4+9=1^2-2^2+3^2=1+2+3$

$n=3，1^2-2^2+3^2-4^2=-(1+2+3+4)$

$n=3，1^2-2^2+3^2-4^2+5^2=1+2+3+4+5$

答案为 D。

5. 答：迭代法先确定迭代变量，再对迭代过程进行控制。答案为 D。

6. 答：递归模型是递归算法的核心，反映递归算法的本质。答案为 B。

7. 答：一般情况下求解同一个问题的迭代算法比递归算法的效率高。答案是 ①D ②A。

8. 答：当到达递归出口时得到该子问题的解，然后返回求值。答案为 B。

9. 答：$f(n)=f(n-1)+n(n>1)$ 是递归体，递归出口对应 $n=1$ 的情况。答案为 B。

10. 答：$f(n)=f(n-1)+n(n>1)$ 本身就是递归体。答案为 D。

11. 答：该算法属于先合后递的递归算法。在执行 $f(123)$ 时先输出 $123\%10=3$，再调用 $f(12)$ 输出 2，最后调用 $f(1)$ 输出 1。答案为 A。

12. 答：该算法属于先递后合的递归算法。执行过程是 $f(123) \rightarrow f(12) \rightarrow f(1)$，返回时依次输出 1，2 和 3。答案为 B。

13. 答：任何递归算法都包含递归出口，该递归算法是正向输出单链表 h 中的结点值，递归出口是 h 为空的情况。答案为 C。

14. 答：对于选项 A，采用直接展开法求出 $T(n)=\Theta(n)$。对于选项 B，$T(n)=\Theta(n^2)$。对于选项 C，采用主方法，$a=1$，$b=2$，$f(n)=O(1)$，$n^{\log_b a}=1$ 与 $f(n)$ 的阶相同，则 $T(n)=\Theta(\log_2 n)$。对于选项 D，$T(n)=\Theta(n\log_2 n)$。答案为 C。

3.2　问答题及其参考答案

3.2.1　问答题

1. 用穷举法解题时的常用列举方法有顺序列举、排列列举和组合列举，问求解以下问题应该采用哪一种列举方法？

（1）求 $m \sim n$ 的所有素数。

（2）在数组 a 中选择出若干元素，它们的和恰好等于 k。

（3）有 n 个人合起来做一个任务，他们的排列顺序不同完成该任务的时间不同，求最优完成时间。

2. 许多系统用户登录时需要输入密码,为什么还需要输入已知的验证码?

3. 什么是递归算法? 递归模型由哪两个部分组成?

4. 比较迭代算法与递归算法的异同。

5. 有一个含 $n(n>1)$ 个整数的数组 a,写出求其中最小元素的递归定义。

6. 有一个含 $n(n>1)$ 个整数的数组 a,写出求所有元素和的递归定义。

7. 利用整数的后继函数 succ 写出 $x+y$(x 和 y 都是正整数)的递归定义。

8. 有以下递归算法,则 $f(f(7))$ 的结果是多少?

```
int f(int n) {
    if(n<=3)
        return 1;
    else
        return f(n-2)+f(n-4)+1;
}
```

9. 有以下递归算法,则 $f(3,5)$ 的结果是多少?

```
int f(int x,int y) {
    if(x<=0 || y<=0)
        return 1;
    else
        return 3*f(x-1,y/2);
}
```

10. 采用直接展开法求以下递推式:
$$T(1)=1$$
$$T(n)=T(n-1)+n \quad 当 n>1 时$$

11. 采用递归树方法求解以下递推式:
$$T(1)=1$$
$$T(n)=4T(n/2)+n \quad 当 n>1 时$$

12. 采用主方法求解以下递推式:

(1) $T(n)=4T(n/2)+n$

(2) $T(n)=4T(n/2)+n^2$

(3) $T(n)=4T(n/2)+n^3$

13. 有以下算法,分析其时间复杂度。

```
void f(int n) {
    for(int i=1;i<=n;i++){
        for(int j=1;j<=i;j++)
            System.out.printf("%d %d %d\n",i,j,n);
    }
    if(n>0){
        for(int i=1;i<=4;i++)
            f(n/2);
    }
}
```

14. 分析《教程》3.4.3 节的求 $1\sim n$ 全排列的递归算法 perm11(n,n) 的时间复杂度。

15*. 有以下多项式：

$$f(x,n)=x-\frac{x^3}{3!}+\frac{x^5}{5!}-\frac{x^7}{7!}+\cdots+(-1)^n\frac{x^{2n+1}}{(2n+1)!}$$

给出求 $f(x,n)$ 值的递推式，分析其求解的时间复杂度。

3.2.2 问答题参考答案

1. **答**：（1）采用顺序列举。

（2）采用组合列举。

（3）采用排列列举。

2. **答**：一般密码长度有限，密码由数字和字母等组成，可以采用穷举法枚举所有可能的密码，对每个密码进行试探。如果加入验证码，就会延迟每次试探的时间，从而使得这样破解密码变成几乎不可能。

3. **答**：递归算法是指直接或间接地调用自身的算法。递归模型由递归出口和递归体两部分组成。

4. **答**：迭代算法与递归算法的相同点是都是解决"重复操作"的机制，不同点是递归算法往往比迭代算法耗费更多的时间（调用和返回均需要额外的时间）与存储空间（用来保存不同次调用下变量的当前值的栈空间），每个迭代算法原则上总可以转换成与它等价的递归算法，反之不然。

5. **答**：设 $f(a,i)$ 表示 $a[0..i]$（共 $i+1$ 个元素）中的最小元素，为大问题；设 $f(a,i-1)$ 表示 $a[0..i-1]$（共 i 个元素）中的最小元素，为小问题。对应的递归定义如下：

$$f(a,i)=a[0] \qquad 当 i=0 时$$
$$f(a,i)=\min(f(a,i-1),a[i]) \quad 其他$$

则 $f(a,n-1)$ 求数组 a 中 n 个元素的最小元素。

6. **答**：设 $f(a,i)$ 表示 $a[0..i]$（共 $i+1$ 个元素）中的所有元素和，为大问题；设 $f(a,i-1)$ 表示 $a[0..i-1]$（共 i 个元素）中的所有元素和，为小问题。对应的递归定义如下：

$$f(a,i)=a[0] \qquad 当 i=0 时$$
$$f(a,i)=f(a,i-1)+a[i] \quad 其他$$

则 $f(a,n-1)$ 求数组 a 中 n 个元素和。

7. **答**：设 $f(x,y)=x+y$，对应的递归定义如下。

$$f(x,y)=y \qquad\qquad 当 x=0 时$$
$$f(x,y)=x \qquad\qquad 当 y=0 时$$
$$f(x,y)=f(\text{succ}(x),\text{succ}(y))+2 \quad 其他$$

8. **答**：先求 $f(7)$，如图 3.1(a)所示，求出 $f(7)=5$，再求 $f(5)$，如图 3.1(b)所示，求出 $f(5)=3$，所以 $f(f(7))$ 的结果是 3。

9. **答**：求 $f(3,5)$ 的过程如图 3.2 所示，求出 $f(3,5)=27$。

10. **答**：求 $T(n)$ 的过程如下。

$$T(n)=T(n-1)+n=[T(n-2)+(n-1)]+n=T(n-2)+n+(n-1)$$
$$=T(n-3)+n+(n-1)+(n-2)$$

$$=\cdots$$
$$=T(1)+n+(n-1)+\cdots+2$$
$$=n+(n-1)+\cdots+2+1=n(n+1)/2=\Theta(n^2)。$$

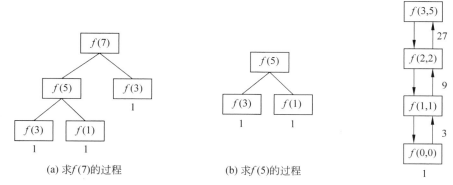

(a) 求 $f(7)$ 的过程   (b) 求 $f(5)$ 的过程

图 3.1   求 $f(f(7))$ 的过程   图 3.2   求 $f(3,5)$ 的过程

11. **解**：构造的递归树如图 3.3 所示，第 1 层的问题规模为 n，第 2 层的子问题的问题规模为 $n/2$，以此类推，当展开到第 $k+1$ 层时，其规模为 $n/2^k=1$，所以递归树的高度为 $\log_2 n+1$。

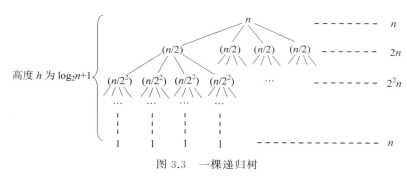

图 3.3   一棵递归树

第 1 层有一个结点，其时间为 n，第 2 层有 4 个结点，其时间为 $4(n/2)=2n$，以此类推，第 k 层有 4^{k-1} 个结点，每个子问题的规模为 $n/2^{k-1}$，其时间为 $4^{k-1}(n/2^{k-1})=2^{k-1}n$。叶子结点的个数为 n，其时间为 n。将递归树每一层的时间加起来，可得

$$T(n)=n+2n+\cdots+2^{k-1}n+\cdots+n\approx n*2^{\log_2 n}=\Theta(n^2)$$

12. **答**：(1) 这里 $a=4$，$b=2$，$f(n)=n$。$n^{\log_b a}=n^{\log_2 4}=n^2$，显然 $f(n)$ 的阶小于 $n^{\log_b a}$，满足主方法中的情况①，所以 $T(n)=\Theta(n^{\log_b a})=\Theta(n^2)$。

(2) 这里 $a=4$，$b=2$，$f(n)=n^2$。$n^{\log_b a}=n^{\log_2 4}=n^2$，显然 $f(n)$ 与 $n^{\log_b a}$ 同阶，满足主方法中的情况②，$T(n)=\Theta(n^{\log_b a}\log_2 n)=\Theta(n^2\log_2 n)$。

(3) 这里 $a=4$，$b=2$，$f(n)=n^3$。$n^{\log_b a}=n^{\log_2 4}=n^2$，显然 $f(n)$ 的阶大于 $n^{\log_b a}$。另外，对于足够大的 n，$af(n/b)=4\times n^3/8=n^3/2\leqslant cf(n)$，这里 $c=1/2$，满足正规性条件，则有 $T(n)=\Theta(f(n))=\Theta(n^3)$。

13. **答**：算法中两重 for 的执行次数为 $\sum_{i=1}^{n}\sum_{j=1}^{i}1=\sum_{i=1}^{n}i=\dfrac{n(n+1)}{2}=\Theta(n^2)$。对应的时

间递推式如下：

$$T(n)=1 \qquad \text{当 } n=0 \text{ 时}$$
$$T(n)=4T(n/2)+n^2 \qquad \text{其他情况}$$

采用主方法，$a=4$，$b=2$，$f(n)=n^2$，$n^{\log_b a}=n^2$ 与 $f(n)$ 的阶相同，则 $T(n)=\Theta(n^2\log_2 n)$。

14. **答**：perm11(n,n) 用于求 $1\sim n$ 的全排列 P_n，设其执行时间为 $T(n)$，它首先调用 perm1$(n,n-1)$ 求出 $1\sim n-1$ 的全排列 P_{n-1}，该小问题的执行时间为 $T(n-1)$，再对 P_{n-1} 中每个集合元素(共 $(n-1)!$ 个集合元素)的每个位置(共 n 个位置)插入 n，合并结果得到 P_n，执行次数为 $n(n-1)!=n!$。所以递推式如下：

$$T(1)=1 \qquad \text{求 } P_1 \text{ 为常量}$$
$$T(n)=T(n-1)+n! \qquad \text{当 } n>1 \text{ 时}$$

令 $T(n)=n!g(n)$(因为 $1\sim n$ 的全排列中的排列个数为 $n!$)，则 $T(n-1)=(n-1)!g(n-1)$，代入 $T(n)=T(n-1)+n!$ 中得到：

$$n!g(n)=(n-1)!g(n-1)+n!$$

两边乘以 n：$nn!g(n)=n(n-1)!g(n-1)+nn!=n!g(n-1)+nn!$。

两边除以 $n!$：$ng(n)=g(n-1)+n$，得到如下递推式。

$$g(1)=1$$
$$g(n)=g(n-1)/n+1 \qquad \text{当 } n>1 \text{ 时}$$

采用直接展开法，$g(n)=g(n-1)/n+1=g(n-2)/(n(n-1))+1/n+1=\cdots\leqslant 2$。

$$T(n)=n!g(n)\leqslant 2n!$$

因此有 $T(n)=O(n!)$。

15. **答**：为了简单，省略 x 参数。

$$f(1)=x,\ g(1)=x$$
$$f(2)=x-\frac{x^3}{3!}=f(1)+(-1)\times g(1)\times\frac{x^2}{3\times 2},$$
$$g(2)=(-1)\times g(1)\times\frac{x^2}{2\times 3}$$
$$f(3)=x-\frac{x^3}{3!}+\frac{x^5}{5!}=f(2)+(-1)\times g(2)\times\frac{x^2}{4\times 5},$$
$$g(3)=(-1)\times g(2)\times\frac{x^2}{4\times 5}$$

可以推出求 $f(n)$ 的递推式如下：

$$f(1)=x,\quad g(1)=x$$
$$g(n)=(-1)\times g(n-1)\times\frac{x^2}{(2n-2)(2n-1)}$$
$$f(n)=f(n-1)+g(n)$$

设求 $f(n)$ 的执行时间为 $T(n)$，求 $f(n)$ 需要求出 $g(n)$，但它们是同时计算的，也就是说 $T(n)$ 表示的是求 $f(n)$ 和 $g(n)$ 的时间，对应的执行时间的递推式如下：

$$T(1)=O(1)$$
$$T(n)=T(n-1)+O(1) \qquad \text{当 } n>1 \text{ 时}$$

可以推出 $T(n)=O(n)$。

3.3　算法设计题及其参考答案　✳

3.3.1　算法设计题

1. 有 3 种硬币若干个,面值分别是 1 分、2 分、5 分,如果要凑够 1 毛 5,设计一个算法求有哪些组合方式,共有多少种组合方式。

2. 有一个整数序列是 $0,5,6,12,19,32,52,\cdots$,其中第 1 项为 0,第 2 项为 5,第 3 项为 6,以此类推,采用迭代算法和递归算法求该数列的第 $n(n\geq1)$ 项。

3. 给定一个正整数 $n(1\leq n\leq100)$,采用迭代算法和递归算法求 $s=1+(1+2)+(1+2+3)+\cdots+(1+2+\cdots+n)$。

4. 一个数列的首项 $a_1=0$,后续奇数项和偶数项的计算公式分别为 $a_{2n}=a_{2n-1}+2$, $a_{2n+1}=a_{2n-1}+a_{2n}-1$,设计一个递归算法求数列的第 n 项。

5. 设计一个递归算法用于翻转一个非空字符串 s(用 String 表示)。

6. 对于不带头结点的非空整数单链表 h,设计一个递归算法求其中值为 x 的结点的个数。

7. 对于不带头结点的非空单链表 h,设计一个递归算法删除其中第一个值为 x 的结点。

8. 对于不带头结点的非空单链表 h,设计一个递归算法删除其中所有值为 x 的结点。

9. 假设二叉树采用二叉链存储结构存放,结点值为整数,设计一个递归算法求二叉树 b 中所有叶子结点值之和。

10. 假设二叉树采用二叉链存储结构存放,结点值为整数,设计一个递归算法求二叉树 b 中第 $k(1\leq k\leq$ 二叉树 b 的高度$)$ 层的所有结点值之和(根结点的层次为 1)。

11. 设计将十进制正整数 n 转换为二进制数的迭代算法和递归算法。

12. 在《教程》的 3.2.2 节中采用迭代算法实现直接插入排序,请设计等效的递归算法。

13. 在《教程》的 3.3.2 节中采用迭代算法实现简单选择排序,请设计等效的递归算法。

14. 在《教程》的 3.4.2 节中采用递归算法实现冒泡排序,请设计等效的迭代算法。

15. 在《教程》的 3.3.4 节中采用迭代算法求 $1\sim n$ 的幂集,请设计等效的递归算法。

16. 给定一个含 n 个元素的整数序列 a,设计一个算法求其中两个不同元素相加的绝对值的最小值。

17. 采用非递归和递归算法创建一个 $n(1\leq n\leq10)$ 阶螺旋矩阵并输出。例如,$n=4$ 时的螺旋矩阵如下:

```
1   2   3   4
12  13  14  5
11  16  15  6
10  9   8   7
```

3.3.2　算法设计题参考答案

1. **解**：采用穷举法，设所需 1 分、2 分和 5 分硬币的个数分别为 i、j 和 k，显然有 $0 \leqslant i \leqslant 15$，$0 \leqslant j \leqslant 7$，$0 \leqslant k \leqslant 3$，约束条件 $i+2j+5k=15$，用 cnt 表示组合方式数。对应的算法如下：

```java
int solve() {                    //求解算法
    int cnt=0;
    for(int i=0;i<=15;i++) {
        for(int j=0;j<=7;j++) {
            for(int k=0;k<=3;k++) {
                if(i+(2*j)+(5*k)==15) {
                    System.out.printf("1分硬币%d个,2分硬币%d个,5分硬币%d个\n",i,j,k);
                    cnt++;
                }
            }
        }
    }
    return cnt;
}
```

2. **解**：设 $f(n)$ 为数列的第 n 项，则

$$f(1)=0$$
$$f(2)=5$$
$$f(3)=6=f(1)+f(2)+1$$
$$f(4)=12=f(2)+f(3)+1$$
$$\cdots$$

可以归纳出当 $n>2$ 时有 $f(n)=f(n-2)+f(n-1)+1$。对应的迭代算法如下：

```java
int sequence1(int n) {                    //迭代算法
    int a=0,b=5,c=0;
    if(n==1)
        return a;
    else if(n==2)
        return b;
    else {
        for(int i=3;i<=n;i++) {
            c=a+b+1;
            a=b;b=c;
        }
        return c;
    }
}
```

对应的递归算法如下：

```java
int sequence2(int n) {                    //递归算法
    if(n==1)
```

```
        return 0;
    else if(n==2)
        return 5;
    else
        return sequence2(n-2)+sequence2(n-1)+1;
}
```

3. **解**：设 $curs=1+2+\cdots+(i-1)$，则 $curs+i$ 便是 $1+2+\cdots+i$，用 ans 累加所有的 curs(初始为 0)。对应的迭代算法如下：

```
int Sum1(int n){                    //迭代算法
    int ans=0;
    int curs=0;
    for(int i=1;i<=n;i++){
        curs+=i;
        ans+=curs;
    }
    return ans;
}
```

设 $f(n)=1+(1+2)+(1+2+3)+\cdots+(1+2+\cdots+n)$，则 $f(n-1)=1+(1+2)+$ $(1+2+3)+\cdots+(1+2+\cdots+n-1)$，两式相减得到 $f(n)-f(n-1)=(1+2+\cdots+n)=$ $n(n+1)/2$，则递归模型如下：

$$f(1)=1$$
$$f(n)=f(n-1)+n(n+1)/2$$

对应的递归算法如下：

```
int Sum2(int n){                    //递归算法
    if(n==1)
        return 1;
    else
        return Sum2(n-1)+n * (n+1)/2;
}
```

4. **解**：设 $f(m)$ 计算数列的第 m 项。当 m 为偶数时，不妨设 $m=2n$，则 $2n-1=m-1$，所以有 $f(m)=f(m-1)+2$。当 m 为奇数时，不妨设 $m=2n+1$，则 $2n-1=m-2,2n=m-1$，所以有 $f(m)=f(m-2)+f(m-1)-1$。对应的递归算法如下：

```
int sequence(int m){                    //递归算法
    if(m==1)
        return 0;
    else if(m%2==0)
        return sequence(m-1)+2;
    else
        return sequence(m-2)+sequence(m-1)-1;
}
```

5. **解**：设 $f(\text{str},i)$ 返回 $s[i..n-1]$（共 $n-i$ 个字符）的翻转字符串，为大问题；$f(\text{str},i+1)$ 返回 $s[i..n-1]$（共 $n-i-1$ 个字符）的翻转字符串，为小问题；$i \geq n$ 时空串的翻转结果是空串。对应的递归模型如下：

$$f(s,i)="" \qquad\qquad\qquad \text{当 } i \geq n \text{ 时}$$
$$f(s,i)=f(s,i+1)+s[i] \qquad \text{其他情况}$$

对应的递归算法如下：

```
String reverse1(String s,int i) {          //递归算法
    if(i>=s.length())
        return "";
    else
        return reverse1(s,i+1)+s.charAt(i);
}
String reverse(String s) {                 //求解算法
    return reverse1(s,0);
}
```

6. **解**：设 $f(h,x)$ 返回单链表 h 中值为 x 的结点的个数，为大问题；$f(h.\text{next},x)$ 返回子单链表 $h.\text{next}$ 中值为 x 的结点的个数，为小问题；空单链表的结点的个数为 0。对应的递归模型如下：

$$f(h,x)=0 \qquad\qquad\qquad \text{当 } h=\text{null} \text{ 时}$$
$$f(h,x)=f(h.\text{next},x)+1 \quad \text{当 } h.\text{val}=x \text{ 时}$$
$$f(h,x)=f(h.\text{next},x) \qquad \text{其他情况}$$

对应的递归算法如下：

```
int Count(ListNode h,int x) {              //求解算法
    if(h==null)
        return 0;
    else if(h.val==x)
        return Count(h.next,x)+1;
    else
        return Count(h.next,x);
}
```

7. **解**：设 $f(h,x)$ 返回删除单链表 h 中第一个值为 x 的结点后的单链表，为大问题；$f(h.\text{next},x)$ 返回删除子单链表 $h.\text{next}$ 中第一个值为 x 的结点后的单链表，为小问题。对应的递归模型如下：

$$f(h,x)=\text{null} \qquad\qquad\qquad\qquad \text{当 } h=\text{null} \text{ 时}$$
$$f(h,x)=h.\text{next} \qquad\qquad\qquad\quad \text{当 } h.\text{val}=x \text{ 时}$$
$$f(h,x)=h(h.\text{next}=f(h.\text{next},x)) \quad \text{其他情况}$$

对应的递归算法如下：

```
ListNode Delfirstx(ListNode h,int x) {     //递归算法
    if(h==null) return null;
    if(h.val==x)
```

```
        return h.next;
    else {
        h.next=Delfirstx(h.next,x);
        return h;
    }
}
```

8. **解**：设 $f(h,x)$ 返回删除单链表 h 中所有值为 x 的结点后的单链表，为大问题；$f(h.\text{next},x)$ 返回删除子单链表 $h.\text{next}$ 中所有值为 x 的结点后的单链表，为小问题。对应的递归模型如下：

$$f(h,x)=\text{null} \qquad\qquad\qquad\qquad\qquad 当 h=\text{null} 时$$
$$f(h,x)=f(h.\text{next},x) \qquad\qquad\qquad 当 h.\text{val}=x 时$$
$$f(h,x)=h(h.\text{next}=f(h.\text{next},x)) \quad 其他情况$$

对应的递归算法如下：

```
ListNode Delallx(ListNode h,int x) {        //递归算法
    if(h==null) return null;
    if(h.val==x)
        return Delallx(h.next,x);
    else {
        h.next=Delallx(h.next,x);
        return h;
    }
}
```

9. **解**：设 $f(b)$ 返回二叉树 b 中所有叶子结点值之和，为大问题，$f(b.\text{left})$ 和 $f(b.\text{right})$ 分别返回二叉树 b 的左、右子树中所有叶子结点值之和，为两个小问题。对应的递归模型如下：

$$f(b)=0 \qquad\qquad\qquad\qquad\qquad 当 b=\text{null} 时$$
$$f(b)=b.\text{val} \qquad\qquad\qquad\qquad 当 b 结点为叶子结点时$$
$$f(b)=f(b.\text{left})+f(b.\text{right}) \quad 其他$$

对应的递归算法如下：

```
int LeafSum(TreeNode b) {        //递归算法
    if(b==null) return 0;
    if(b.left==null && b.right==null)
        return b.val;
    int lsum=LeafSum(b.left);
    int rsum=LeafSum(b.right);
    return lsum+rsum;
}
```

10. **解**：设 $f(b,h,k)$ 返回二叉树 b 中第 k 层的所有结点值之和（初始时 b 指向根结点，h 置为 1 表示结点 b 的层次）。其递归模型如下：

$$f(b,h,k)=0 \qquad\qquad 当\,b=\text{null}\ 时$$
$$f(b,h,k)=b.\mathrm{val} \qquad\qquad 当\,h=k\ 时$$
$$f(b,h,k)=f(b.\mathrm{left},h+1,k)+f(b.\mathrm{right},h+1,k) \qquad 当\,h<k\ 时$$
$$f(b,h,k)=0 \qquad\qquad 其他情况$$

对应的递归算法如下：

```
int LevelkSum1(TreeNode b,int h,int k) {        //递归算法
    if(b==null)
        return 0;
    if(h==k)
        return b.val;
    if(h<k) {
        int lsum=LevelkSum1(b.left,h+1,k);
        int rsum=LevelkSum1(b.right,h+1,k);
        return lsum+rsum;
    }
    else return 0;
}
int LevelkSum(TreeNode b,int k) {               //求解算法
    return LevelkSum1(b,1,k);
}
```

11. **解**：设 $f(n)$ 为 n 的二进制数。求出 $n\%2$ 和 $n/2$，$n\%2$ 作为结果二进制数的最高位，$f(n/2)$ 作为小问题。假设 $f(n/2)$ 已经求出，将 $n\%2$ 作为其最高位得到 $f(n)$ 的结果。对应的递归模型如下：

$$f(n)=空 \qquad\qquad 当\,n\leqslant 0\ 时$$
$$f(n)=n\%2\oplus f(n/2) \qquad 当\,n>0\ 时$$

其中 $x\oplus y$ 表示将 x 作为 y 的最高位。

采用数组存放转换的二进制数，每个元素表示一个二进制位，由于需要将 $n\%2$ 的二进制位插入最前面，为此改为用 Stack<Integer> 集合存放转换的二进制数。对应的迭代算法如下：

```
Stack<Integer>trans1(int n) {                   //迭代算法
    Stack<Integer>ans=new Stack<>();
    while(n>0) {
        int d=n%2;                              //求出二进制位 d
        ans.push(d);                            //将 d 作为高位的元素
        n/=2;                                   //新值取代旧值
    }
    return ans;
}
```

对应的递归算法如下：

```
ArrayList<Integer>trans2(int n) {               //递归算法
    ArrayList<Integer>ans=new ArrayList<>();
    if(n<=0) return ans;
```

```
    ans=trans2(n/2);        //先递后合
    int d=n%2;
    ans.add(d);
    return ans;
}
```

12.**解**：直接插入排序递归算法的设计思路参考《教程》中的 3.2.2 节。采用先递后合和先合后递的两种递归算法如下：

```
void Insert(int R[],int i) {              //将 R[i]有序插入 R[0..i-1]中
    int tmp=R[i];
    int j=i-1;
    do {                                   //找 R[i]的插入位置
        R[j+1]=R[j];                       //将大于 R[i]的元素后移
        j--;
    } while(j>=0 && R[j]>tmp);             //直到 R[j]<=tmp 为止
    R[j+1]=tmp;                            //在 j+1 处插入 R[i]
}
/***先递后合算法*****************************/
void InsertSort21(int R[],int i) {        //递归直接插入排序
    if(i==0) return;
    InsertSort21(R,i-1);
    if(R[i]<R[i-1])                        //反序时
        Insert(R,i);
}
void InsertSort2(int R[]) {               //递归算法:直接插入排序
    int n=R.length;
    InsertSort21(R,n-1);
}
/***先合后递算法*****************************/
void InsertSort31(int R[],int i) {        //递归直接插入排序
    int n=R.length;
    if(i<1 || i>n-1) return;
    if(R[i]<R[i-1])                        //反序时
        Insert(R,i);
    InsertSort31(R,i+1);
}
void InsertSort3(int R[]) {               //递归算法:直接插入排序
    InsertSort31(R,1);
}
```

13.**解**：简单选择排序递归算法的设计思路参考《教程》中的 3.3.2 节。采用先递后合和先合后递的两种递归算法如下：

```
void Select(int R[],int i) {              //在 R[i..n-1]中选择最小元素交换到 R[i]位置
    int minj=i;                           //minj 表示 R[i..n-1]中最小元素的下标
    for(int j=i+1;j<R.length;j++) {       //在 R[i..n-1]中找最小元素
        if(R[j]<R[minj])
```

```
                minj=j;
        }
    if(minj!=i) {                        //若最小元素不是 R[i]
        int tmp=R[minj];                 //交换 R[minj]和 R[i]
        R[minj]=R[i]; R[i]=tmp;
    }
}
/***先递后合算法****************************/
void SelectSort21(int R[],int i) {       //递归的简单选择排序
    if(i==-1) return;                    //满足递归出口条件
    SelectSort21(R,i-1);
    Select(R,i);
}

void SelectSort2(int R[]){               //递归的简单选择排序
    SelectSort21(R,R.length-2);
}
/***先合后递算法****************************/
void SelectSort31(int R[],int i) {       //递归的简单选择排序
    int n=R.length;
    if(i==n-1) return;                   //满足递归出口条件
    Select(R,i);
    SelectSort31(R,i+1);
}

void SelectSort3(int R[]) {              //递归的简单选择排序
    SelectSort31(R,0);
}
```

14. **解**：冒泡排序迭代算法的设计思路参考《教程》中的 3.4.2 节。对应的算法如下：

```
boolean exchange;                        //类变量
void Bubble(int R[],int i) {             //在 R[i..n-1]中冒泡最小元素到 R[i]位置
    int n=R.length;
    for(int j=n-1;j>i;j--) {             //无序区元素的比较,找出最小元素
        if(R[j-1]>R[j]) {                //当相邻元素反序时
            int tmp=R[j];                //R[j]与 R[j-1]进行交换
            R[j]=R[j-1]; R[j-1]=tmp;
            exchange=true;               //本趟排序发生交换,置 exchange 为 true
        }
    }
}

void BubbleSort1(int R[]) {              //迭代算法:冒泡排序
    int n=R.length;
    for(int i=0;i<n-1;i++) {             //进行 n-1 趟排序
        exchange=false;                  //本趟排序前置 exchange 为 false
        Bubble(R,i);
        if(exchange==false)              //本趟未发生交换时结束算法
            return;
    }
}
```

15. 解：用 M_i 表示 $1 \sim i$ 的幂集，对应的递归模型如下。

$$M_1 = \{\{\}, \{1\}\}$$
$$M_i = M_{i-1} \bigcup A_i \quad \text{当} \ i > 1 \ \text{时}$$

其中，$A_i = \mathrm{appendi}(M_{i-1}, i)$。幂集用 List<List<Integer>> 类型的 Java 集合存放，其中每个 List<Integer> 类型的元素表示幂集中的一个集合。大问题是求 $\{1 \sim i\}$ 的幂集，小问题是求 $\{1 \sim i - 1\}$ 的幂集。采用先递后合和先合后递的两种递归算法如下：

```
List<List<Integer>>deepcopy(List<List<Integer>>A) { //返回 A 的深拷贝
    List<List<Integer>>B=new ArrayList<>();
    for(List<Integer>x : A)
        B.add(new ArrayList<>(x));
    return B;
}

List<List<Integer>>appendi(List<List<Integer>>Mi_1,int i) {
//向 Mi_1 中每个集合元素的末尾添加 i
    List<List<Integer>>Ai=deepcopy(Mi_1);
    for(int j=0;j<Ai.size();j++)
        Ai.get(j).add(i);
    return Ai;
}
/***先递后合算法*****************************/
List<List<Integer>>pset(int n,int i){
    if(i==1) {
        List<List<Integer>>tmp=new ArrayList<>();    //建立 tmp={{},{1}}并返回
        List<Integer>e1=new ArrayList<>();
        tmp.add(e1);                                 //添加{}
        List<Integer>e2=new ArrayList<>();
        e2.add(1);
        tmp.add(e2);                                 //添加{1}
        return tmp;
    }
    else {
        List<List<Integer>>Mi_1=pset(n,i-1);         //递归求出 Mi_1
        List<List<Integer>>Mi=Mi_1;                  //Mi 置为 Mi_1
        List<List<Integer>>Ai=appendi(Mi_1,i);
        for(int j=0;j<Ai.size();j++)                 //将 Ai 的所有集合元素添加到 Mi 中
            Mi.add(Ai.get(j));
        return Mi;                                   //返回 Mi
    }
}
List<List<Integer>>subsets2(int n){                  //递归算法
    return pset(n,n);
}
```

```
/***先合后递算法*****************************/
List<List<Integer>>pset(List<List<Integer>>M,int n,int i) {
    List<List<Integer>>A=deepcopy(appendi(M,i));    //求 A
    for(int j=0;j<A.size();j++)                      //将 A 的所有集合元素添加到 M 中
        M.add(A.get(j));
    if(i==n)                                         //已经求出结果时返回 M
        return M;
    else                                            //否则递归调用
        return pset(M,n,i+1);
}
List<List<Integer>>subsets3(int n) {                //递归算法
    List<List<Integer>>M=new ArrayList<>();
    List<Integer>e1=new ArrayList<>();
    M.add(e1);                                       //添加{}
    List<Integer>e2=new ArrayList<>();
    e2.add(1);
    M.add(e2);                                       //添加{1},置 M={{},{1}}
    if(n==1)
        return M;
    else
        return pset(M,n,2);
}
```

16. **解法 1**：采用穷举法，对任意两个不同元素求相加的绝对值，比较求最小值 ans，算法的时间复杂度为 $O(n^2)$。对应的算法如下：

```
int minabs1(int a[]) {                        //解法 1
    int n=a.length;
    int ans=0x3f3f3f3f;                       //初始置为∞
    for(int i=0;i<n-1;i++) {
        for(int j=i+1;j<n;j++) {
            ans=Math.min(ans,Math.abs(a[i]+a[j]));
            if(ans==0) return ans;            //当结果为 0 时不必继续
        }
    }
    return ans;
}
```

解法 2：改进穷举法算法。如果 a 中元素全部是正数，只需要找到其中两个不同的最小元素，答案就是它们相加的结果，对应的时间复杂度为 $O(n)$。但这里 a 中可能有负数，那么在这种情况下就变成了求差的绝对值，而差的绝对值最小的两个整数一定是大小最相近的，为此先对数组 a 递增排序，用 low 和 high 前后遍历，求 $f=a[low]+a[high]$，将最小绝对值保存在 ans 中，如果 $f>0$，除去 $a[high]$；如果 $f<0$，除去 $a[low]$。算法的时间主要花费在排序上，时间复杂度为 $O(n\log_2 n)$。对应的算法如下：

```
int minabs2(int a[]) {                        //解法 2
    int n=a.length;
```

```
    int ans=0x3f3f3f3f;              //初始置为∞
    Arrays.sort(a);                  //递增排序
    int low=0,high=n-1;
    while(low<high) {
        int f=a[low]+a[high];
        ans=Math.min(ans,Math.abs(f));
        if(ans==0) return ans;       //当结果为 0 时不必继续
        if(f>0) high--;
        if(f<0) low++;
    }
    return ans;
}
```

17. 解：采用递归解法。设 $f(x,y,\text{start},n)$ 用于创建左上角为 (x,y)、起始元素值为 start 的 n 阶螺旋矩阵，共 n 行 n 列，它是大问题；$f(x+1,y+1,\text{start},n-2)$ 用于创建左上角为 $(x+1,y+1)$、起始元素值为 start 的 $n-2$ 阶螺旋矩阵，共 $n-2$ 行 $n-2$ 列，它是小问题。图 3.4 所示为 $n=4$ 时的大问题和小问题。对应的递归模型如下：

$$f(x,y,\text{start},n) \equiv \text{不做任何事情} \qquad \text{当} n \leqslant 0 \text{时}$$
$$f(x,y,\text{start},n) \equiv \text{产生只有一个元素的螺旋矩阵} \qquad \text{当} n=1 \text{时}$$
$$f(x,y,\text{start},n) \equiv \text{产生}(x,y)\text{的那一圈}; \qquad \text{当} n>1 \text{时}$$
$$f(x+1,y+1,\text{start},n-2)$$

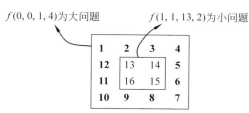

图 3.4 $n=4$ 时的大问题和小问题

非递归解法则是采用循环语句代替递归调用。对应的算法如下：

```
class Solution {
    int s[][];
    int n;
    int start;
    void CreateaLevel(int ix,int iy,int ex,int ey) {  //产生一圈的螺旋矩阵元素
        if(ix==ex)                                      //该圈只有一个元素时
            s[ix][iy]=start++;
        else {
            int curx=ix;
            int cury=iy;
            while(curx!=ex) {                           //上一行
                s[iy][curx]=start++;
                curx++;
            }
            while(cury!=ey) {                           //右一列
                s[cury][ex]=start++;
```

```
            cury++;
        }
        while(curx!=ix) {                        //下一行
            s[ey][curx]=start++;
            curx--;
        }
        while(cury!=iy) {                        //左一列
            s[cury][ix]=start++;
            cury--;
        }
    }
}
void Spiral1(int n) {                            //非递归求解算法
    this.n=n;
    s=new int[n][n];
    start=1;
    int ix=0,iy=0;
    int ex=n-1,ey=n-1;
    while(ix<=ex && iy<=ey)
        CreateaLevel(ix++,iy++,ex--,ey--);
}
void Spiral2(int x,int y,int n) {               //递归创建螺旋矩阵
    if(n<=0)                                     //递归结束条件
        return;
    if(n==1) {                                   //矩阵大小为 1 时
        s[x][y]=start;
        return;
    }
    CreateaLevel(x,y,x+n-1,y+n-1);               //产生一圈的螺旋矩阵元素
    Spiral2(x+1,y+1,n-2);                        //递归调用
}
void Spiral2(int n) {                            //递归求解算法
    this.n=n;
    s=new int[n][n];
    start=1;
    Spiral2(0,0,n);
}
}
```

3.4 在线编程题及其参考答案 ✳

3.4.1 LeetCode647——回文子串★★

问题描述：给定一个字符串 s（$1\leqslant s.length\leqslant 1000$，$s$ 由小写英文字母组成），设计一个算法求这个字符串中回文子串的数目。注意，具有不同开始位置或结束位置的子串，即使是由相同的字符组成的，也会被视作不同的子串。例如，$s=$ "aaa"，有 6 个回文子串，即 "a"、 "a"、"a"、"aa"、"aa"和"aaa",答案为6。要求设计如下方法:

```
public int countSubstrings(String s) { }
```

解法1:采用简单的穷举法,用 ans 累计 s 中回文子串的个数(初始为 0)。枚举每个子串 s[i..j],若为回文,则置 ans++。最后返回 ans。对应的程序如下:

```
class Solution {
    public int countSubstrings(String s) {          //求解算法
        int n=s.length();
        int ans=0;
        for(int i=0;i<n;i++) {
            for(int j=i;j<n;j++) {
                if(ispal(s,i,j))
                    ans++;
            }
        }
        return ans;
    }
    boolean ispal(String s,int low,int high) {       //判断 s[i..j]是否为回文
        int i=low,j=high;
        while(i<j) {
            if(s.charAt(i)!=s.charAt(j))
                return false;
            i++; j--;
        }
        return true;
    }
}
```

上述程序提交时通过,执行用时为 381ms,内存消耗为 39.6MB。

解法2:对于长度为 n 的字符串 s,显然每个字符的位置可能是回文子串的中心点(共 n 个),每两个字符中间的位置可能是回文子串的中心点(共 n−1 个),枚举 2n−1 个中心点求回文子串的个数。对应的程序如下:

```
class Solution {
    int n;
    int ans=0;
    public int countSubstrings(String s) {   //求解算法
        n=s.length();
        for(int c=0;c<n;c++)                  //考虑每个字符的位置为回文中心点
            cnt(s,c,c);
        for(int c=0;c<n-1;c++)                //考虑每两个字符中间的位置为回文中心点
            cnt(s,c,c+1);
        return ans;
    }
    void cnt(String s,int l,int r) {
```

```
    while(l>=0 && r<n && s.charAt(l)==s.charAt(r)) {
        ans++;
        l--; r++;
    }
    }
}
```

上述程序提交时通过,执行用时为 2ms,内存消耗为 39.4MB。

3.4.2 LeetCode344——反转字符串★

问题描述：设计一个算法将输入的字符数组反转过来。注意,不要给另外的数组分配额外的空间,可以假设数组中的所有字符都是 ASCII 码表中的可打印字符。要求设计如下方法：

```
public void reverseString(char[] s) { }
```

解法 1：采用迭代算法。将 s 两端的字符交换,直到未交换区间为空或者只有一个字符时为止。对应的程序如下：

```
class Solution {
    public void reverseString(char[] s) {        //迭代算法
        int i=0,j=s.length-1;
        while(i<j) {
            char tmp=s[i];                        //交换 s[i]和 s[j]
            s[i]=s[j]; s[j]=tmp;
            i++; j--;
        }
    }
}
```

上述程序提交时通过,执行用时为 1ms,内存消耗为 45.2MB。

解法 2：采用递归算法。设 $f(s,i,j)$ 用于反转 $s[i..j]$,先交换 $s[i]$ 和 $s[j]$,子问题为 $f(s,i+1,j-1)$。对应的程序如下：

```
class Solution {
    public void reverseString(char[] s) {        //递归算法
        int n=s.length;
        if(n==0 || n==1)
            return;
        rev(s,0,n-1);
    }
    void rev(char s[],int i,int j) {
        if(i>j || i==j) return;
        char tmp=s[i];                            //交换 s[i]和 s[j]
        s[i]=s[j]; s[j]=tmp;
```

```
        rev(s,i+1,j-1);
    }
}
```

上述程序提交时通过,执行用时为 1ms,内存消耗为 49.5MB。

3.4.3　LeetCode118——杨辉三角★

问题描述:给定一个非负整数 $n(1 \leqslant n \leqslant 30)$,设计一个算法生成杨辉三角的前 n 行。在杨辉三角中每个数是它左上方和右上方的数的和。例如,$n=5$,生成的杨辉三角是 $\{\{1\},\{1,1\},\{1,2,1\},\{1,3,3,1\},\{1,4,6,4,1\}\}$。要求设计如下方法:

```
public List<List<Integer>>generate(int n) { }
```

解法 1:用 $L_i(0 \leqslant i \leqslant n-1)$ 表示杨辉三角中第 i 行的列表,其中共有 $i+1$ 个元素,首尾元素均为 1,用 ans 存放最终的杨辉三角,即 ans $= \bigcup L_i$。采用迭代法实现的程序如下:

```
class Solution {
    public List<List<Integer>>generate(int n) {          //解法1
        List<List<Integer>>ans=new ArrayList<>();
        List<Integer>L0=new ArrayList<>();
        L0.add(1);
        ans.add(L0);
        for(int i=1;i<n;i++) {
            List<Integer>Li=new ArrayList<>();
            for(int j=0;j<=i;j++) {
                if(j==0 || j==i)
                    Li.add(1);
                else
                    Li.add(ans.get(i-1).get(j-1)+ans.get(i-1).get(j));
            }
            ans.add(Li);
        }
        return ans;
    }
}
```

上述程序提交时通过,执行用时为 0ms,内存消耗为 39.5MB。

解法 2:采用递归法实现,用 ans 存放最终的杨辉三角,即 ans $= \bigcup L_i$。由于 L_i 是由 L_{i-1} 生成的,所以采用先递后合方法。设 $f(i)$ 用于生成 $0 \sim i-1$ 共 i 行的杨辉三角,则 $f(i) \equiv f(i-1) +$ 由 L_{i-1} 生成 L_i。对应的先递后合的程序如下:

```
class Solution {
    List<List<Integer>>ans=new ArrayList<>();
    public List<List<Integer>>generate(int n)          //解法2
        recursive(n-1);
        return ans;
    }
```

```
void recursive(int i) {          //递归算法:先递后合
    if(i==0) {
        List<Integer>L0=new ArrayList<>();
        L0.add(1);
        ans.add(L0);
    }
    else {
        recursive(i-1);
        List<Integer>Li=new ArrayList<>();
        for(int j=0;j<=i;j++) {
            if(j==0 || j==i)
                Li.add(1);
            else
                Li.add(ans.get(i-1).get(j-1)+ans.get(i-1).get(j));
        }
        ans.add(Li);
    }
}
```

上述程序提交时通过,执行用时为 0ms,内存消耗为 39.6MB。

3.4.4　LeetCode21——合并两个有序链表★

问题描述:给定两个不带头结点的升序单链表,设计一个算法将它们合并为一个新的升序链表并返回。新链表是通过拼接给定的两个链表的所有结点组成的。要求设计如下方法:

```
public ListNode mergeTwoLists(ListNode list1, ListNode list2) { }
```

问题求解:采用二路归并方法。迭代二路归并十分简单,这里采用递归二路归并实现,对应的程序如下:

```
class Solution {
    public ListNode mergeTwoLists(ListNode list1, ListNode list2) {
        if(list1==null && list2==null)
            return null;
        if(list1==null)
            return list2;
        if(list2==null)
            return list1;
        if(list1.val<list2.val) {
            list1.next=mergeTwoLists(list1.next,list2);
            return list1;
        }
        else {
            list2.next=mergeTwoLists(list1,list2.next);
            return list2;
        }
    }
}
```

上述程序提交时通过,执行用时为 0ms,内存消耗为 41.4MB。

3.4.5 LeetCode206——反转链表 ★

问题描述:设计一个算法反转一个不带头结点的单链表 head。例如 head 为{1,2,3,4,5},反转后为{5,4,3,2,1}。要求设计如下方法:

```
public ListNode reverseList(ListNode head) { }
```

解法 1:采用迭代算法。先建立一个反转单链表的头结点 h,用 p 遍历单链表 head,将结点 p 采用头插法插入 h 的表头。最后返回 h.next。对应的程序如下:

```
class Solution {
    public ListNode reverseList(ListNode head) {    //迭代算法
        ListNode h=new ListNode();                  //建立一个头结点
        ListNode p=head;
        while(p!=null) {
            ListNode q=p.next;
            p.next=h.next;
            h.next=p;                                //将结点 p 插入表头
            p=q;
        }
        return h.next;
    }
}
```

上述程序提交时通过,执行用时为 0ms,内存消耗为 38.4MB。

解法 2:采用递归算法。设 $f(head)$ 的功能是反转单链表 head 并且返回反转单链表的首结点 h,其过程如图 3.5 所示。

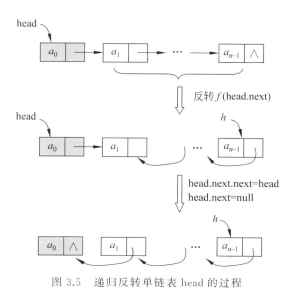

图 3.5 递归反转单链表 head 的过程

对应的程序如下：

```
class Solution {
    public ListNode reverseList(ListNode head) {        //递归算法
        if(head==null || head.next==null)
            return head;
        ListNode h=reverseList(head.next);
        head.next.next=head;
        head.next=null;
        return h;
    }
}
```

上述程序提交时通过，执行用时为 0ms，内存消耗为 41.5MB。

3.4.6　LeetCode24——两两交换链表中的结点★★

问题描述：给定一个不带头结点的单链表 head，设计一个算法两两交换其中相邻的结点，并返回交换后的链表。例如，head 为{1,2,3,4,5}，交换后为{2,1,4,3,5}。要求设计如下方法：

```
public ListNode swapPairs(ListNode head) {}
```

解法 1：采用迭代算法。先将前面两个结点交换，交换后 head 指向 a_1 的结点，last 指向 a_0 的结点，然后让 p、q、r 分别指向其后的 3 个相邻结点，如图 3.6 所示，若 p 或者 q 为空则结束，否则交换结点 p、q。

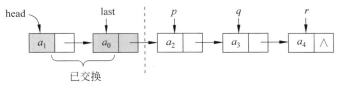

图 3.6　两两结点交换的过程

对应的程序如下：

```
class Solution {
    public ListNode swapPairs(ListNode head) {
        if(head==null || head.next==null)
            return head;                         //head 为空或者只有一个结点的情况
        ListNode p,q,r,last;
        p=head;                                  //p 指向 a0
        q=head.next;                             //q 指向 a1
        r=q.next;                                //r 指向 a2
        head=q; p.next=r;                        //交换 p 和 q 结点,head 指向新的首结点
        head.next=p;
        last=p;
```

```
        while(true) {
            p=r;
            if(p==null || p.next==null)
                break;                      //单链表 p 为空或者只有一个结点的情况
            q=p.next;
            r=q.next;
            last.next=q; p.next=r;          //交换 p 和 q 结点
            q.next=p; p.next=r;
            last=p;                         //重新设置 last
        }
        return head;                        //返回交换后的单链表
    }
}
```

上述程序提交时通过,执行用时为 0ms,内存消耗为 38.7MB。

解法 2:采用递归算法。设 $f(\text{head})$ 是大问题,用于两两交换链表 head 中的结点。

① 若单链表 head 为空或者只有一个结点(head = null 或者 head.next == null),交换后的结果单链表没有变化,返回 head。

② 否则让 last 和 p 分别指向 a_1 和 a_2 结点,如图 3.7 所示,显然 $f(p)$ 为小问题,用于两两交换链表 p 中的结点。$f(\text{head})$ 的执行过程是先交换 last 和 head 结点(让 head 指向 a_1 结点,last 指向 a_0 结点),再置 last.next = $f(p)$,最后返回 head。

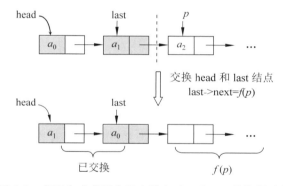

图 3.7 有两个或者两个以上结点时 $f(\text{head})$ 的执行过程

对应的程序如下:

```
class Solution {
    public ListNode swapPairs(ListNode head) {
        if(head==null || head.next==null)
            return head;                    //head 为空或者只有一个结点的情况
        ListNode last=head.next;            //last 指向 a1
        ListNode p=last.next;               //p 指向 a2
        last.next=head;                     //交换 head 和 last 结点
        head=last;
        last=head.next;
        last.next=swapPairs(p);
        return head;
    }
}
```

上述程序提交时通过,执行用时为 0ms,内存消耗为 39MB。

3.4.7 LeetCode89——格雷编码★★

问题描述：格雷编码是一个二进制数字系统,n 位格雷码序列是一个由 2^n 个整数组成的序列,其中

(1) 每个整数都在 $[0,2^n-1]$ 内(含 0 和 2^n-1)。

(2) 第一个整数是 0。

(3) 一个整数在序列中的出现不超过一次。

(4) 每对相邻整数的二进制表示恰好一位不同,且第一个和最后一个整数的二进制表示恰好一位不同。

给定一个整数 $n(1 \leqslant n \leqslant 16)$,设计一个算法求一个有效的 n 位格雷码序列。例如,$n=2$ 时,答案为 $\{0,1,3,2\}$ 或者 $\{0,2,3,1\}$。因为 00 和 01 有一位不同,01 和 11 有一位不同,11 和 10 有一位不同,10 和 00 有一位不同,所以 $\{0,1,3,2\}$ 正确。因为 00 和 10 有一位不同,10 和 11 有一位不同,11 和 01 有一位不同,01 和 00 有一位不同,所以 $\{0,2,3,1\}$ 正确。要求设计如下方法：

```
public List<Integer>grayCode(int n) { }
```

问题求解：用 ans 存放 n 位格雷码序列,初始时置 ans$=G_0=\{0\}$,求 $n=3$ 的格雷码序列如图 3.8 所示,从中归纳出求 n 位格雷码序列的过程。

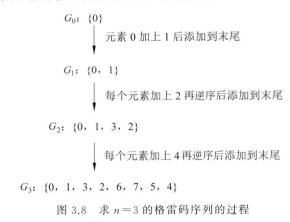

G_0: $\{0\}$

　　元素 0 加上 1 后添加到末尾

G_1: $\{0, 1\}$

　　每个元素加上 2 再逆序后添加到末尾

G_2: $\{0, 1, 3, 2\}$

　　每个元素加上 4 再逆序后添加到末尾

G_3: $\{0, 1, 3, 2, 6, 7, 5, 4\}$

图 3.8　求 $n=3$ 的格雷码序列的过程

对应的迭代程序如下：

```
class Solution {
    public List<Integer>grayCode(int n) {
        List<Integer>ans=new ArrayList<Integer>();
        ans.add(0);
        for(int i=0;i<n;i++) {
            int e=1<<i;                 //e=2^n
            int cnt=ans.size();
            for(int j=cnt-1;j>=0;j--) //逆序遍历 ans,每个元素加上 e 后添加到 ans 中
                ans.add(ans.get(j)+e);
```

```
        }
        return ans;
    }
}
```

上述程序提交时通过,执行用时为 6ms,内存消耗为 44.9MB。

3.4.8 LeetCode50——pow(x,n)★★

问题描述:设计一个算法求 $\text{pow}(x,n)$,即计算 x 的 n 次幂($-100.0 < x < 100.0$,$-2^{31} \leqslant n \leqslant 2^{31}-1$)。例如,$x=2.00000$,$n=10$,答案为 1024.00000。要求设计如下方法:

```
public double myPow(double x,int n) {}
```

问题求解:设 n 为正整数时 $f(x,n)=\text{pow}(x,n)$,当 n 为负整数时有 $f(x,n)=1/f(x,-n)$。假设 n 为正整数,对应的递归模型如下:

$$f(x,n)=1 \qquad\qquad 当 n=0 时$$
$$f(x,n)=f(x,n/2) * f(x,n/2) \qquad 当 n 为偶数时$$
$$f(x,n)=f(x,n/2) * f(x,n/2) * x \qquad 当 n 为奇数时$$

对应的递归程序如下:

```
class Solution {
    public double myPow(double x,int n) {
        long N=n;
        if(N>=0)
            return pow(x,N);
        else
            return 1.0/pow(x,-N);
    }
    public double pow(double x,long N) {
        if(N==0)
            return 1.0;
        double y=pow(x,N/2);
        if(N%2==0)
            return y * y;
        else
            return y * y * x;
    }
}
```

上述程序提交时通过,执行用时为 0ms,内存消耗为 41MB。

3.4.9 LeetCode101——对称二叉树★

问题描述:给定一棵采用二叉链存储的二叉树 root,设计一个算法判定它是否对称。例如,root={1,2,2,3,4,4,3},答案为 true;root={1,2,2,NULL,3,NULL,3},答案为

false。要求设计如下方法：

```
public boolean isSymmetric(TreeNode root) { }
```

问题求解：设 $f(b1,b2)$ 表示二叉树 $b1$ 和 $b2$ 对称。对应的递归模型如下：

$f(b1,b2) = true$ 当 $b1 = null$ 并且 $b2 = null$ 时
$f(b1,b2) = false$ 当 $b1$ 和 $b2$ 中一个为空，另外一个不空时
$f(b1,b2) = false$ 当 $b1.val \neq b2.val$ 时
$f(b1,b2) = f(b1.left,b2.right) \&\&$
$\qquad f(b1.right,b2.left)$ 其他情况

若非空二叉树 root 的左、右子树是对称的，则返回 true，否则返回 false。对应的递归算法如下：

```
class Solution {
    public boolean isSymmetric(TreeNode root) {
        if(root==null)
            return true;
        else
            return sym(root.left,root.right);
    }
    boolean sym(TreeNode b1,TreeNode b2) {
        if(b1==null && b2==null)
            return true;
        else if(b1==null || b2==null)
            return false;
        else if(b1.val!=b2.val)
            return false;
        else
            return sym(b1.left,b2.right) && sym(b1.right,b2.left);
    }
}
```

上述程序提交时通过，执行用时为 0ms，内存消耗为 39.6MB。

3.4.10 LeetCode655——输出二叉树★★

问题描述：在一个 $m \times n$ 的二维字符串数组中输出二叉树，其中行数 m 等于给定二叉树的高度，列数 n 总是奇数，根结点值（以字符串格式给出）放在可放置的第一行的正中间，根结点所在的行与列会将剩余空间划分为两部分（左下部分和右下部分），将左子树输出在左下部分，将右子树输出在右下部分，左下和右下部分应当有相同的大小。另外，每个未使用的空间应包含一个空字符串""。例如，图3.9所示的二叉树的输出结果如下：

```
{{"","","","1","","",""},
 {"","2","","","","3",""},
 {"","","4","","","",""}}
```

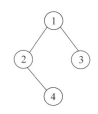

图 3.9 一棵二叉树

要求设计如下方法：

```
public List<List<String>>printTree(TreeNode root) {}
```

问题求解：先求出二叉树的高度 m，其最大宽度 $n=2^m-1$（高度为 m 的满二叉树的宽度），建立一个字符串数组 ans$[m][n]$（初始时所有元素为空字符串）。以深度 depth＝0，$[0,n-1]$ 为区间，在中间位置插入根结点，然后在左、右区间中插入左、右子树的结点。对应的递归程序如下：

```
class Solution {
    List<List<String>>ans;
    public List<List<String>>printTree(TreeNode root) {
        int m=getDepth(root);                    //求出 root 的高度
        int n=(int)Math.pow(2,m)-1;              //求出输出 List 的宽度
        ans=new ArrayList<>(m);                  //对结果集初始化
        for(int i=0;i<m;i++) {                   //ans 初始化为 m 行 n 列(元素为空串"")
            List<String>list=new ArrayList<>();
            for(int j=0;j<n;j++)                 //添加空串
                list.add("");
            ans.add(list);
        }
        process(root,0,0,n-1);
        return ans;
    }
    void process(TreeNode root,int depth,int low,int high) {
        if(root==null || low>high) return;
        int mid=(low+high)/2;
        ans.get(depth).set(mid,root.val+"");     //插入根结点
        process(root.left,depth+1,low,mid-1);    //生成左子树
        process(root.right,depth+1,mid+1,high);  //生成右子树
    }
    int getDepth(TreeNode root) {                //求高度
        if(root==null) return 0;
        return Math.max(getDepth(root.left), getDepth(root.right))+1;
    }
}
```

上述程序提交时通过，执行用时为 1ms，内存消耗为 41.6MB。

3.4.11 LeetCode95——不同的二叉排序树 II★★

问题描述：设计一个算法求 $n(1 \leqslant n \leqslant 8)$ 个不同结点（结点值分别是 $1 \sim n$）构成的所有

二叉排序树。例如，$n=3$，一共有 5 种不同结构的二叉排序树，如图 3.10 所示，结果表示为 $\{\{1,NULL,3,2\},\{3,2,NULL,1\},\{3,1,NULL,NULL,2\},\{2,1,3\},\{1,NULL,2,NULL,3\}\}$，其中 NULL 表示空结点。

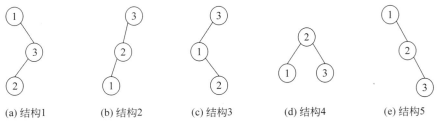

(a) 结构1　　(b) 结构2　　(c) 结构3　　(d) 结构4　　(e) 结构5

图 3.10　5 棵二叉排序树

要求设计如下方法：

```
public List<TreeNode>generateTrees(int n) { }
```

问题求解：设计 generateTrees(low,high) 算法返回整数序列[low,high]生成的所有可行的二叉排序树集合，如图 3.11 所示，则 generateTrees(1,n) 就是题目要求的结果。

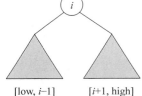

用 i 遍历[low,high]，将 i 作为当前二叉排序树的根，那么序列被划分为[low,$i-1$]和[$i+1$,high]两部分，递归调用这两部分，即用 generateTrees(low,$i-1$) 和 generateTrees($i+1$,high) 分别得到所有可行的左子树和所有可行的右子树，那么最后一步只要从可行的左子树集合中选一棵，再从可行的右子树集合中选一棵拼接到根结点上，并将生成的二叉排序树放入答案数组即可。对应的递归程序如下：

图 3.11　由[low,high]生成的二叉排序树集合

```
class Solution {
    public List<TreeNode>generateTrees(int n) {          //求解算法
        List<TreeNode>ans=new LinkedList<>();
        if(n>0) ans=generateTrees(1,n);
        return ans;
    }
    public List<TreeNode>generateTrees(int low,int high) {   //递归算法
        List<TreeNode>ans=new LinkedList<>();
        if(low>high) {
            ans.add(null);
            return ans;
        }
        for(int i=low;i<=high; i++) {
            List<TreeNode>leftbst=generateTrees(low,i-1);
                                    //获得所有可行的左子树集合
            List<TreeNode>rightbst=generateTrees(i+1,high);
                                    //获得所有可行的右子树集合

            for(TreeNode left : leftbst) {
                for(TreeNode right : rightbst) {
                    TreeNode b=new TreeNode(i);     //创建根结点为 b 的 BST
```

```
                    b.left=left;            //以 left 作为左子树
                    b.right=right;          //以 right 作为右子树
                    ans.add(b);             //将拼接的 BST 添加到 ans 中
                }
            }
        }
        return ans;
    }
}
```

上述程序提交时通过,执行用时为 1ms,内存消耗为 49.1MB。

3.4.12　LeetCode22——括号的生成★★

问题描述:给定一个整数 $n(1{\leqslant}n{\leqslant}8)$ 表示要生成括号的对数,设计一个算法求生成的所有可能的并且有效的括号组合。例如,$n=3$,答案为 {"((()))","(()())","(())()","()(())","()()()"}。要求设计如下方法:

```
public List<String>generateParenthesis(int n) { }
```

问题求解:用 L_i 表示 i 对有效括号的组合,显然 $L_0=\{""\}$,$L_1=\{"()"\}$,$L_2=\{"()()"$,"(())"\}$,$L_3=\{"()()()","()(())","(())()","(()())","((()))"\}$。其中由 L_0、L_1 和 L_2 构造 L_3 的过程如下:

(1) $L_0=\{""\}$ 和 $L_2=\{"()()","(())"\}$,由 L_0 中每个元素加上一对括号再拼接 L_2 的每个元素得到 $L_{02}=\{"()()()","()(())"\}$。

(2) $L_1=\{"()"\}$ 和 $L_1=\{"()"\}$,由 L_1 中每个元素加上一对括号再拼接 L_1 的每个元素得到 $L_{11}=\{"(())()"\}$。

(3) $L_2=\{"()()","(())"\}$ 和 $L_0=\{""\}$,由 L_2 中每个元素加上一对括号再拼接 L_0 的每个元素得到 $L_{20}=\{"(()())","((()))"\}$。

将所有上述 $L_{ij}(i+j=2)$ 合并起来得到 L_3。归纳起来,$L_0=\{""\}$,$L_1=\{"()"\}$,已知 $L_0\sim L_{n-1}$ 求 L_n 的过程如下:对于每对 L_i 和 $L_j(i+j=n-1)$,由 L_i 中每个元素加上一对括号再拼接 L_j 的每个元素得到 L_{ij},$L_n=\bigcup L_{ij}$。

采用迭代法实现的程序如下:

```
class Solution {
    public List<String>generateParenthesis(int n) {
        List<List<String>>L=new ArrayList<>();
        List<String>L0=new ArrayList<>();
        L0.add("");
        L.add(L0);
        List<String>L1=new ArrayList<>();
        L1.add("()");
        L.add(L1);
        for(int i=2;i<=n;i++) {
            List<String>cur=new ArrayList<>();
```

```
            for(int j=0;j<i;j++) {
                List<String>sub1=L.get(j);
                List<String>sub2=L.get(i-j-1);
                for(String s1:sub1){
                    for(String s2:sub2) {
                        String ss="("+s1+")"+s2;
                        cur.add(ss);
                    }
                }
            }
            L.add(cur);
        }
        return L.get(n);
    }
}
```

上述程序提交时通过,执行用时为 8ms,内存消耗为 41.9MB。采用递归法实现的程序如下:

```
class Solution {
    public List<String>generateParenthesis(int n) {
        return generate(n);
    }
    List<String>generate(int n) {
        if(n==0) {
            List<String>L0=new ArrayList<>();
            L0.add("");
            return L0;
        }
        else if(n==1) {
            List<String>L1=new ArrayList<>();
            L1.add("()");
            return L1;
        }
        else {
            List<String>Ln=new ArrayList<>();
            for(int j=0;j<n;j++) {
                List<String>sub1=generate(j);
                List<String>sub2=generate(n-j-1);
                for(String s1:sub1) {
                    for(String s2:sub2) {
                        String ss="("+s1+")"+s2;
                        Ln.add(ss);
                    }
                }
            }
            return Ln;
        }
    }
}
```

上述程序提交时通过,执行用时为 7ms,内存消耗为 41.6MB。

第 4 章

分而治之——分治法

4.1 单项选择题及其参考答案 ✳

4.1.1 单项选择题

1. 分治法中分治的目的是_____。
   A. 减小问题规模　　　　　　　　B. 对问题进行分类
   C. 对问题进行枚举　　　　　　　D. 对问题进行总结

2. 使用分治法求解不需要满足的条件是_____。
   A. 子问题必须是一样的　　　　　B. 子问题不能够重复
   C. 子问题的解可以合并　　　　　D. 原问题和子问题使用相同的方法解

3. 分治法所能解决的问题应具有的关键特征是_____。
   A. 该问题的规模缩小到一定的程度就可以容易地解决
   B. 该问题可以分解为若干个规模较小的相同问题
   C. 利用该问题分解出的子问题的解可以合并为该问题的解
   D. 该问题所分解出的各个子问题是相互独立的

4. 分治法的步骤是_____。
   A. 分解—求解—合并　　　　　　B. 求解—分解—合并
   C. 合并—分解—求解　　　　　　D. 求解—合并—分解

5. 某人违反交通规则逃逸现场，几个事故现场目击者对其车牌号码的描述如下。
   甲说：该车牌号码是 4 个数字，并且第一位不是 0。
   乙说：该车牌号码小于 1100。
   丙说：该车牌号码除以 9 刚好余 8。
   如果通过编程帮助尽快找到车牌号码，采用_____算法较好。
   A. 分治法　　　　B. 穷举法　　　　C. 归纳法　　　　D. 均不适合

6. 以下不可以采用分治法求解的问题是_____。
   A. 求一个序列中的最小元素　　　B. 求一条迷宫路径
   C. 求二叉树的高度　　　　　　　D. 求一个序列中的最大连续子序列和

7. 以下不适合采用分治法求解的问题是_____。
   A. 快速排序　　　　　　　　　　B. 归并排序
   C. 求集合中第 k 大的元素　　　 D. 求图的单源最短路径

8. 以下适合采用分治法求解的问题是_____。
   A. 求两个整数相加的和　　　　　B. 求皇后问题
   C. 求一个一元二次方程的根　　　D. 求一个点集中两个最近的点

9. 有人说分治算法只能采用递归实现，该观点_____。
   A. 正确　　　　　　　　　　　　B. 错误

10. 使用二分查找算法在 n 个有序表中查找一个特定元素，在最好情况和最坏情况下的时间复杂度分别为_____。

A. $O(1),O(\log_2 n)$ B. $O(n),O(\log_2 n)$

C. $O(1),O(n\log_2 n)$ D. $O(n),O(n\log_2 n)$

11. 以下二分查找算法是_____的。

```
int binarySearch(int a[], int x){          //a 中的元素递增有序
    int n=a.length;
    int low=0, high=n-1;
    while(low<=high){
        int mid=(low+high)/2;
        if(x==a[mid]) return mid;
        if(x>a[mid]) low=mid;
        else high=mid;
    }
    return -1;
}
```

A. 正确 B. 错误

12. 以下二分查找算法是_____的。

```
int binarySearch(int a[], int x){          //a 中的元素递增有序
    int n=a.length;
    int low=0, high=n-1;
    while(low+1!=high){
        int mid=(low+high)/2;
        if(x>=a[mid]) low=mid;
        else high=mid;
    }
    if(x==a[low]) return low;
    else return -1;
}
```

A. 正确 B. 错误

13. 自顶向下的二路归并排序算法是基于_____的一种排序算法。

A. 分治策略 B. 动态规划法 C. 贪心法 D. 回溯法

14. 二分查找算法采用的是_____。

A. 回溯法 B. 穷举法 C. 贪心法 D. 分治策略

15. 棋盘覆盖算法采用的是_____。

A. 分治法 B. 动态规划法 C. 贪心法 D. 回溯法

16. 以下4个初始序列采用快速排序算法实现递增排序,其中_____所做的元素比较次数最少。

A. $(5,5,5,5,5)$ B. $(3,1,5,2,4)$

C. $(1,2,3,4,5)$ D. $(5,4,3,2,1)$

4.1.2 单项选择题参考答案

1. **答**：分治法中分治的目的是将原问题分解为若干个问题规模较小的子问题。答案

为 A。

2. 答：分治法分解的子问题的问题规模不必相同。答案为 A。

3. 答：分治法分解出的子问题的解必须能够合并为原问题的解。答案为 C。

4. 答：分治法的步骤是将原问题分解为若干个子问题，然后对各个子问题求解，最后合并各个子问题的解得到原问题的解。答案为 A。

5. 答：只能采用穷举法枚举车牌号码的 4 个数字位，找到满足所有约束条件的车牌号码。答案为 B。

6. 答：由于搜索迷宫路径需要回溯，所以不能采用分治法求解。答案为 B。

7. 答：快速排序和归并排序属于典型的分治算法，求集合中第 k 大的元素可以采用快速排序的划分方法实现。答案为 D。

8. 答：求一个点集中两个最近的点属于典型的分治法求解问题。答案为 D。

9. 答：二分查找算法是一种典型的分治算法，它既可以采用递归实现，也可以采用迭代实现。答案为 B。

10. 答：最好情况只需要比较一次，最坏情况需要比较 $O(\log_2 n)$ 次。答案为 A。

11. 答：在循环中当 $x > a[\text{mid}]$ 成立时修改查找区间的操作是 high＝mid，这样循环条件必须是至少包含两个元素，而这里是只要非空就循环，当查找区间中只有一个元素时可能会陷入死循环。答案为 B。

12. 答：循环的条件是 low＋1!＝high(low＋1＝high 时表示查找区间中有两个元素)，也就是说查找区间的长度不等于 2 时循环，例如 $a = (1, 2)$，$x = 2$，虽然 a 中存在 x，该算法却返回 −1。同样，$a = (1, 3, 5)$，$x = 5$ 时查找结果也是 −1。答案为 B。

13. 答：自顶向下的二路归并排序算法即递归二路归并排序算法属于典型的分治法算法。答案为 A。

14. 答：二分查找算法属于典型的分治法算法。答案为 D。

15. 答：棋盘覆盖算法属于典型的分治法算法。答案为 A。

16. 答：B 序列具有最好的随机性，对应的递归树的高度最小。答案为 B。

4.2　问答题及其参考答案

4.2.1　问答题

1. 简述分治法所能解决的问题的一般特征。

2. 简述分治法求解问题的基本步骤。

3. 如果一个问题可以采用分治法求解，则采用分治算法一定是时间性能最好的，你认为正确吗？

4. 分治算法一定采用递归算法实现吗？ 如果是，请解释原因；如果不是，给出一个实例。

5. 简述《教程》中 4.2.2 节的查找一个序列中最小的 k 个数的 QuickSelect 算法的分治策略，为什么说该算法是一种减治法算法？

6. 简述《教程》中 4.3.5 节的查找两个等长有序序列中位数的 midnum1 算法的分治

策略。

7. 简述《教程》中 4.3.6 节的查找假币的 spcoin 算法的分治策略。

8. 分析当序列中的所有元素相同时快速排序的时间性能。

9. 设有两个复数 $x=a+bi$ 和 $y=c+di$。复数乘积 xy 可以使用 4 次乘法来完成,即 $xy=(ac-bd)+(ad+bc)i$。设计一个仅用 3 次乘法来计算乘积 xy 的方法。

10. 证明如果分治法的合并可以在线性时间内完成,则当子问题的规模之和小于原问题的规模时算法的时间复杂度可达到 $\Theta(n)$。

4.2.2 问答题参考答案

1. **答**:采用分治法解决的问题的一般特征如下。

① 该问题的规模缩小到一定的程度就可以容易地解决。

② 该问题可以分解为若干个形式相同但规模较小的问题。

③ 利用该问题分解出的子问题的解可以合并为该问题的解。

④ 该问题所分解出的各个子问题一般情况下是相互独立的,即子问题之间不重叠。

2. **答**:采用分治法求解问题的基本步骤如下。

① 分解:将原问题分解为若干个规模较小、一般情况下相互独立并且与原问题形式相同的子问题。

② 求解子问题:若子问题的规模较小而容易被解决则直接解,否则递归地解各个子问题。

③ 合并:将各个子问题的解合并为原问题的解。

3. **答**:不一定。后面会进一步学习其他算法策略,例如有些分治算法的子问题是重叠的(尽管一般情况下分治算法分解的子问题是独立的,但这不是分治算法必须满足的条件),在这种情况下采用动态规划方法的时间性能更好。

4. **答**:尽管许多常见的分治算法是采用递归算法实现的,但分治算法不一定必须采用递归算法实现,例如二分查找算法就是典型的分治算法,既可以采用递归算法实现,也可以采用迭代算法实现。

5. **答**:QuickSelect 算法的分治策略如下。

① 分解:对当前序列 $R[low..high]$ 做一次划分操作,假设基准位置为 i,若 $k-1=i$,则成功返回,若 $k-1<i$,则新查找区间修改为 $R[low..i-1]$,否则将新查找区间修改为 $R[i+1..high]$。

② 求解子问题:在新查找区间中继续递归查找。

③ 合并:不需要特别处理,子问题的返回值就是原问题的结果。

减治法算法属于分治算法的一种类型,是指每次将大问题分解为一个子问题。QuickSelect 算法就是每次将大问题分解为一个子问题,所以它是一种减治法算法。

6. **答**:假设求 $a[lowa..higha]$ 和 $b[lowb..highb]$(两者长度相同)的中位数,midnum1 算法的分治策略如下。

(1) 分解:求出 a 和 b 的中间位置,mida$=(lowa+higha)/2$,midb$=(lowb+highb)/2$,比较两个中位数。

① $a[mida]=b[midb]$,找到了 a 和 b 的中位数 $a[mida]$ 或者 $b[midb]$,返回它。

② $a[\text{mida}]<b[\text{midb}]$，保留 a 中的后一半元素和 b 中的前一半元素（保证两者保留的元素个数相同），对应的子问题是求 $a[\text{mida}/\text{mida}+1..\text{higha}]$ 和 $b[\text{lowb}..\text{midb}]$ 的中位数。

③ $a[\text{mida}]>b[\text{midb}]$，保留 a 中的前一半和 b 中的后一半元素（保证两者保留的元素个数相同），对应的子问题是求 $a[\text{lowa}..\text{mida}]$ 和 $b[\text{midb}/\text{midb}+1..\text{highb}]$ 的中位数。

（2）求解子问题：在两个子问题之一中继续递归求中位数。

（3）合并：不需要特别处理，子问题的返回值就是原问题的结果。

7．**答**：假设求 coins[low..high] 中假币（为了简单，假设假币较轻）的 spcoin 算法的分治策略如下。

（1）分解：将 coins 中的所有硬币分为 A、B、C，保证 A 和 B 中的硬币个数相同，C 中的硬币个数与 A 中硬币个数最多相差一个。将 A 和 B 称重一次，分为如下情况：

① A 重量＜B 重量，假币在 A 中，对应的子问题 1 是在 A 中查找假币。

② A 重量＞B 重量，假币在 B 中，对应的子问题 2 是在 B 中查找假币。

③ A 重量＝B 重量，假币在 C 中，对应的子问题 3 是在 C 中查找假币。

（2）求解子问题：在 3 个子问题之一中继续递归求假币。

（3）合并：不需要特别处理，子问题的返回值就是原问题的结果。

8．**答**：当初始序列中 n 个元素相同时，在快速排序中对 m 个元素做一次划分需要的元素比较次数仍然为 $m-1$（元素移动次数远小于元素比较次数），划分的两个区间中一个为空，另外一个含 $m-1$ 个，对应的递归树高度为 $n+1$，此时时间性能最差，对应的时间复杂度为 $O(n^2)$。

9．**答**：$xy=(a+bi)(c+di)=ac+adi+bci-bd=(ac-bd)+(ad+bc)i$，需要 4 次乘法。由于 $ad+bc=(a+b)(c+d)-ac-bd$，所以有 $xy=(ac-bd)+((a+b)(c+d)-ac-bd)i$，这样计算 xy 只需要 3 次乘法（即 ac、bd 和 $(a+b)(c+d)$ 乘法运算）。

10．**证明**：假设原问题分解为 a 个问题规模为 n/b 的子问题，对应的时间递推式为 $T(n)=aT(n/b)+f(n)$，依题意，$a(n/b)<n$，即 $a<b$，同时 $f(n)=n$（表示线性时间）。按照第 3 章中 3.5.3 节的主方法计算，$\log_b a<1$，$f(n)$ 多项式地大于 $n^{\log_b a}$，又有 $af(n/b)=an/b\leq cn=cf(n)$（$c\leq a/b<1$），满足正规性条件，按情况③有 $T(n)=\Theta(f(n))=\Theta(n)$。

4.3　算法设计题及其参考答案

4.3.1　算法设计题

1．设计一个算法求整数序列 a 中最大的元素，并分析算法的时间复杂度。

2．设计快速排序的迭代算法 QuickSort2。

3．设计这样的快速排序算法 QuickSort3，若排序区间为 $R[s..t]$，当其长度为 2 时直接比较排序，当其长度大于或等于 3 时求出 $\text{mid}=(s+t)/2$，以 $R[s]$、$R[\text{mid}]$ 和 $R[t]$ 的中值为基准进行划分。

4．设计一个算法，求出含 n 个元素的整数序列中最小的 k（$1\leq k\leq n$）个元素，以任意顺序返回这 k 个元素均可。

5. 设计一个算法实现一个不带头结点的整数单链表 head 的递增排序,要求算法的时间复杂度为 $O(n\log_2 n)$。

6. 给定一个含 $n(n>2)$ 的整数数组 a,设计一个分治算法求数组 a 中所有元素的和。

7. 给定一个含 $n(n>2)$ 的整数数组 a,x 是一个整数,设计一个分治算法求数组 a 中 x 的频度(即数组 a 中 x 出现的次数)。

8. 给定一个含 $n(n>2)$ 的整数数组 a,设计一个分治算法求数组 a 中第二大的元素。

9. 设有 n 个互不相同的整数,按递增顺序存放在数组 $a[0..n-1]$ 中,若存在一个下标 i($0 \leqslant i < n$),使得 $a[i]=i$,设计一个算法以 $O(\log_2 n)$ 时间找到这个下标 i。

10. 给定一个含 n 个不同整数的数组 a,其中 $a[0..p]$(保证 $0 \leqslant p \leqslant n-1$)是递增的,$a[p..n-1]$ 是递减的,设计一个高效的算法求 p。

11. 给定一个含 n 个整数的递增有序序列 a 和一个整数 x,设计一个时间复杂度为 $O(n)$ 的算法确定在 a 中是否存在这样的两个整数,即它们的和恰好为 x。

12. 给定一个正整数 $n(n>1)$,n 可以分解为 $n=x_1 \times x_2 \times \cdots \times x_m$。例如,当 $n=12$ 时共有 8 种不同的分解式,即 $12=12, 12=6 \times 2, 12=4 \times 3, 12=3 \times 4, 12=3 \times 2 \times 2, 12=2 \times 6$,$12=2 \times 3 \times 2, 12=2 \times 2 \times 3$。设计一个算法求 n 有多少种不同的分解式。

13. 给定一个包含 n 个整数的无序数组 a,所有元素值在 $[1,10000]$ 内。设计一个尽可能高效的算法求 a 的中位数。例如,$a=\{3,1,2,1,2\}$,对应的中位数是 2;$a=\{3,1,2,4\}$,对应的中位数是 3。

14. 假设一棵整数二叉树采用二叉链 b 存储,所有结点值不同。设计一个算法求值为 x 和 y 的两个结点(假设二叉树中一定存在这样的两个结点)的最近公共祖先结点。

15. 假设一棵整数二叉树采用二叉链 b 存储,设计一个算法原地将它展开为一个单链表,单链表中的结点通过 right 指针链接起来。例如,图 4.1(a)所示的二叉树展开的链表如图 4.1(b)所示。

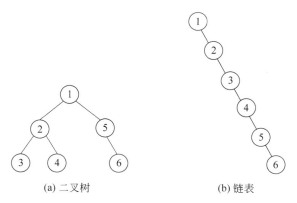

(a) 二叉树　　　　　　　　　　(b) 链表

图 4.1　一棵二叉树和展开的链表

4.3.2　算法设计题参考答案

1. **解**:将 $a[0..n-1]$ 分为 $a[0..mid]$ 和 $a[mid+1..n-1]$($mid=n/2$),分别求出最大元素 max1 和 max2,则 max(max1,max2)即为所求。对应的分治算法如下:

```
class Solution {
    int maxe1(int a[],int low,int high) {
        if(low==high)                              //区间中只有一个元素
            return a[low];
        else if(low+1==high)                       //区间中只有两个元素
            return Math.max(a[low],a[high]);
        else {                                     //区间中有两个以上的元素
            int mid=(low+high)/2;
            int max1=maxe1(a,low,mid);
            int max2=maxe1(a,mid+1,high);
            return Math.max(max1,max2);
        }
    }
    int maxe(int a[]) {                            //求解算法
        int n=a.length;
        return maxe1(a,0,n-1);
    }
}
```

设求整数序列 $a[0..n-1]$ 中最大元素的执行时间为 $T(n)$，对应的递推式如下：

$$T(1)=T(2)=1$$
$$T(n)=2T(n/2)+1 \quad 当 n>2 时$$

可以推出 $T(n)=O(n)$。

2. **解**：在快速排序中将 $R[s..t]$ 排序的原问题分解为 $R[s..i-1]$ 和 $R[i+1..t]$ 排序的两个子问题，任何时刻只能做一个子问题，为此用一个栈 st 保存求解问题的参数（排序区间）。对应的迭代算法如下：

```
class SNode {                                      //栈元素类
    int low;
    int high;
    public SNode() {}                              //构造函数
    public SNode(int l,int h) {                    //重载构造函数
        low=l; high=h;
    }
}
class Solution {
    int Partition1(int R[],int s,int t) {          //划分算法1
        int i=s,j=t;
        int base=R[s];                             //以表首元素为基准
        while(i<j) {                               //从表两端交替向中间遍历，直到i=j为止
            while(j>i && R[j]>=base)
                j--;                               //从后向前遍历找一个小于基准的R[j]
            if(j>i) {
                R[i]=R[j]; i++;                    //R[j]前移覆盖R[i]
            }
            while(i<j && R[i]<=base)
                i++;                               //从前向后遍历找一个大于基准的R[i]
            if(i<j) {
```

```
            R[j]=R[i]; j--;                              //R[i]后移覆盖 R[j]
         }
      }
      R[i]=base;                                         //基准归位
      return i;                                          //返回归位的位置
   }
   void QuickSort2(int R[]) {                            //非递归算法：快速排序
      Stack<SNode> st=new Stack<>();                     //定义一个栈
      int n=R.length;
      st.push(new SNode(0,n-1));
      while(!st.empty()) {                               //栈不空时循环
         SNode e=st.peek(); st.pop();                    //出栈元素 e
         if(e.low<e.high) {
            int i=Partition1(R,e.low,e.high);            //调用划分算法
            st.push(new SNode(e.low,i-1));               //子问题 1 进栈
            st.push(new SNode(i+1,e.high));              //子问题 2 进栈
         }
      }
   }
}
```

3. **解**：当排序区间 $R[s..t]$ 的长度大于或等于 3 时，求出 $mid=(s+t)/2$，并在 $R[s]$、$R[mid]$ 和 $R[t]$ 中找到中值序号 ans，将 $R[s]$ 与 $R[ans]$ 交换，再按常规递归快速排序方法实现。对应的算法如下：

```
class Solution {
   int Partition1(int R[],int s,int t) {…}              //划分算法,代码同上一个练习题
   int middle(int R[],int s,int mid,int t) {            //求中值序号
      int i,j,ans;
      if(R[s]<=R[mid]) {
         i=s; j=mid;
      }
      else {
         i=mid; j=s;
      }
      if(R[j]<=R[t])
         ans=j;
      else {
         if(R[i]<=R[t])
            ans=t;
         else
            ans=i;
      }
      return ans;
   }
   void swap(int R[],int i,int j) {                     //交换 R[i]和 R[j]
      int tmp=R[i];
      R[i]=R[j]; R[j]=tmp;
   }
```

```
void QuickSort31(int R[],int s,int t) {          //对 R[s..t]中的元素进行快速排序
    if(s>=t)                                      //长度为 0 或者 1 时返回
        return;
    else if(s+1==t) {                             //长度为 2
        if(R[s]>R[t])                             //反序交换
            swap(R,s,t);
    }
    else {                                        //长度大于 2
        int mid=(s+t)/2;
        int ans=middle(R,s,mid,t);                //求中值序号
        swap(R,s,ans);                            //将中值交换到开头
        int i=Partition1(R,s,t);                  //调用划分算法
        QuickSort31(R,s,i-1);                     //对左子表递归排序
        QuickSort31(R,i+1,t);                     //对右子表递归排序
    }
}
void QuickSort3(int R[]) {                         //递归算法:快速排序
    int n=R.length;
    QuickSort31(R,0,n-1);
}
}
```

4. **解**：与《教程》中 4.2.2 节的查找一个序列中第 k 小的元素类似，当找到第 k 小的元素的序号 i 时，前面的所有元素就是最小的 k 个元素。对应的算法如下：

```
class Solution {
    int Partition1(int R[],int s,int t) {…}       //划分算法,代码同上一个练习题
    void smallk1(int R[],int s,int t,int k) {      //被 smallk 调用
        if(s<t) {                                  //长度至少为 2
            int i=Partition1(R,s,t);               //调用划分算法
            if(k-1==i)
                return;
            else if(k-1<i)
                smallk1(R,s,i-1,k);                //对左子表递归排序
            else
                smallk1(R,i+1,t,k);                //对右子表递归排序
        }
    }
    int [] smallk(int[] R,int k) {                 //求解算法
        int n=R.length;
        smallk1(R,0,n-1,k);
        int ans[]=new int[k];;
        for(int j=0;j<k;j++)
            ans[j]=R[j];
        return ans;
    }
}
```

5. **解法 1**：采用快速排序方法。用（head，end）表示首结点为 head、尾结点之后的结点

地址为 end 的单链表。为了方便,给单链表 head 添加一个头结点 h。

首先以 head 为基准 base,通过遍历 head 一次将所有小于 base 的结点 p 移动到表头(即删除结点 p 再将结点 p 插入头结点 h 之后),这样得到两个单链表,$(h.next, base)$ 为结点值均小于 base 结点的单链表,$(base.next, end)$ 为结点值均大于或等于 base 结点的单链表,这样的过程就是单链表划分。然后两次递归调用分别排序单链表 $(h.next, base)$ 和 $(base.next, end)$,再合并,即将 $(h.next, base)$、base 结点和 $(base.next, end)$ 依次连接起来得到递增有序单链表 h,最后返回 h.next。对应的算法如下:

```
ListNode quicksort1(ListNode head,ListNode end) {        //被 sortList1 调用
    if(head==end || head.next==end)         //为空表或者只有一个结点时返回 head
        return head;
    ListNode h=new ListNode(-1);            //为了方便,增加一个头结点
    h.next=head;
    ListNode base=head;                     //base 指向基准结点
    ListNode pre=head,p=pre.next;
    while(p!=end) {
        if(p.val<base.val) {                //找到比基准值小的结点 p
            pre.next=p.next;                //通过 pre 结点删除结点 p
            p.next=h.next;                  //将结点 p 插入头结点 h 之后
            h.next=p;
            p=pre.next;                     //重置 p 指向结点 pre 的后继结点
        }
        else {
            pre=p;                          //pre、p 同步后移
            p=pre.next;
        }
    }
    h.next=quicksort1(h.next,base);         //前半段排序
    base.next=quicksort1(base.next,end);    //后半段排序
    return h.next;\
}
ListNode sortList1(ListNode head) {         //快速排序
    head=quicksort1(head,null);
    return head;
}
```

解法 2:采用递归二路归并排序方法。用 $(head, end)$ 表示首结点为 head、尾结点之后的结点地址为 end 的单链表。为了方便,给单链表 head 添加一个头结点 h。

先采用快慢指针法求出单链表 $(head, tail)$ 的中间位置结点 slow(初始时 tail$=$null),将其分割为 $(head, slow)$ 和 $(slow, tail)$ 两个单链表。例如,head$=[1,2,3]$ 时,slow 指向结点 3,分割为 $[1,2]$ 和 $[3]$ 两个单链表;head$=[1,2,3,4]$ 时,slow 指向结点 3,分割为 $[1,2]$ 和 $[3,4]$ 两个单链表。对两个子单链表分别递归排序,再合并起来得到最终的排序单链表。对应的算法如下:

```
ListNode Merge(ListNode h1,ListNode h2) {        //合并两个单链表 h1 和 h2
    ListNode h=new ListNode(0);
    ListNode p=h1,q=h2,r=h;
```

```
            while(p!=null && q!=null) {
                if(p.val<=q.val) {
                    r.next =p;
                    p=p.next;
                }
                else {
                    r.next =q;
                    q=q.next;
                }
                r=r.next;
            }
            if(p==null)
                r.next=q;
            if(q==null)
                r.next=p;
            return h.next;
        }
        ListNode mergesort2(ListNode head,ListNode tail) {      //被 sortList2 调用
            if(head==tail)                                      //空表直接返回
                return head;
            else if(head.next==tail) {          //只有一个结点时置 next 为 null 后返回
                head.next=null;
                return head;
            }
            ListNode fast=head;                 //用快慢指针法求中间位置结点 slow
            ListNode slow=head;
            while(fast!=tail) {
                fast=fast.next;
                slow=slow.next;                 //慢指针移动一次
                if(fast!=tail)                  //快指针移动二次
                    fast=fast.next;
            }
            ListNode left=mergesort2(head,slow);     //递归排序(head,slow)
            ListNode right=mergesort2(slow,tail);    //递归排序(slow,tail)
            ListNode ans=Merge(left,right);          //合并
            return ans;
        }
        ListNode sortList2(ListNode head) {                     //二路归并排序
            return mergesort2(head,null);
        }
```

6. **解**：设 $f(a,\text{low},\text{high})$ 表示 $a[\text{low}..\text{high}]$ 中所有元素的和，采用二分方法求出前后区间的元素和 lefts、rights，最后返回 lefts＋rights。对应的分治算法如下：

```
class Solution {
    int sum(int a[],int low,int high) {
        if(low>high)                            //没有元素时
            return 0;
        if(low==high) {                         //只有一个元素时
```

```
                return a[low];
            }
            else {                          //有两个或者两个以上元素时
                int mid=(low+high)/2;
                int lefts=sum(a,low,mid);
                int rights=sum(a,mid+1,high);
                return lefts+rights;
            }
        }
        int suma(int a[]) {                 //求解算法
            int n=a.length;
            return sum(a,0,n-1);
        }
    }
```

7. **解**：设 $f(a, low, high, x)$ 表示 $a[low..high]$ 中 x 出现的次数，采用二分方法求出前后区间中 x 出现的次数 leftx 和 rightx，最后返回 leftx+rightx。对应的分治算法如下：

```
class Solution {
    int cntx(int a[],int low,int high,int x) {
        if(low==high) {
            if(a[low]==x)
                return 1;
            else
            return 0;
        }
        else {
            int mid=(low+high)/2;
            int leftx=cntx(a,low,mid,x);
            int rightx=cntx(a,mid+1,high,x);
            return leftx+rightx;
        }
    }
    int countx(int a[],int x) {             //求解算法
        int n=a.length;
        return cntx(a,0,n-1,x);
    }
}
```

8. **解**：设 $f(a, low, high)$ 返回 ans[2]，ans[0] 和 ans[1] 分别表示 $a[low..high]$ 的最大和次大元素，采用二分方法求出前后区间的 leftans 和 rightans，合并得到 ans，最后返回 ans[1]。对应的分治算法如下：

```
class Solution {
    final int INF=0x3f3f3f3f;
    int[] max21(int a[],int low,int high) {      //被 max2 调用
        int ans[]=new int[2];
        if(low==high) {                          //区间内只有一个元素
```

```
                ans[0]=a[low];
                ans[1]=-INF;
            }
            else if(low==high-1){                    //区间内只有两个元素
                ans[0]=Math.max(a[low],a[high]);
                ans[1]=Math.min(a[low],a[high]);
            }
            else {
                int mid=(low+high)/2;
                int leftans[],rightans[];
                leftans=max21(a,low,mid);            //左区间求leftans
                rightans=max21(a,mid+1,high);        //右区间求rightans
                if(leftans[0]>rightans[0]) {
                    ans[0]=leftans[0];
                    ans[1]=Math.max(leftans[1],rightans[0]);   //合并求次大元素
                }
                else{
                    ans[0]=rightans[0];
                    ans[1]=Math.max(leftans[0],rightans[1]);   //合并求次大元素
                }
            }
            return ans;
    }
    int max2(int a[]) {                              //求a中第二大的元素
        int ans[]=max21(a,0,a.length-1);
        return ans[1];
    }
}
```

9. **解**：采用二分查找方法。$a[i]=i$ 表示该元素在有序非重复序列 a 中恰好第 i 大。对于序列 $a[\text{low..high}]$，$\text{mid}=(\text{low}+\text{high})/2$，若 $a[\text{mid}]=\text{mid}$，表示找到该元素；若 $a[\text{mid}]>\text{mid}$，说明右区间中的所有元素都大于其位置，只能在左区间中查找；若 $a[\text{mid}]<\text{mid}$，说明左区间中的所有元素都小于其位置，只能在右区间中查找。对应的算法如下：

```
class Solution {
    int Search(int a[]) {                            //求解算法
        int low=0,high=a.length-1,mid;
        while(low<=high) {
            mid=(low+high)/2;
            if(a[mid]==mid)                           //查找到这样的元素
                return mid;
            else if(a[mid]<mid)                       //这样的元素只能在右区间中出现
                low=mid+1;
            else                                      //这样的元素只能在左区间中出现
                high=mid-1;
        }
        return -1;
    }
}
```

10. **解**：依题意，$a[p]$ 是 a 中最大的元素。采用二分查找方法，对于至少包含两个元素的查找区间 $[low,high]$（初始为 $[0,n-1]$），取 $mid=(low+high)/2$（这样当只有两个元素时，mid 既为前一个元素序号，又为后一个元素序号）：

① 若 $a[mid]<a[mid+1]$，$a[p]$ 在右边，置 $low=mid+1$，如图 4.2(a) 所示。

② 若 $a[mid]>a[mid+1]$，$a[p]$ 在左边（$a[mid]$ 可能是 $a[p]$），置 $high=mid$，如图 4.2(b) 所示。

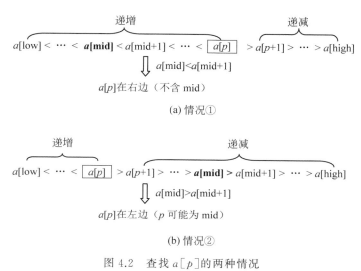

(a) 情况①

(b) 情况②

图 4.2 查找 $a[p]$ 的两种情况

循环结束后查找区间中只有一个元素，则该元素就是 $a[p]$，整个查找过程的时间复杂度为 $O(\log_2 n)$。对应的算法如下：

```
class Solution {
    int Searchp(int a[]) {              //求解算法:查找p
        int n=a.length;
        int low=0,high=n-1;
        while(low<high) {               //查找区间中至少有两个元素时循环
            int mid=(low+high)/2;
            if(a[mid]<a[mid+1])         //a[p]在右边
                low=mid+1;
            else                        //a[p]在左边
                high=mid;
        }
        return low;
    }
}
```

11. **解**：先将 a 中的元素递增排序，$f(a,low,high,x)$ 表示区间 $a[low..high]$ 中是否存在这样的两个整数，为原问题（初始区间为 $a[0..n-1]$），当区间中至少有两个元素时，求出 $d=a[low]+a[high]$，若 $d=x$，返回 true；若 $d>x$，说明 d 太大了，对应的子问题为 $f(a,low,high-1,x)$，否则说明 d 太小了，对应的子问题为 $f(a,low+1,high,x)$。对应的迭代算法如下：

```
class Solution {
    boolean judge(int a[],int x) {                    //求解算法
        int n=a.length;
        int low=0,high=n-1;
        while(low<high) {                             //查找区间中至少有两个元素时循环
            int d=a[low]+a[high];
            if(d==x)
                return true;
            if(d>x)                                   //d太大了,除去a[high]
                high--;
            else                                      //d太小了,除去a[low]
                low++;
        }
        return false;
    }
}
```

12. **解**：n 的因子 i 可能是 $2 \sim n$，实际上当 $i > n/2$ 时只有 $n=n$ 一种分解式，所以分解式个数 ans 初始置为 1，i 从 2 到 $n/2$ 循环，若 $n\%i=0$（说明 i 是 n 的一个因子），将子问题的解（即 n/i 的不同分解式个数）累加到 ans 中，最后返回 ans。对应的算法如下：

```
int Count1(int n) {                   //解法 1
    if(n==1)
        return 1;
    else {
        int ans=1;                    //考虑 n=n 的分解式
        for(int i=2;i<=n/2;i++) {
            if(n%i==0)
                ans+=Count1(n/i);
        }
        return ans;
    }
}
```

对应的优化算法如下：

```
int Count2(int n) {                   //解法 2
    int ans=1,i;                      //ans=1 初始表示 n=n 的情况
    for(i=2;i*i<n;i++) {              //因子乘因子小于 n
        if(n%i==0)                    //i 是 n 的因子, n/i 也是 n 的因子
            ans+=Count2(i)+Count2(n/i);
    }
    if(i*i==n)                        //i*i=n 时只有一种情况
        ans+=Count2(i);
    return ans;
}
```

13. **解**：由于所有元素值在 $[1,10000]$ 内，以 $[1,10000]$ 为初始查找区间（有序的）采用二分查找方法求中位数。对于非空查找区间 $[\text{low}, \text{high}]$，求出中值 $\text{mid}=(\text{low}+\text{high})/2$，累计 a 中小于或等于 mid 的元素的个数 cnt：

① 若 cnt$>n/2$,说明 mid 作为 a 的中位数一定大了,在左区间中继续查找,由于 mid 可能是中位数,所以修改查找区间为 high=mid。

② 否则说明 mid 作为 a 的中位数可能小了,在右区间中继续查找,所以修改查找区间为 low=mid+1。

循环结束,区间中只剩下一个整数 low,它就是答案。本题实际上是查找满足 cnt$>n/2$ 条件的最小 mid(这样才能保证 mid 一定是 a 中的元素)。对应的算法如下:

```
class Solution {
    int Countless(int a[],int x) {          //求 a 中小于 x 的元素的个数
        int cnt=0;
        for(int i=0;i<a.length;i++) {
            if(a[i]<=x)
                cnt++;
        }
        return cnt;
    }
    int middle(int a[]) {                    //求解算法:求 a 的中位数
        int n=a.length;
        int low=1,high=10000;
        while(low<high) {
            int mid=(low+high)/2;
            int cnt=Countless(a,mid);
            if(cnt>n/2)
                high=mid;                    //mid 可能大了
            else
                low=mid+1;                   //mid 小了
        }
        return low;
    }
}
```

上述算法循环 $\log_2 10000$ 次(常量),每次循环调用 Countless 算法的时间为 $O(n)$,所以时间复杂度为 $O(n)$。

14. **解**:设 $f(b,x,y)$ 求两个值为 x 和 y 的结点的最近公共祖先结点(LCA)。

(1) 如果 b 为空则返回 null。

(2) 如果当前结点 b 是值为 x 或者 y 的结点则返回 b(可以理解为自己是自己的 LCA)。

(3) 在左、右子树中分别求 x 和 y 的 LCA。

① 若左、右子树的返回值均不为空,说明两个结点分别在左、右子树中,返回 b。

② 若右子树的返回值为空,说明两个结点均在左子树中,返回左子树的返回值。

③ 若左子树的返回值为空,说明两个结点均在右子树中,返回右子树的返回值。

④ 若左、右子树的返回值均为空,说明没有匹配的结果,返回 null。

对应的递归算法如下:

```
class Solution {
    TreeNode LCA(TreeNode b,int x,int y) {          //求解算法
        if(b==null) return null;
        if(b.val==x) return b;
```

```
          if(b.val==y) return b;
          TreeNode p=LCA(b.left,x,y);          //在左子树中查找 LCA
          TreeNode q=LCA(b.right,x,y);         //在右子树中查找 LCA
          if(p!=null && q!=null) return b;     //合并(4 种情况)
          if(p!=null) return p;
          if(q!=null) return q;
          return null;
     }
}
```

15. **解**：采用分治法思路，先将根结点 b 的左、右子树分别展开为一个单链表，它们的首结点分别为 b.left(称为单链表 A)和 b.right(称为单链表 B)，这样得到根结点、单链表 A 和单链表 B 3 个部分，如图 4.3 所示为图 4.1(a)所示的二叉树对应的 3 个部分，再将它们依次链接起来即可。

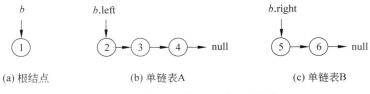

(a) 根结点　　　　　　　(b) 单链表A　　　　　　　(c) 单链表B

图 4.3　一棵二叉树展开的 3 个部分

对应的递归算法如下：

```
class Solution {
    void flatten(TreeNode b) {               //求解算法
        if(b==null) return;                  //空树直接返回
        flatten(b.left);
        flatten(b.right);
        TreeNode tmp=b.right;                 //临时存放单链表 B 的首结点
        b.right=b.left;
        b.left=null;
        while(b.right!=null)                  //找到单链表 A 的尾结点
            b=b.right;
        b.right=tmp;                          //链接起来
    }
}
```

4.4　在线编程题及其参考答案　✳

4.4.1　LeetCode240——搜索二维矩 II★★

问题描述：设计一个高效算法在 $m \times n (1 \leqslant n, m \leqslant 300)$ 矩阵 matrix 中搜索一个目标值 target。该矩阵具有以下特性：每行的元素从左到右升序排列，每列的元素从上到下升序排列。例如,matrix＝{{1,4,7,11,15},{2,5,8,12,19},{3,6,9,16,22},{10,13,14,17,24},{18,21,23,26,30}},target＝5,结果为 true。要求设计如下方法:

```
public boolean searchMatrix(int[][] matrix, int target) { }
```

问题求解:从该矩阵的右上角看,其实类似于一棵搜索二叉树。例如右上角的数为15,左边的数永远比 15 小,右边的数永远比 15 大,因此 r 和 c 以右上角(分别为 0 和 n−1)的数作为搜索起点。

① 若 matrix$[r][c]$＝＝target,返回 true。

② 若 matrix$[r][c]$＞target,则 c－－。

③ 若 matrix$[r][c]$＜target,则 r＋＋。

当 r 或者 c 超界时返回 false。对应的程序如下:

```
class Solution {
    public boolean searchMatrix(int[][] matrix, int target) {
        int m=matrix.length;
        int n=matrix[0].length;
        int r=0;
        int c=n-1;
        while(r<m &&c>=0) {
            if(matrix[r][c]==target)              //找到目标
                return true;
            else if(matrix[r][c]>target)
                c--;                              //比 target 大,找左边的数
            else
                r++;                              //比 target 小,找下边的数
        }
        return false;
    }
}
```

上述程序提交时通过,执行用时为 5ms,内存消耗为 47.3MB。

4.4.2 LeetCode35——搜索插入位置★

问题描述:给定一个升序排序数组 nums(1≤nums.length≤10^4,−10^4≤nums$[i]$≤10^4,其中无重复元素)和一个目标值 target(−10^4≤target≤10^4),设计一个算法在该数组中找到目标值,并返回其索引,如果目标值不存在于数组中,返回它将会被按顺序插入的位置。例如,nums＝{1,3,5,6},target＝2,nums 中没有 2,有序插入 2 的位置是 1,答案为 1。要求设计如下方法:

```
public int searchInsert(int[] nums, int target) { }
```

问题求解:采用二分查找方法求递增数组 nums 中第一个大于或等于 target 的位置。对应的程序如下:

```java
class Solution {
    public int searchInsert(int[] nums, int target) {
        int low=0,high=nums.length-1;
        while(low<=high) {                    //当查找区间非空时循环
            int mid=(low+high)/2;             //取中间位置
            if(target<=nums[mid])
                high=mid-1;                   //插入点在左半区
            else
                low=mid+1;                    //插入点在右半区
        }                                     //找位置 high+1
        return high+1;                        //或者 low
    }
}
```

上述程序提交时通过,执行用时为 0ms,内存消耗为 41.3MB。

4.4.3　LeetCode74——搜索二维矩阵★★

问题描述：设计一个高效算法判断 $m \times n(1 \leqslant m,n \leqslant 100)$ 的矩阵 matrix 中是否存在一个目标值 target（$-10^4 \leqslant$ matrix$[i][j]$, target$\leqslant 10^4$）。该矩阵具有如下特性：每行中的整数从左到右按升序排列，每行的第一个整数大于前一行的最后一个整数。例如，matrix = $\{\{1,3,5,7\},\{10,11,16,20\},\{23,30,34,60\}\}$, target=3,答案为 true。要求设计如下方法：

```java
public boolean searchMatrix(int[][] matrix, int target) { }
```

问题求解：题目中的矩阵元素每行递增排列,全部元素按第 0 行、第 1 行、……、第 $m-1$ 行递增排列,显然每一列也是递增排列的。可以先在第 0 列中采用二分方法查找目标值 target 所在的行 row,然后在第 row 行中采用二分方法查找目标值 target。对应的程序如下：

```java
class Solution {
    public boolean searchMatrix(int[][] matrix,int target) {
        int m=matrix.length;
        int n=matrix[0].length;
        int low=0,high=m-1;
        while(low<=high) {
            int mid=(low+high)/2;
            if(target==matrix[mid][0])
                return true;
            else if(target>matrix[mid][0])
                low=mid+1;
            else if(target<matrix[mid][0])
                high=mid-1;
        }
        int row=Math.max(high,0);
        low=0;
        high=matrix[row].length-1;
        while(low<=high) {
            int mid=(low+high)/2;
            if(target==matrix[row][mid])
```

```
            return true;
        else if(target>matrix[row][mid])
            low=mid+1;
        else if(target<matrix[row][mid])
            high=mid-1;
    }
    return false;
    }
}
```

上述程序提交时通过，执行用时为 0ms，内存消耗为 41.2MB。

4.4.4 LeetCode374——猜数字大小★

问题描述：对于猜数字游戏，每轮游戏，甲都会从 1 到 $n(1 \leqslant n \leqslant 2^{31}-1)$ 中随机选出一个数字 pick$(1 \leqslant pick \leqslant n)$，请乙猜出该数字。如果乙猜的数字 num 错了，甲会告诉乙猜测的数字比选出的数字是大了还是小了。乙可以通过调用一个预先定义好的接口 int guess (int num)来获取猜测结果，返回值一共有 3 种可能的情况。

(1) -1：甲选出的数字比乙猜的数字小$(pick < num)$。

(2) 1：甲选出的数字比乙猜的数字大$(pick > num)$。

(3) 0：甲选出的数字和乙猜的数字一样，乙猜对了，返回甲选出的数字 pick。

例如，$n=10$，pick$=6$，结果是 6。要求设计如下方法：

```
public int guessNumber(int n) { }
```

问题求解：将$[1,n]$看成有序区间，本题目相当于在其中查找 pick 的插入点(pick 是通过 guess 指定的)。采用与上一个题目类似的二分查找方法，对应的程序如下：

```
public class Solution extends GuessGame {
    public int guessNumber(int n) {
        int low=1,high=n;
        while(low<=high) {
            long tmp=((long)low+(long)high)/2;
            int mid=(int)tmp;
            if(guess(mid)<=0)
                high=mid-1;
            else
                low=mid+1;
        }
        return high+1;
    }
}
```

上述程序提交时通过，执行用时为 0ms，内存消耗为 35.3MB。

4.4.5 LeetCode1011——在 d 天内送达包裹的能力★★

问题描述：港口 A 有 n 个包裹，其重量用 ws 数组表示$(1 \leqslant ws[i] \leqslant 500)$，必须在

d $(1{\leqslant}d{\leqslant}n{\leqslant}5{\times}10^{4})$ 天内通过一艘轮船运送到港口 B,轮船每天一个班次,在港口 A 会按 ws 的顺序往轮船上装载包裹,设计一个算法求能在 d 天内将所有包裹送达的最低运载能力。例如,weights$=\{3,2,2,4,1,4\}$,$d=3$,可以第 1 天运输 3 和 2,第 2 天运输 2 和 4,第 3 天运输 1 和 4,3 天的运输重量分别是 5、6 和 5,其中最大重量为 6,所以最低运载能力为 6。要求设计如下方法:

```
public int shipWithinDays(int[] ws, int days) { }
```

问题求解:求出 ws 中的最大值 maxw 以及重量和 sum,由于轮船一次至少运输一个包裹,一次最多运输全部包裹,所以最低运载能力一定在[maxw,sum]内。

将[maxw,sum]看成一个有序序列,采用二分查找方法求最低运载能力。假设查找区间为[low,high],置 mid$=$(low$+$high)/2,将 mid 看成运载能力,求出对应的运输天数 days,若 days$\leqslant d$,说明 mid 大了,置 high$=$mid 继续查找,否则说明 mid 小了,置 low$=$mid$+1$ 继续查找,最后 high 即为所求(相当于在[maxw,sum]中查找第一个运输天数恰好为 d 的 mid,即最低运载能力)。对应的程序如下:

```java
class Solution {
    public int shipWithinDays(int[] ws,int d) {      //求解算法
        int maxw=0,sum=0;
        for(int i=0;i<ws.length;i++) {
            maxw=Math.max(maxw,ws[i]);
            sum+=ws[i];
        }
        int low=maxw,high=sum;
        while(low<high) {
            int mid=(low+high)/2;
            int days=daycnt(ws,mid);
            if(days<=d)
                high=mid;
            else
                low=mid+1;
        }
        return high;
    }
    int daycnt(int[] ws,int mid) {                   //最低运载能力为 mid 的天数
        int n=ws.length;
        int cnt=0;
        int sum=ws[0];                               //累计一天的运输量
        for(int i=1;i<n;) {
            while(i<n && sum+ws[i]<=mid) {           //一天的运输
                sum+=ws[i];
                i++;
            }
            cnt++;                                   //累计天数
            sum=0;                                   //开始下一天
        }
```

```
            return cnt;
        }
    }
```

上述程序提交时通过,执行用时为 11ms,内存消耗为 41.6 MB。

4.4.6　LeetCode33——搜索旋转排序数组★★

问题描述:将一个递增整数数组 nums($1 \leqslant$ nums.length $\leqslant 5000$,$-10^4 \leqslant$ nums$[i] \leqslant 10^4$,其中无重复元素)在预先未知的某个点上进行旋转(例如,$\{0,1,2,4,5,6,7\}$ 经旋转后可能变为 $\{4,5,6,7,0,1,2\}$)得到旋转数组。设计一个算法在给定的旋转数组 nums 中搜索目标 target($-10^4 \leqslant$ target $\leqslant 10^4$),如果 nums 中存在这个目标值,则返回它的索引,否则返回 -1。例如,nums$=\{4,5,6,7,0,1,2\}$,target$=0$ 时返回 4,如果 target$=3$,则返回 -1。要求设计如下方法:

```
public int search(int[] nums, int target) { }
```

解法 1:旋转数组是由一个递增有序数组按某个基准(元素)旋转而来的,例如由 $\{0,1,2,4,5,6,7\}$ 旋转后得到旋转数组 $\{4,5,6,7,0,1,2\}$,其基准是 0,基准位置是 4。找到基准后就可以恢复为原来的递增有序数组,然后在递增有序数组中二分查找 target。

那么如何在旋转数组 nums 中找到基准位置呢?显然基准是一定存在的,且它左边的元素都大于右边的元素。采用二分查找方法,假设至少有两个元素的查找区间为[low,high](初始为[0,$n-1$]),这样基准就是第一个小于 nums[high]的元素(例如 $\{4,5,6,7,0,1,2\}$ 中的基准就是第一个小于 2 的元素 0),现在求中间位置 mid$=$(low$+$high)/2:

(1) 若 nums[mid]$<$nums[high],继续向左逼近(因为要找第一个满足该条件的元素),新查找区间为[low,mid]。

(2) 若 nums[mid]$\geqslant$nums[high],在右区间中查找。

循环结束时查找区间中只有一个元素,该位置 low 就是所求的基准位置。

当求出基准位置 base 后,就可以将旋转数组 nums 恢复为递增有序数组 a,实际上没有必要真正求出数组 a,假设 $a[i]$ 的元素值等于 nums$[j]$,显然有 $i=(j+$base$)\%n$(旋转数组 nums 就是 a 通过循环右移 base 次得到的),通过这样的序号转换就得到了递增有序数组 a,然后在 a 中采用二分查找方法查找 target。对应的程序如下:

```
class Solution {
    public int search(int[] nums,int target) {
        int n=nums.length;
        int base=getBase(nums);          //获取基准位置
        int low=0,high=n-1;
        while(low<=high) {               //查找区间中至少有一个元素时循环
            int mid=(low+high)/2;
            int i=(mid+base)%n;          //nums[mid]=nums[i]
            if(target==nums[i]) return i;
            if(target>nums[i]) low=mid+1;
            else high=mid-1;
```

```
        }
        return -1;
    }
    int getBase(int nums[]) {                     //查找基准位置
        int low=0,high=nums.length-1;
        while(low<high) {
            int mid=(low+high)/2;
            if(nums[mid]<nums[high])
                high=mid;                          //向左逼近
            else
                low=mid+1;                         //在右区间中查找
        }
        return low;
    }
}
```

上述程序提交时通过，执行用时为 0ms，内存消耗为 41MB。

解法 2：基准将旋转数组分为左、右两个有序段，不必先求出基准位置，直接从非空查找区间 [low,high]（初始为 [0,n-1]）开始查找，求中间位置 mid=(low+high)/2。

（1）若 nums[mid]=target，查找成功直接返回 mid。

（2）若 nums[mid]<nums[high]，说明 nums[mid] 属于右有序段，分为两种子情况：

① 如果 nums[mid]<target && nums[high]>=target，说明 target 在右有序段的后面部分中，该部分是有序的，查找区间改为 [mid+1,high] 即可。

② 否则说明 target 在 nums[mid] 的前面部分，该部分不一定是有序的，但一定也是一个旋转数组，可以采用相同的查找方法查找 target，查找区间改为 [low,mid-1] 即可。

（3）若 nums[mid]>nums[high]，说明 nums[mid] 属于左有序段，与（2）类似。

对应的代码如下：

```
class Solution {
    public int search(int[] nums,int target) {
        int n=nums.length;
        int low=0,high=n-1;
        while(low<=high) {                          //查找区间中至少有一个元素时循环
            int mid=(low+high)/2;
            if(nums[mid]==target)                   //找到后直接返回 mid
                return mid;
            if(nums[mid]<nums[high]) {              //nums[mid]属于右有序段
                if(nums[mid]<target && nums[high]>=target)
                    low=mid+1;                       //在右有序段后面部分(有序)中查找
                else
                    high=mid-1;                      //在 nums[low..mid-1]中查找
            }
            else {                                   //nums[mid]属于左有序段
                if(nums[low]<=target && nums[mid]>target)
                    high=mid-1;                      //在左有序段前面部分(有序)中查找
```

```
            else
                low=mid+1;              //在 nums[mid+1..high]中查找
        }
    }
    return -1;
    }
}
```

上述程序提交时通过,执行用时为 0ms,内存消耗为 41MB。

4.4.7　LeetCode367——有效的完全平方数★

问题描述：给定一个正整数 num($1 \leqslant \text{num} \leqslant 2^{31}-1$),设计一个算法判断 num 是否为一个完全平方数(不要使用任何内置的库函数,如 sqrt())。例如,num=16,返回 true。要求设计如下方法：

```
public boolean isPerfectSquare(int num) {}
```

问题求解：采用类似二分查找方法,从 tmp=num/2 开始,如果 tmp×tmp>num,说明 tmp 大了,置 tmp=tmp/2;如果 tmp×tmp<num,说明 tmp 小了,置 tmp++,继续判断。对应的程序如下：

```
class Solution {
    public boolean isPerfectSquare(int num) {
        if(num==0||num==1)
            return true;
        long tmp=num/2;
        while(tmp!=0) {
            if(tmp * tmp==num)
                return true;
            else if(tmp * tmp<num) {
                tmp++;
                if(tmp * tmp==num)
                    return true;
                else if(tmp * tmp>num)
                    break;
            }
            else tmp=tmp/2;
        }
        return false;
    }
}
```

上述程序提交时通过,执行用时为 2ms,内存消耗为 38.6MB。

说明：由于 num 可能达到 int 类型的最大值,如果 tmp 采用 int 类型,表示可能发生溢出,为此将 tmp 改为 long 类型。

4.4.8　LeetCode215——数组中的第 k 个最大元素★★

问题描述：给定整数数组 nums 和整数 k，返回数组中的第 k 个最大元素。

解法 1：采用快速排序的思路，将 nums 按递增排序方式进行划分，假设归位的元素为 $nums[i]$，若 $k-1=i$，返回 $nums[i]$；若 $k-1<i$，在左区间中继续查找；若 $k-1>i$，在右区间中继续查找。对应的程序如下：

```java
class Solution {
    public int findKthLargest(int[] nums,int k) {
        int n=nums.length;
        if(n==1) return nums[0];
        return QuickSort(nums,0,n-1,k);
    }
    int QuickSort(int R[],int low,int high,int k) {
        if(low<high) {
            int i=Partition1(R,low,high);
            if(k-1==i)
                return R[i];
            else if(k-1<i)
                    return QuickSort(R,low,i-1,k);
            else
                    return QuickSort(R,i+1,high,k);
        }
        else return R[low];
    }
    int Partition1(int R[],int s,int t) {      //划分算法(用于递减排序)
        int i=s,j=t;
        int base=R[s];                         //以表首元素为基准
        while(i<j) {                           //从表两端交替向中间遍历,直到 i=j 为止
            while(j>i && R[j]<=base)
                j--;                           //从后向前遍历,找一个大于基准的 R[j]
            if(j>i) {
                R[i]=R[j]; i++;                 //R[j]前移覆盖 R[i]
            }
            while(i<j && R[i]>=base)
                i++;                           //从前向后遍历,找一个小于基准的 R[i]
            if(i<j) {
                R[j]=R[i]; j--;                 //R[i]后移覆盖 R[j]
            }
        }
        R[i]=base;                             //基准归位
        return i;                              //返回归位的位置
    }
}
```

上述程序提交时通过，执行用时为 9ms，内存消耗为 41.6MB。

　　解法 2：在 n 个元素中求第 k 大的元素等同于求第 $n-k+1$ 小的元素，下面讨论求第 k 小的元素的过程。对于整数数组 nums，遍历一次求最小元素 low 和最大元素 high，在

[low,high]区间中通过二分查找求第 k 小的元素。对于长度至少为 2 的查找区间[low, high](初始为[low,high]),求 mid=(low+high)/2,同时求出 nums 中小于或等于 mid 的元素的个数 cnt:

① 若 cnt≥k,说明 mid 作为第 k 小的元素大了,置 high=mid(可能含 mid)。

② 否则说明 mid 作为第 k 小的元素小了,置 low=mid+1。

实际上就是求满足 cnt≥k 的最小 mid。例如 nums=[−1,2,0],low=−1,max=2,为了求第 2 大的元素,转换为求第 3−2+1(=2)小的元素,求解过程如图 4.4 所示。

因为这里的查找区间[low,high]可能为负整数区间(在常规的二分查找中查找区间为数组的下标,不可能出现这样的情况),当其长度为 2 并且向左逼近时,mid 应该取 low

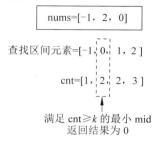

满足 cnt≥k 的最小 mid
返回结果为 0

图 4.4　查找第 2 小的
元素的过程

而不是 high,例如对于[−1,0]区间应该取 mid=−1 而不是 0,但在采用 mid=(low+high)/2 时,求出的结果是 mid=−1,为此应该改为 mid=low+(high−low)/2。对应的程序如下:

```
class Solution {
    public int findKthLargest(int[] nums,int k) {
        int n=nums.length;
        int low=nums[0];
        int high=nums[0];
        for(int i=0;i<n;i++) {
            if(nums[i]<low) low=nums[i];
            else if(nums[i]>high) high=nums[i];
        }
        high++;                          //增加 1
        while(low<high) {
            int mid=low+(high-low)/2;
            if(LEmid(nums,mid)>=n-k+1)    //说明 mid 大了
                high=mid;                //在左区间中继续查找
            else                         //说明 mid 小了
                low=mid+1;               //在右区间中继续查找
        }
        return low;
    }
    int LEmid(int nums[],int mid) {      //求 nums 中小于或等于 mid 的元素的个数
        int cnt=0;
        for(int i=0;i<nums.length;i++) {
            if(nums[i]<=mid)
                cnt++;
        }
        return cnt;
    }
}
```

上述程序提交时通过,执行用时为 1ms,内存消耗为 41.4MB。

解法 3：先求出 nums 中的最小元素 low 和最大元素 high,采用二分查找方法在[low, high]中查找第一个 mid,满足 nums 中大于或等于 mid 的元素的个数大于或等于 k。对应的程序如下：

```
class Solution {
    public int findKthLargest(int[] nums,int k) {
        int n=nums.length;
        int high=nums[0];
        int low=nums[0];
        for(int i=1;i<n;i++) {
            if(nums[i]>high)
                high=nums[i];
            else if(nums[i]<low)
                low=nums[i];
        }
        while(low<high-1) {              //查找区间中至少有 3 个整数
            int mid=(low+high)/2;
            if(GEmid(nums,mid)>=k)        //说明 mid 小了
                low=mid;                  //在右区间中继续查找
            else                          //说明 mid 大了
                high=mid-1;               //在左区间中继续查找
        }
        return GEmid(nums,high)>=k? high:low;
    }
    int GEmid(int nums[],int mid) {       //求 nums 中大于或等于 mid 的元素的个数
        int cnt=0;
        for(int i=0;i<nums.length;i++) {
            if(nums[i]>=mid)
                cnt++;
        }
        return cnt;
    }
}
```

上述程序提交时通过,执行用时为 2ms,内存消耗为 41.3MB。

解法 4：先求出 nums 中的最小元素 low 和最大元素 high,置 high++（因为查找的第 k 大元素是 high−1）。采用二分查找方法,当[low,high]满足 high−low>1 时,置 mid=(low+high)/2,若 nums 中大于或等于 mid 的整数的个数大于或等于 k,说明 mid 小了,在右区间[mid,high]中继续查找,否则说明 mid 大了,在左区间[low,mid]中继续查找,直到查找区间[low,high]满足 high−low=1,此时 low 或者 high−1 即为所求。对应的程序如下：

```
class Solution {
    public int findKthLargest(int[] nums,int k) {
        int n=nums.length;
        int low=nums[0];
        int high=nums[0];
```

```
    for(int i=0;i<n;i++) {
        if(nums[i]<low) low=nums[i];
        else if(nums[i]>high) high=nums[i];
    }
    high++;                           //增加 1
    while((high-low)>1) {
        int mid=(low+high)/2;
        if(GEmid(nums,mid)>=k)        //说明 mid 小了
            low=mid;                  //在右区间中继续查找
        else                          //说明 mid 大了
            high=mid;                 //在左区间中继续查找
    }
    return low;                       //或者 return high-1
}
int GEmid(int nums[],int mid) {       //求 nums 中大于或等于 mid 的元素的个数
    int cnt=0;
    for(int i=0;i<nums.length;i++) {
        if(nums[i]>=mid)
            cnt++;
    }
    return cnt;
}
}
```

上述程序提交时通过,执行用时为 1ms,内存消耗为 41.8MB。

4.4.9 LeetCode654——最大二叉树★★

问题描述:给定一个不含重复整数的数组 nums($1 \leqslant$ nums.length$\leqslant 1000, 0 \leqslant$ nums$[i] \leqslant$ 1000),由其构造一棵最大二叉树的过程是,由 nums 中的最大元素创建根结点,由最大元素的前面部分构造左子树,由最大元素的后面部分构造右子树,最后返回该最大二叉树。要求设计如下方法:

```
public TreeNode constructMaximumBinaryTree(int[] nums) { }
```

问题求解:由 nums 构造最大二叉树 root 为大问题,构造根结点的左、右子树为两个小问题,由根结点 root 以及左、右子树合并起来得到最大二叉树。对应的分治法程序如下:

```
class Solution {
    public TreeNode constructMaximumBinaryTree(int[] nums) {
        int n=nums.length;
        if(n==0) return null;
        return create(nums,0,n-1);
    }
    TreeNode create(int nums[],int low,int high) {   //分治算法
        if(low>high) return null;
        int maxi=low;
```

```
        for(int i=low+1;i<=high;i++) {          //求 nums[low..high]中的最大元素
                                                //nums[maxi]
            if(nums[i]>nums[maxi])
                maxi=i;
        }
        TreeNode root=new TreeNode(nums[maxi]);
        root.left=create(nums,low,maxi-1);
        root.right=create(nums,maxi+1,high);
        return root;
    }
}
```

上述程序提交时通过,执行用时为 2ms,内存消耗为 41.6MB。

4.4.10 LeetCode4——寻找两个正序数组的中位数★★★

问题描述：给定两个分别含 m 和 n 个整数的递增有序数组（$0 \leqslant m, n \leqslant 1000$），针对这 $m+n$ 个元素设计一个算法,若总元素个数为奇数,返回其中的唯一中位数;若总元素个数为偶数,返回其中两个中位数的平均值。例如,nums1＝{1,3},nums2＝{2},有序合并后数组为{1,2,3},元素个数为 3,唯一中位数为 2,结果为 2.00000;若 nums1＝{1,2},nums2＝{3,4},有序合并后数组为{1,2,3,4},元素个数为 4,两个中位数是 2 和 3,结果为(2+3)/2＝2.50000。要求设计如下方法:

```
public double findMedianSortedArrays(int[] nums1, int[] nums2) { }
```

问题求解：采用二分查找算法,先设计求两个递增有序序列 a 和 b（分别含 m 和 n 个整数）中第 k（$1 \leqslant k \leqslant m+n$）小整数（用 topk 表示）的算法 findk(a, m, b, n, k)。为了方便,总是让 a 中元素的个数较少,当 b 中元素的个数较少时交换 a、b 的位置即可。该算法的基本流程如下:

(1) 当 a 为空时,topk 就是 $b[k-1]$。

(2) 当 $k=1$ 时,topk 为 min($a[0], b[0]$)。

(3) 当 a 和 b 的元素个数都大于 $k/2$ 时,通过二分法将问题规模缩小,将 a 的第 $k/2$ 个元素($a[k/2-1]$)和 b 的第 $k/2$ 个元素($b[k/2-1]$)进行比较,有以下 3 种情况(为了简化,这里先假设 k 为偶数,所得到的结论对于 k 为奇数也是成立的)。

① 若 $a[k/2-1]=b[k/2-1]$,则 $a[0..k/2-2]$(a 的前 $k/2-1$ 个元素)和 $b[0..k/2-2]$(b 的前 $k/2-1$ 个元素)共 $k-2$ 个元素均小于或等于 topk,再加上 $a[k/2-1]$、$b[k/2-1]$ 两个元素,说明找到了 topk,即 topk 等于 $a[k/2-1]$ 或 $b[k/2-1]$。

② 若 $a[k/2-1]<b[k/2-1]$,这意味着 $a[0..k/2-1]$肯定均小于或等于 topk,换句话说,$a[k/2-1]$也一定小于或等于 topk(可以用反证法证明,假设 $a[k/2-1]>$topk,那么 $a[k/2-1]$后面的元素均大于 topk,topk 不会出现在 a 中,这样 topk 一定出现在 $b[k/2-1]$及后面的元素中,也就是说 $b[k/2-1] \leqslant$topk,与 $a[k/2-1]<b[k/2-1]$矛盾,即证)。这样 $a[0..k/2-1]$均小于或等于 topk 并且尚未找到第 k 个元素,因此可以舍弃 a 数组的这 $k/2$ 个元素,即在 $a[k/2..m-1]$和 b 中找第 $k-k/2$ 小的元素即为 topk。

③ 若 $a[k/2-1]>b[k/2-1]$，同理，可以舍弃 b 数组的 $b[0..k/2-1]$ 共 $k/2$ 个元素，即在 a 和 $b[k/2..m-1]$ 中找第 $k-k/2$ 小的元素即为 topk。

从以上说明看出，在 a 和 b 中并不是必须取元素 $a[k/2-1]$ 和 $b[k/2-1]$ 进行比较，可以取任意有效元素 $a[p-1]$ 和 $b[q-1]$ 做比较，只要满足 $p+q=k$ 即可。为此当 a 中元素的个数少于 $k/2$ 时，取其全部元素，即 $p=\min(k/2,m)$，$q=k-p$，改为将 $a[p-1]$ 和 $b[q-1]$ 进行比较。

① 若 $a[p-1]=b[q-1]$，topk 即为 $a[p-1]$ 或者 $b[q-1]$。

② 若 $a[p-1]<b[q-1]$，舍弃 a 数组前面的 p 个元素。

③ 若 $a[p-1]>b[q-1]$，舍弃 b 数组前面的 q 个元素。

当设计好 findk(a,m,b,n,k) 算法后，置 $k=(m+n)/2$，若总元素个数为偶数，求出第 k 小元素 mid1 和第 $k+1$ 小元素 mid2，返回 $(mid1+mid2)/2$；若总元素个数为奇数，求出第 $k+1$ 小元素 mid 直接返回。对应的程序如下：

```
class Solution {
    public double findMedianSortedArrays(int[] nums1, int[] nums2) {
        int m=nums1.length;
        int n=nums2.length;
        int k=(m+n)/2;
        if((m+n)%2==0) {                          //总元素个数为偶数的情况
            int mid1=findk(nums1,0,nums2,0,k);
            int mid2=findk(nums1,0,nums2,0,k+1);
            return (mid1+mid2)/2.0;
        }
        else                                      //总元素个数为奇数的情况
            return findk(nums1,0,nums2,0,k+1);
    }
    int findk(int a[],int i,int b[],int j,int k) {//在a[i..m-1]和b[j..n-1]中查找
                                                  //第 k 小的元素
        int m=a.length-i;                         //a 中有效元素的个数为 m
        int n=b.length-j;                         //b 中有效元素的个数为 n
        if(m>n) return findk(b,j,a,i,k);
        if(m==0) return b[j+k-1];                 //a 为空时
        if(k==1) return Math.min(a[i],b[j]);      //找到 topk
        int p=Math.min(m,k/2);                    //当a中元素的个数m少于k/2时取m
        int q=k-p;                                //保证 p+q==k
        if(a[i+p-1]==b[j+q-1])                     //找到 topk
            return a[i+p-1];
        else if(a[i+p-1]<b[j+q-1])                 //若 a[i+p-1]<b[j+q-1]
            return findk(a,i+p,b,j,k-p);          //舍弃 a 的前 p 个元素
        else                                      //若 a[i+p-1]>b[j+q-1]
            return findk(a,i,b,j+q,k-q);          //舍弃 b 的前 q 个元素
    }
}
```

上述程序提交时通过，执行用时为 1ms，内存消耗为 42.5MB。

4.4.11 LeetCode23——合并 k 个升序链表★★★

问题描述：给出一个链表数组，每个链表都已经按升序排列。请将所有链表合并到一个升序链表中，返回合并后的链表。

问题求解：采用二路归并方法，对于 lists[low..high] 的若干个单链表

（1）若 low>high，说明为空，返回 null。

（2）若 low=high，说明只有一个单链表，返回 lists[low]。

（3）若归并区间中有两个或两个以上的单链表，置 mid=(low+high)/2，分解为 lists[low..mid] 和 lists[mid+1..high] 两组，求解两个子问题得到两个递增有序单链表，再采用二路归并合并为一个有序单链表 h，返回它即可。

对应的程序如下：

```java
class Solution {
    public ListNode mergeKLists(ListNode[] lists) {
        int k=lists.length;
        if(k==0) return null;
        return mergek(lists,0,k-1);
    }
    ListNode mergek(ListNode lists[],int low,int high) {   //分治算法
        if(low>high)                                        //链表为空时
            return null;
        if(low==high)                                       //只有一个链表时
            return lists[low];
        else {
            int mid=(low+high)/2;
            ListNode h1=mergek(lists,low,mid);
            ListNode h2=mergek(lists,mid+1,high);
            return merge(h1,h2);
        }
    }
    ListNode merge(ListNode h1,ListNode h2) {   //二路归并
        ListNode h=new ListNode();              //定义结果单链表的头结点
        ListNode r=h;                           //r 指向单链表 h 的尾结点
        ListNode p=h1,q=h2;
        while(p!=null && q!=null) {
            if(p.val<q.val) {                   //结点 p 的值较小,归并结点 p
                r.next=p; r=p;
                p=p.next;
            }
            else {                              //结点 q 的值较小,归并结点 q
                r.next=q; r=q;
                q=q.next;
            }
        }
        if(p!=null) r.next=p;                   //p 指向没有归并完的结点
        if(q!=null) r.next=q;                   //q 指向没有归并完的结点
        return h.next;
    }
}
```

上述程序提交时通过，执行用时为 1ms，内存消耗为 43.8MB。

4.4.12　LeetCode315——计算右侧小于当前元素的元素个数★★★

问题描述：设计一个算法求整数数组 nums($1 \leqslant$ nums.length $\leqslant 10^5$，$-10^4 \leqslant$ nums$[i] \leqslant 10^4$)中每个元素的右侧小于该元素的个数，用新数组 counts 存放，即 counts$[i]$ 的值是 nums$[i]$ 右侧小于 nums$[i]$ 的元素的数量。例如，nums $= \{5,2,6,1\}$，5 的右侧有两个更小的元素 (2 和 1)，2 的右侧仅有一个更小的元素 (1)，6 的右侧有一个更小的元素 (1)，1 的右侧有 0 个更小的元素，所以结果 counts $= \{2,1,1,0\}$。要求设计如下方法：

```
public List<Integer>countSmaller(int[] nums) { }
```

问题求解：采用递归二路归并排序的思路，在两个有序段 $\{a[\text{low}], \cdots, a[i], \cdots, a[\text{mid}]\}$ 和 $\{a[\text{mid}+1], \cdots, a[j], \cdots, a[\text{high}]\}$ 二路归并为一个有序段时做如下操作：

(1) 若 $a[i] < a[j]$，此时归并 $a[i]$，而第 2 个段中 $a[\text{mid}+1..j-1]$ (共 $j-\text{mid}-1$) 已经归并，说明它们均小于 $a[i]$，所以 $a[i]$ 的右侧小于当前元素的元素个数增加 $j-\text{mid}-1$。

(2) 若第 2 个段归并完而第 1 个段没有归并完，此时对于第 1 个段中没有归并完的元素 $a[i]$，说明第 2 个段中的全部元素均小于 $a[i]$，所以 $a[i]$ 的右侧小于当前元素的元素个数增加 high$-$mid。

由于排序中元素的位置会发生归并，所以设置一个 R 数组保存每个元素的值及其初始下标。对应的程序如下：

```
class IDX {                                    //R 数组的元素类
    int val;                                   //整数
    int idx;                                   //整数在 nums 中的下标
    IDX() {}                                   //构造函数
    IDX(int v,int i) {
        val=v; idx=i;                          //重载构造函数
    }
}
class Solution {
    int counts[];                              //存放结果的数组
    public List<Integer>countSmaller(int[] nums) {
        int n=nums.length;
        counts=new int[n];
        IDX R[]=new IDX[n];                     //R 中存放每个元素及其索引
        for(int i=0;i<n;i++)
            R[i]=new IDX(nums[i],i);            //R 中保存每个元素及其下标
        MergeSort(R,0,n-1);
        List<Integer>ans=new  ArrayList<>();
        for(int x: counts)
            ans.add(x);
        return ans;
    }
```

```
void MergeSort(IDX R[],int low,int high) {          //二路归并算法
    if(low>=high) return;
    int mid=(low+high)/2;
    MergeSort(R,low,mid);
    MergeSort(R,mid+1,high);
    int i=low,j=mid+1,k=0;                          //归并段指针
    IDX R1[]=new IDX[high-low+1];                    //临时归并空间 R1
    while(i<=mid && j<=high) {
        if(R[i].val<=R[j].val) {                     //R[i]元素较小
            R1[k++]=R[i];                            //归并 R[i]
            counts[R[i].idx]+=j-mid-1;               //累加 R[i]位置前移的元素个数
            i++;
        }
        else {                                       //R[j]元素较小
            R1[k++]=R[j];                            //归并 R[j]
            j++;
        }
    }
    while(i<=mid) {                                  //第 1 个段没有遍历完
        R1[k++]=R[i];
        counts[R[i].idx]+=high-mid;
        i++;
    }
    while(j<=high) {                                 //第 2 个段没有遍历完
        R1[k++]=R[j];
        j++;
    }
    for(int k1=0,i1=low;i1<=high;k1++,i1++)          //将 R1 复制回 R 中
        R[i1]=R1[k1];
    }
}
```

上述程序提交时通过,执行用时为 63ms,内存消耗为 56.2MB。

第

5 章

走不下去就回退
——回溯法

5.1　单项选择题及其参考答案

5.1.1　单项选择题

1. 回溯法是在问题的解空间中按_____策略从根结点出发搜索的。

　　A. 广度优先　　　　　　　　　　　　B. 活结点优先

　　C. 扩展结点优先　　　　　　　　　　D. 深度优先

2. 下列算法中_____通常以深度优先方式搜索问题的解。

　　A. 回溯法　　　　B. 动态规划　　　　C. 贪心法　　　　D. 分支限界法

3. 关于回溯法，以下叙述中不正确的是_____。

　　A. 回溯法有通用解题法之称，可以系统地搜索一个问题的所有解或任意解

　　B. 回溯法是一种既带系统性又带有跳跃性的搜索算法

　　C. 回溯算法需要借助队列来保存从根结点到当前扩展结点的路径

　　D. 回溯算法在生成解空间的任一结点时，先判断该结点是否可能包含问题的解，如果肯定不包含，则跳过对该结点为根的子树的搜索，逐层向祖先结点回溯

4. 回溯法的效率不依赖于下列因素_____。

　　A. 确定解空间的时间　　　　　　　　B. 满足显式约束的值的个数

　　C. 计算约束函数的时间　　　　　　　D. 计算限界函数的时间

5. 下面_____是回溯法中为避免无效搜索采取的策略。

　　A. 递归函数　　　　B. 剪枝函数　　　　C. 随机数函数　　　　D. 搜索函数

6. 对于含有 n 个元素的子集树问题（每个元素二选一），最坏情况下解空间树的叶子结点个数是_____。

　　A. $n!$　　　　　　B. 2^n　　　　　　C. $2^{n+1}-1$　　　　D. 2^{n-1}

7. 用回溯法求解 0/1 背包问题时的解空间是_____。

　　A. 子集树　　　　　　　　　　　　　B. 排列树

　　C. 深度优先生成树　　　　　　　　　D. 广度优先生成树

8. 用回溯法求解 0/1 背包问题时的最坏时间复杂度是_____。

　　A. $O(n)$　　　　　B. $O(n\log_2 n)$　　　C. $O(n\times 2^n)$　　　D. $O(n^2)$

9. 用回溯法求解 TSP 问题时的解空间是_____。

　　A. 子集树　　　　　　　　　　　　　B. 排列树

　　C. 深度优先生成树　　　　　　　　　D. 广度优先生成树

10. 有 n 个学生，每个人有一个分数，求最高分的学生的姓名，最简单的方法是_____。

　　A. 回溯法　　　　B. 归纳法　　　　C. 迭代法　　　　D. 以上都不对

11. 求中国象棋中马从一个位置到另外一个位置的所有走法，采用回溯法求解时对应的解空间是_____。

　　A. 子集树　　　　　　　　　　　　　B. 排列树

C. 深度优先生成树　　　　　　　　D. 广度优先生成树

12. n 个人排队在一台机器上做某个任务,每个人的等待时间不同,完成他的任务的时间不同,求完成这 n 个任务的最小时间,采用回溯法求解时对应的解空间是_____。

A. 子集树　　　　　　　　　　　　B. 排列树

C. 深度优先生成树　　　　　　　　D. 广度优先生成树

5.1.2　单项选择题参考答案

1. **答**:回溯法采用深度优先搜索在解空间中搜索问题的解。答案为 D。

2. **答**:回溯法采用深度优先搜索在解空间中搜索问题的解,分支限界法采用广度优先搜索在解空间中搜索问题的解。答案为 A。

3. **答**:回溯算法是采用深度优先遍历的,需要借助栈保存从根结点到当前扩展结点的路径。答案为 C。

4. **答**:回溯法的解空间是虚拟的,不必事先确定整个解空间。答案为 A。

5. **答**:剪支函数包括约束函数(在扩展结点处剪去不满足约束条件的路径)和限界函数(剪去得不到问题的解或最优解的路径)。答案为 B。

6. **答**:这样的解空间树是一棵高度为 $n+1$ 的满二叉树,叶子结点恰好有 2^n 个。答案为 B。

7. **答**:在 0/1 背包问题中每个物品是二选一(要么选中,要么不选中),与物品的顺序无关,对应的解空间为子集树类型。答案为 A。

8. **答**:0/1 背包问题的解空间是一棵高度为 $n+1$ 的满二叉树,结点个数为 $2^{n+1}-1$,最坏情况下搜索全部结点。答案为 C。

9. **答**:TSP 问题的解空间属于典型的排列树,因为路径与顶点的顺序有关。答案为 B。

10. **答**:最简单的方法是依次迭代比较求最高分数。答案为 C。

11. **答**:每一步马从相邻可走的位置中选择一个位置走下去。答案为 A。

12. **答**:该问题是求 $1\sim n$ 的某个排列,对应 n 个任务完成的最小时间。答案为 B。

5.2　问答题及其参考答案

5.2.1　问答题

1. 回溯法的搜索特点是什么?

2. 有这样一个数学问题,x 和 y 是两个正实数,求 $x+y=3$ 的所有解,请问能否采用回溯法求解? 如果 x 和 y 是两个均小于或等于 10 的正整数,又能否采用回溯法求解? 如果能够,请采用解空间画出求解结果。

3. 对于 $n=4$,$a=(11,13,24,7)$,$t=31$ 的子集和问题,利用左、右剪支的回溯法算法求解,求出所有解并且画出解空间中的搜索过程。

4. 对于 n 皇后问题,通过解空间说明 $n=3$ 时是无解的。

5. 对于 n 皇后问题,有人认为当 n 为偶数时其解具有对称性,即 n 皇后问题的解个数

恰好为 $n/2$ 皇后问题的解个数的两倍,这个结论正确吗?

6. 请问能否采用解空间为排列树的回溯框架求解 n 皇后问题? 如果能,请给出剪支操作,说明最坏情况下的时间复杂度,按照最坏情况下的时间复杂度比较,哪个算法更好?

7. 对于如图 5.1 所示的无向连通图,假设颜色数 $m=2$,给出 m 着色的所有着色方案,并且画出对应的解空间。

8. 有一个 0/1 背包问题,物品个数 $n=4$,物品编号分别为 $0\sim3$,它们的重量分别是 3、1、2 和 2,价值分别是 9、2、8 和 6,背包容量 $W=3$。利用左、右剪支的回溯法算法求解,并且画出解空间中的搜索过程。

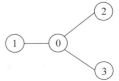

图 5.1　一个无向连通图

9. 以下算法用于求 n 个不同元素 a 的全排列,当 $a=(1,2,3)$ 时,请给出算法输出的全排列的顺序。

```
int cnt=0;                                //累计排列的个数
void disp(int a[]) {                       //输出一个解
    System.out.printf(" 排列%2d: (",++cnt);
    for(int i=0;i<a.length-1;i++)
        System.out.printf("%d,",a[i]);
    System.out.printf("%d)",a[a.length-1]);
    System.out.println();
}
void swap(int a[],int i,int j) {           //交换 a[i]与 a[j]
    int tmp=a[i];
    a[i]=a[j]; a[j]=tmp;
}
void dfs(int a[],int i) {                   //递归算法
    int n=a.length;
    if(i>=n-1)                             //递归出口
        disp(a);
    else {
        for(int j=n-1;j>=i;j--) {
            swap(a,i,j);                    //交换 a[i]与 a[j]
            dfs(a,i+1);
            swap(a,i,j);                    //交换 a[i]与 a[j]:恢复
        }
    }
}
void perm(int a[]) {                        //求 a 的全排列
    dfs(a,0);
}
```

10. 假设问题的解空间为 $(x_0,x_1,\cdots,x_{n-1})$,每个 x_i 有 m 种不同的取值,所有 x_i 取不同的值,该问题既可以采用子集树递归回溯框架求解,也可以采用排列树递归回溯框架求解,考虑最坏时间性能应该选择哪种方法?

11. 以下两个算法都是采用排列树递归回溯框架求解任务分配问题,判断其正确性,如果不正确,请指出其中的错误(其中,swap(x,i,j)用于交换 $x[i]$ 和 $x[j]$)。

(1) 算法 1：

```
void dfs(int x[],int cost,int i) {          //回溯算法
    if(i>n) {                               //到达叶子结点
        if(cost<bestc) {                    //比较求最优解
            bestc=cost;
            bestx=x;
        }
    }
    else {                                  //没有到达叶子结点
        for(int j=1;j<=n;j++) {             //为人员 i 试探任务 x[j]
            if(task[x[j]]) continue;        //若任务 x[j]已经分配,则跳过
            task[x[j]]=true;
            cost+=c[i][x[j]];
            swap(x,i,j);                    //为人员 i 分配任务 x[j]
            if(bound(x,cost,i)<bestc)       //剪支
                dfs(x,cost,i+1);            //继续为人员 i+1 分配任务
            swap(x,i,j);
            cost-=c[i][x[j]];               //cost 回溯
            task[x[j]]=false;               //task 回溯
        }
    }
}
```

(2) 算法 2：

```
void dfs(int x[],int cost,int i) {          //回溯算法
    if(i>n) {                               //到达叶子结点
        if(cost<bestc) {                    //比较求最优解
            bestc=cost;
            bestx=x;
        }
    }
    else {                                  //没有到达叶子结点
        for(int j=1;j<=n;j++) {             //为人员 i 试探任务 x[j]
            if(task[x[j]]) continue;        //若任务 x[j]已经分配,则跳过
            swap(x,i,j);                    //为人员 i 分配任务 x[j]
            task[x[j]]=true;
            cost+=c[i][x[j]];
            if(bound(x,cost,i)<bestc)       //剪支
                dfs(x,cost,i+1);            //继续为人员 i+1 分配任务
            cost-=c[i][x[j]];               //cost 回溯
            task[x[j]]=false;               //task 回溯
            swap(x,i,j);
        }
    }
}
```

5.2.2　问答题参考答案

1. **答**：回溯法的搜索特点是深度优先搜索＋剪支。深度优先搜索可以尽快地找到一个解,剪支函数可以终止一些路径的搜索,提高搜索性能。

2. 答：当 x 和 y 是两个正实数时，理论上讲两个实数之间有无穷个实数，所以无法枚举 x 和 y 的取值，不能采用回溯法求 $x+y=3$ 的所有解。

　　当 x 和 y 是两个均小于或等于 10 的正整数时，它们的枚举范围是有限的，可以采用回溯法求 $x+y=3$ 的所有解，采用剪支仅扩展 $x,y\in[1,2]$ 的结点。解向量是 (x,y)，对应的解空间如图 5.2 所示，找到的两个解是 $(1,2)$ 和 $(2,1)$。

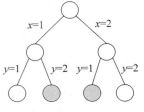

图 5.2　求 $x+y=3$ 的解空间

3. 答：利用左、右剪支的回溯法算法求出两个解如下。

第 1 个解：选取的数为 11 13 7
第 2 个解：选取的数为 24 7

　　在解空间中的搜索过程如图 5.3 所示，图中每个结点为 (cs,rs)，其中 cs 为考虑第 i 个整数时选取的整数和，rs 为剩余整数和。题中实例搜索的结点个数是 11，如果不剪支，需要搜索 31 个结点。

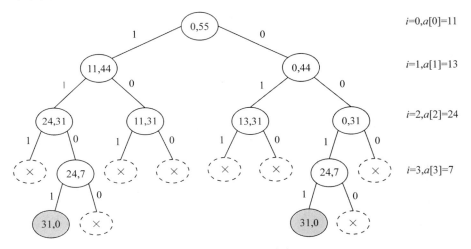

图 5.3　子集和问题的搜索过程

4. 答：$n=3$ 时的解向量为 (x_1,x_2,x_3)，x_i 表示第 i 个皇后的列号，对应的解空间如图 5.4 所示，所有的叶子结点均不满足约束条件，所以无解。

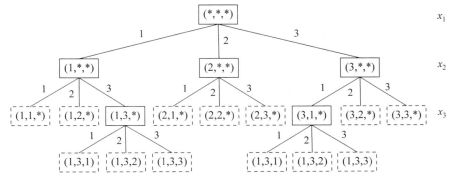

图 5.4　3 皇后问题的解空间

5. **答**：这个结论是错误的，因为两个 $n/2$ 皇后问题的解合并起来不是 n 皇后问题的解。

6. **答**：设 n 皇后问题的解向量为 $(x_1, x_2, \cdots, x_n)$，x_i 表示第 i 个皇后的列号，显然每个解一定是 $1 \sim n$ 的某个排列，所以可以采用解空间为排列树的回溯框架求解 n 皇后问题。其剪支操作是任何两个皇后不能同行、同列和同两条对角线。在最坏情况下该算法的时间复杂度为 $O(n \times n!)$，由于 $O(n \times n!)$ 好于 $O(n \times n^n)$，所以按照最坏情况下的时间复杂度比较，解空间为排列树的回溯算法好于解空间为子集树的回溯算法。

7. **答**：这里 $n=4$，顶点编号为 $0 \sim 3$，$m=2$，颜色编号为 0 和 1，解向量为 (x_0, x_1, x_2, x_3)，x_i 表示顶点 i 的着色，对应的解空间如图 5.5 所示，着色方案有两种，分别是 $(0,1,1,1)$ 和 $(1,0,0,0)$。

图 5.5 m 着色问题的解空间

8. **答**：求解过程如下。

① 4 个物品按 v/w 递减排序后的结果如表 5.1 所示。

② 从 $i=0$ 开始搜索对应的解空间如图 5.6 所示。

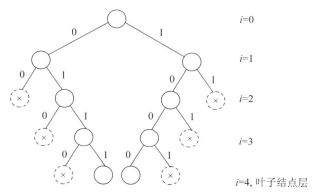

表 5.1 4 个物品按 v/w 递减排序后的结果

序号 i	物品编号 no	重量 w	价值 v	v/w
0	2	2	8	4
1	0	3	9	3
2	3	2	6	3
3	1	1	2	2

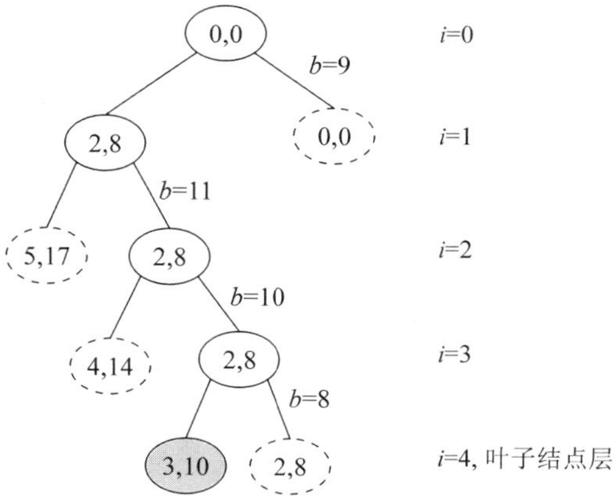

图 5.6 0/1 背包问题的解空间

最后得到的最优解是选择编号为 1 和 2 的物品，总重量为 3，总价值是 10。

9. **答**：当 $a=(1,2,3)$ 时，调用 perm(a) 的输出结果及其顺序如下。

```
排列 1: (3,1,2)
排列 2: (3,2,1)
排列 3: (2,3,1)
排列 4: (2,1,3)
排列 5: (1,3,2)
排列 6: (1,2,3)
```

10. 答：一般情况下,这样的问题采用子集树递归回溯框架求解时最坏时间复杂度为 $O(m^n)$,采用排列树递归回溯框架求解时最坏时间复杂度为 $O(n!)$,如果 $m=2$,由于 $O(2^n)<O(n!)$,采用前者较好；如果 m 接近 n,由于 $O(n^n)>O(n!)$,采用后者较好。

11. 答：算法 1 是正确的。算法 2 不正确,在执行第一个 swap($x[i]$,$x[j]$)后已经为人员 i 分配了任务 $x[j]$,应该置 task[$x[i]$]＝true,cost＋＝$c[i][x[i]]$,后面的回溯恢复过程也是如此。

5.3　算法设计题及其参考答案 ✳

5.3.1　算法设计题

1. 给定含 n 个整数的序列 a(其中可能包含负整数),设计一个算法从中选出若干整数,使它们的和恰好为 t。例如,$a=(-1,2,4,3,1)$,$t=5$,求解结果是$(2,3,1,-1)$、$(2,3)$、$(2,4,-1)$和$(4,1)$。

2. 给定含 n 个正整数的序列 a,设计一个算法从中选出若干整数,使它们的和恰好为 t 并且所选元素个数最少的一个解。

3. 给定一个含 n 个不同整数的数组 a,设计一个算法求其中 $m(m\leq n)$ 个元素的组合。例如,$a=\{1,2,3\}$,$m=2$,输出结果是$\{\{1,2\},\{1,3\},\{2,3\}\}$。

4. 设计一个算法求 $1\sim n$ 中 $m(m\leq n)$ 个元素的排列,要求每个元素最多只能取一次。例如,$n=3$,$m=2$ 时的输出结果是$\{\{1,2\},\{1,3\},\{2,1\},\{2,3\},\{3,1\},\{3,2\}\}$。

5. 在求 n 皇后问题的算法中每次放置第 i 个皇后时,其列号 x_i 的试探范围是 $1\sim n$,实际上前面已经放好的皇后的列号是不必试探的,请根据这个信息设计一个更高效的求解 n 皇后问题的算法。

6. 请采用基于排列树的回溯框架设计求解 n 皇后问题的算法。

7. 一棵整数二叉树采用二叉链 b 存储,设计一个算法求根结点到每个叶子结点的路径。

8. 一棵整数二叉树采用二叉链 b 存储,设计一个算法求根结点到叶子结点的路径中路径和最小的一条路径,如果这样的路径有多条,求其中的任意一条。

9. 一棵整数二叉树采用二叉链 b 存储,设计一个算法产生每个叶子结点的编码。假设从根结点到某个叶子结点 a 有一条路径,从根结点开始,路径走左分支时用 0 表示,走右分支时用 1 表示,这样的 0/1 序列就是 a 的编码。

10. 假设一个含 n 个顶点(顶点编号为 $0\sim(n-1)$)的不带权图采用邻接矩阵 A 存储,设计一个算法判断其中顶点 u 到顶点 v 是否有路径。

11. 假设一个含 n 个顶点(顶点编号为 $0\sim(n-1)$)的不带权图采用邻接矩阵 A 存储，设计一个算法求其中顶点 u 到顶点 v 的所有路径。

12. 假设一个含 n 个顶点(顶点编号为 $0\sim(n-1)$)的带权图采用邻接矩阵 A 存储，设计一个算法求其中顶点 u 到顶点 v 的一条路径长度最短的路径。一条路径的长度是指路径上经过的边的权值和。如果这样的路径有多条，求其中的任意一条。

13. 给定一个 $m\times n$ 的迷宫，每个方格值为 0 时表示空白，为 1 时表示障碍物，在行走时最多只能走到上、下、左、右相邻的方格。设计一个回溯算法求从指定入口 s 到指定出口 t 的所有迷宫路径和其中一条最短路径。

14. 给定一个不带权连通图，由指定的起点前往指定的终点，途经所有其他顶点且只经过一次，称为哈密顿路径，闭合的哈密顿路径称作哈密顿回路。设计一个算法求无向图的所有哈密顿回路。

15. 采用回溯法求解最优调度问题，假设有 n 个任务由 k 个可并行工作的机器来完成，完成任务 $i(0\leq i<n)$ 需要的时间为 t_i，设计一个算法求完成这 n 个任务的最少时间。例如，$n=10,t=\{67,45,80,32,59,95,37,46,28,20\},k=7$，完成这 10 个任务的最少时间是 95。

5.3.2 算法设计题参考答案

1. **解**：由于 a 中可能包含负整数，甚至 t 有可能是负数，无法剪支，采用求 a 的幂集的思路，相当于求出 a 的所有子集并且累计子集和 cs，当到达一个叶子结点时，若满足 cs$=t$ 就是一个解。对应的算法如下：

```java
int a[];
int n;
int t;
int x[];                    //解向量
int sum;                    //累计组合个数
void dfs(int cs,int i) {    //回溯算法
    if(i>=n){               //到达一个叶子结点
        if(cs==t){          //找到一个解
            System.out.printf(" (%d): ",++sum);
            for(int j=0;j<n;j++) {
                if(x[j]==1)
                    System.out.printf("%d ",a[j]);
            }
            System.out.println();
        }
    }
    else {                  //没有到达叶子结点
        x[i]=1; cs+=a[i];
        dfs(cs,i+1);        //选择a[i]
        cs-=a[i];           //回溯cs
        x[i]=0;
        dfs(cs,i+1);        //不选择a[i]
    }
}
```

```
void subs4(int a[],int t) {              //求解子集和问题
    this.a=a;
    this.t=t;
    n=a.length;
    x=new int[n];                        //指定 x 的长度为 n
    sum=0;
    dfs(0,0);
}
```

说明：有人说一旦找到了 $cs=t$ 就输出一个解（看成不再选择后面的元素），所以将输出解的条件改为满足 $i<n$ && $cs=t$。这样是错误的，因为这样做的结果是输出一个解后就停止了该结点的扩展，后面的解就找不到了，例如$(2,3)$是一个解，这样修改就找不到$(2,3,1,-1)$这个解了。

2. **解**：属于典型的解空间为子集树的问题，采用子集树的回溯算法框架求解。当找到一个解后通过对选取的元素个数进行比较求最优解 bestx 和 bestm，剪支原理见《教程》中 5.3.5 节的求解子集和问题的算法。对应的算法如下：

```
int a[];
int n;
int t;
int bestx[];                                    //最优解向量
int bestm;                                      //选择的最少元素个数
void dfs(int cs,int rs,int x[],int m,int i) {   //回溯算法
    if(i>=n){                                   //到达一个叶子结点
        if(cs==t){                              //找到一个解
            if(m<bestm){                        //找更优解
                bestm=m;
                bestx=Arrays.copyOf(x,n);
            }
        }
    }
    else {                                      //没有到达叶子结点
        rs-=a[i];                               //求剩余的整数和
        if(cs+a[i]<=t) {                        //左孩子结点剪支
            x[i]=1;                             //选取整数 a[i]
            dfs(cs+a[i],rs,x,m+1,i+1);
        }
        if(cs+rs>=t){                           //右孩子结点剪支
            x[i]=0;                             //不选取整数 a[i]
            dfs(cs,rs,x,m,i+1);
        }
        rs+=a[i];                               //恢复剩余整数和
    }
}
void subs(int a[],int t) {                      //求解子集和问题
    this.a=a;
    n=a.length;
    this.t=t;
    int x[]=new int[n];                         //解向量
    int rs=0;                                   //表示所有整数和
```

```
    for(int j=0;j<n;j++)                      //求 rs
        rs+=a[j];
    int m=0;
    bestm=n;                                   //最多选择 n 个元素
    dfs(0,rs,x,m,0);                          //i 从 0 开始
    System.out.printf("最优解\n");            //输出结果
    System.out.printf(" 选取的整数: ");
    for(int j=0;j<n;j++) {
        if(bestx[j]==1)
            System.out.printf("%d ",a[j]);
    }
    System.out.printf(" 共选取%d个整数\n",bestm);
}
```

若 int a[]={4,2,3,1,5},int t=9,调用 subs(a,t)的执行结果如下：

```
最优解
   选取的整数: 4 5 共选取 2 个整数
```

3. **解**：与求 a 的幂集类似，相当于求出 a 的所有子集，在满足题目的解中恰好选择 m 个元素。对应的算法如下：

```
int n;
int x[];                                       //解向量
int k;                                         //累计选择的元素个数
int sum;                                       //累计组合个数
void dfs(int a[],int m,int i) {                //回溯算法
    if(i>=n) {                                 //到达一个叶子结点
        if(k==m) {                             //找到一个解
            System.out.printf(" (%d): ",++sum);
            for(int j=0;j<n;j++) {
                if(x[j]==1)
                System.out.printf("%d ",a[j]);
            }
            System.out.println();
        }
    }
    else {                                     //没有到达叶子结点
        x[i]=1; k++;
        dfs(a,m,i+1);                          //选择 a[i]
        k--;                                   //回溯
        x[i]=0;
        dfs(a,m,i+1);                          //不选择 a[i]
    }
}
void solve(int a[],int m) {                    //求 a 中 m 个元素的组合
    this.n=a.length;
    x=new int[n];                              //指定 x 的长度为 n
    sum=0;
```

```
        k=0;
        dfs(a,m,0);
    }
```

4. **解**：用解向量 $x=(x_0,x_1,\cdots,x_{m-1})$ 表示 m 个整数的排列，每个 x_i 是 $1\sim n$ 中的一个整数，并且所有 x_i 不相同，i 从 0 开始搜索，当 $i\geqslant m$ 时到达一个叶子结点，输出一个解，即一个排列。为了避免元素重复，设计 used 数组，其中 used$[j]=0$ 表示没有选择整数 j，used$[j]=1$ 表示已经选择整数 i。对应的算法如下：

```
int n,m;
int x[];                              //解向量 x[0..m-1]存放一个排列
boolean used[];
int sum;                              //累计解个数
void dfs(int i) {                     //回溯算法
    if(i>=m) {
        System.out.printf(" (%d): ",++sum);
        for(int j=0;j<m;j++)          //输出一个排列
            System.out.printf("%d ",x[j]);
        System.out.println();
    }
    else {
        for(int j=1;j<=n;j++) {
            if(!used[j]) {
                used[j]=true;         //修改 used[i]
                x[i]=j;               //x[i]选择 j
                dfs(i+1);             //继续搜索排列的下一个元素
                used[j]=false;        //回溯:恢复 used[j]
            }
        }
    }
}
void solve(int n,int m) {             //求解算法
    this.n=n;
    this.m=m;
    x=new int[n];
    used=new boolean[n+1];
    dfs(0);
}
```

5. **解**：place(i,j) 算法用于测试第 i 行第 j 列是否可以放置第 i 个皇后，时间复杂度为 $O(i)$，调用次数越多性能越差。现在设计一个 used 数组，used$[j]=0$ 表示列号 j 没有被占用，used$[j]=0$ 表示列号 j 已经被占用，在试探第 i 个皇后的列号 x_i 时仅对 used$[j]=0$ 的列号 j 调用 place(i,j)，这样大大减少了调用 place(i,j) 的次数。对应的算法如下：

```
int n;
int q[];                              //存放各皇后所在的列号
boolean used[];
int sum=0;                            //累计解个数
void disp() {                         //输出一个解
```

```
        System.out.printf("  第%d 个解:",++sum);
        for(int i=1;i<=n;i++)
            System.out.printf("(%d,%d) ",i,q[i]);
        System.out.println();
    }
    boolean place(int i,int j) {              //测试(i,j)位置能否摆放皇后
        if(i==1) return true;                 //第一个皇后总是可以放置
        int k=1;
        while(k<i) {                          //k=1~(i-1)是已放置了皇后的行
            if(Math.abs(q[k]-j)==Math.abs(i-k))  //不必检测同列的情况
                return false;
            k++;
        }
        return true;
    }
    int cnt=0;                                //表示调用place()的次数
    void queen31(int i) {                     //回溯算法
        if(i>n)
            disp();                           //所有皇后放置结束时输出一个解
        else {
            for(int j=1;j<=n;j++) {           //在第 i 行上试探每一个列 j
                if(used[j]) continue;         //跳过前面已经放置皇后的列号
                cnt++;
                if(place(i,j)) {              //在第 i 行上找到一个合适的位置(i,j)
                    q[i]=j;
                    used[j]=true;             //列号 j 已经放置皇后
                    queen31(i+1);
                    used[j]=false;            //回溯
                }
            }
        }
    }
    int queen3(int n) {                       //递归求解 n 皇后问题
        this.n=n;
        q=new int[n+1];
        used=new boolean[n+1];
        queen31(1);
        return cnt;
    }
```

　　例如，$n=4$ 时上述算法共调用 place(i,j) 算法 32 次，如果不改进则调用 60 次，$n=6$ 时调用次数从 894 次降低为 356 次。

　　6. **解**：用 q 数组表示 n 皇后问题的一个解中所有皇后的列号，显然 q 一定是 $1\sim n$ 的某个排列，所以可以采用基于排列树的回溯框架设计。对应的算法如下：

```
int n;                                        //皇后的个数
int q[];                                      //存放各皇后所在的列号,为全局变量
int cnt=0;                                    //累计解个数
void disp() {                                 //输出一个解
```

```
            System.out.printf("  第%d 个解:",++cnt);
            for(int i=1;i<=n;i++)
                System.out.printf("(%d,%d) ",i,q[i]);
            System.out.println();
    }
    boolean place(int i,int j) {                    //测试(i,j)位置能否摆放皇后
            if(i==1) return true;                    //第一个皇后总是可以放置
            int k=1;
            while(k<i) {                             //k=1~(i-1)是已放置了皇后的行
                if((q[k]==j) || (Math.abs(q[k]-j)==Math.abs(i-k)))
                    return false;
                k++;
            }
            return true;
    }
    void swap(int i,int j) {                        //交换 q[i]和 q[j]
            int tmp=q[i];
            q[i]=q[j]; q[j]=tmp;
    }
    void queen41(int i) {                           //回溯算法
        if(i>n)
            disp();                                 //所有皇后放置结束
        else {
            for(int j=i;j<=n;j++) {                 //在第 i 行上试探每一个列 j
                swap(i,j);                          //第 i 个皇后放置在 q[j]列
                if(place(i,q[i]))                   //剪支操作
                    queen41(i+1);
                swap(i,j);                          //回溯
            }
        }
    }
    void queen4(int n) {                            //求解 n 皇后问题
        this.n=n;
        q=new int[n+1];
        for(int i=1;i<=n;i++)                       //初始化 q 为 1-n
            q[i]=i;
        queen41(1);
    }
```

7. **解**：这里将二叉树 b 看成解空间，所谓结点 p 的扩展就是搜索它的左、右孩子结点。解向量 x 存放根结点到一个叶子结点的路径（由于路径的长度可能不同，所以不同解的解向量的长度可能不同）。从根结点出发搜索到叶子结点，每次遇到一个叶子结点就输出 x。对应的算法如下：

```
ArrayList<Integer>x=new ArrayList<>();            //解向量
int sum;                                          //累计解个数
void dfs(TreeNode b) {                            //回溯算法
    if(b.left==null && b.right==null) {           //到达一个叶子结点
```

```
              System.out.printf(" (%d): ",++sum);
              for(int j=0;j<x.size();j++)
                  System.out.printf("%d ",x.get(j));
              System.out.println();
        }
        else {                                    //没有到达叶子结点
            if(b.left!=null) {                    //结点 b 有左孩子
                x.add(b.left.val);                //在 x 末尾添加 b 的左孩子结点值
                dfs(b.left);
                x.remove(x.size()-1);             //回溯
            }
            if(b.right!=null) {                   //结点 b 有右孩子
                x.add(b.right.val);               //在 x 末尾添加 b 的右孩子结点值
                dfs(b.right);
                x.remove(x.size()-1);             //回溯
            }
        }
    }
    void allpath(TreeNode b) {                    //求解算法
        if(b==null) return;
        x.add(b.val);                             //向 x 中添加根结点
        dfs(b);
    }
```

8. **解**：与第 7 题的解题思路类似，这里是求最短路径（最优解），增加 sum 表示当前路径 x 的路径和，bestx 和 bestsum 用于存放最优解，分别是最优路径与最优路径和。在找到一个解时通过对路径长度的比较求最短路径。对应的算法如下：

```
final int INF=0x3f3f3f3f;
ArrayList<Integer>x=new ArrayList<>();            //解向量
int sum;                                          //路径和
ArrayList<Integer>bestx;                          //最优解向量
int bestsum=INF;                                  //最短路径和
void dfs(TreeNode b) {                            //回溯算法
    if(b.left==null && b.right==null) {           //到达一个叶子结点
        if(sum<bestsum) {                         //比较求更优解
            bestsum=sum;
            bestx=new ArrayList<>(x);
        }
    }
    else {                                        //没有到达叶子结点
        if(b.left!=null) {                        //结点 b 有左孩子
            x.add(b.left.val);                    //在 x 末尾添加 b 的左孩子结点值
            sum+=b.left.val;
            dfs(b.left);
            sum-=b.left.val;
            x.remove(x.size()-1);                 //回溯
        }
        if(b.right!=null){                        //结点 b 有右孩子
```

```
            x.add(b.right.val);              //在 x 末尾添加 b 的右孩子结点值
            sum+=b.right.val;
            dfs(b.right);
            sum-=b.right.val;
            x.remove(x.size()-1);            //回溯
        }
    }
}
void minpath(TreeNode b) {                    //求解算法
    if(b==null) return;
    x.add(b.val);
    sum=b.val;
    dfs(b);
    System.out.printf("  最短路径: ");
    for(int j=0;j<bestx.size();j++)
        System.out.printf("%d ",bestx.get(j));
    System.out.printf("路径和=%d\n",bestsum);
}
```

9. **解**：与第 7 题的解题思路类似，这里解向量 **x** 表示叶子结点的编码（初始为空），从根结点开始，走左分支时添加 0，走右分支时添加 1。在到达一个叶子结点时输出 **x**。对应的算法如下：

```
ArrayList< Integer>x=new ArrayList<>();       //解向量
void dfs(TreeNode b) {                         //回溯算法
    if(b.left==null && b.right==null) {        //到达一个叶子结点
        System.out.printf("  %d 的编码: ",b.val);
        for(int j=0;j<x.size();j++)
            System.out.printf("%d ",x.get(j));
        System.out.println();
    }
    else {                                     //没有到达叶子结点
        if(b.left!=null) {                     //结点 b 有左孩子
            x.add(0);                          //在 x 末尾添加 0
            dfs(b.left);
            x.remove(x.size()-1);              //回溯
        }
        if(b.right!=null) {                    //结点 b 有右孩子
            x.add(1);                          //在 x 末尾添加 1
            dfs(b.right);
            x.remove(x.size()-1);              //回溯
        }
    }
}
void leafcode(TreeNode b) {                    //求解算法
    if(b==null) return;
    dfs(b);
}
```

10. **解**：将从图中顶点 u 出发的全部搜索看成解空间,所谓顶点 u 的扩展就是搜索它的相邻尚未访问的顶点。用 flag 变量表示 u 到 v 是否有路径(看成解向量,初始设置为 false),解空间中的起始点 u 对应根结点,叶子结点对应顶点 v。从顶点 u 出发搜索,为了避免在一条路径中重复访问顶点,设置 visited 数组(初始时将所有元素置为 0),visited$[j]=0$ 表示顶点 j 未访问,visited$[j]=1$ 表示顶点 j 已访问。由于是从根结点开始搜索其相邻顶点的,所以必须先置 visited$[u]=1$,当访问到顶点 v 时说明 u 到 v 有路径,置 flag 为 true,一旦 flag 为 true 便终止后面的结点扩展。采用深度优先搜索的回溯算法如下:

```
int n;
int A[][];                                    //邻接矩阵
int visited[];                                //访问标记数组
boolean flag;                                 //表示 u 到 v 是否有路径
void dfs(int u, int v) {                       //回溯算法
    if(u==v)                                   //到达顶点 v
        flag=true;
    else if(!flag) {                           //没有到达顶点 v 且 flag 为假
        for(int j=0;j<n;j++) {
            if(A[u][j]==1 && visited[j]==0) {  //顶点 u 到 j 有边并且 j 没有访问过
                visited[j]=1;
                dfs(j,v);
                visited[j]=0;                  //回溯
            }
        }
    }
}
boolean haspath(int A[][],int n,int u,int v) { //求解算法
    this.A=A;
    this.n=n;
    flag=false;
    visited=new int[n];
    visited[u]=1;                              //标记起始点 u 已访问
    dfs(u,v);
    return flag;
}
```

11. **解**：与第 10 题的解题思路类似,这里是求顶点 u 到顶点 v 的所有路径,在解空间中从根结点(对应起始点 u)开始搜索,在扩展时每访问一个顶点将其添加到 x 的末尾,当访问到叶子结点(对应顶点 v)时输出对应的路径 x。对应的算法如下:

```
int n;
int A[][];                                    //邻接矩阵
ArrayList<Integer>x;                          //解向量(路径)
int sum=0;                                    //路径数
int visited[];
void dfs(int u, int v) {                       //回溯算法
    if(u==v){                                  //到达顶点 v
        System.out.printf("  (%d): ",++sum);
        for(int j=0;j<x.size();j++)
            System.out.printf("%d ",x.get(j));
```

```
        System.out.println();
    }
    else {                                    //没有到达顶点 v
        for(int j=0;j<n;j++) {
            if(A[u][j]==1 && visited[j]==0) { //顶点 u 到 j 有边并且 j 没有访问过
                x.add(j);
                visited[j]=1;
                dfs(j,v);
                visited[j]=0;                 //回溯
                x.remove(x.size()-1);
            }
        }
    }
}
void allpath(int A[][],int n,int u,int v) {   //求解算法
    this.A=A;
    this.n=n;
    visited=new int[n];
    x=new ArrayList<>();
    x.add(u);                                 //将起始点 u 添加到路径中
    visited[u]=1;                             //标记起始点 u 已访问
    dfs(u,v);
}
```

12. **解**：与第 10 题的解题思路类似，这里是求最短路径（最优解），增加 len 表示当前路径 x 的路径长度，bestx 和 bestlen 用于存放最优解，分别是最优路径与最优路径长度。在找到一个解时通过对路径长度的比较求最短路径。对应的算法如下：

```
final int INF=0x3f3f3f3f;
int n;
int A[][];                                    //邻接矩阵
ArrayList<Integer>x;                          //解向量
int len=0;                                    //路径长度
ArrayList<Integer>bestx;                      //最优解向量
int bestlen=INF;                              //最优路径长度
int visited[];
void dfs(int u,int v) {                        //回溯算法
    if(u==v) {                                //到达顶点 v
        if(len<bestlen) {                      //通过比较找更短路径
            bestlen=len;
            bestx=new ArrayList<>(x);
        }
    }
    else {                                    //没有到达顶点 v
        for(int j=0;j<n;j++) {
            if(A[u][j]!=0 && A[u][j]!=INF) {   //u 到 j 有边
                if(visited[j]==0) {            //j 没有访问过
                    x.add(j);
                    visited[j]=1;
```

```
                    len+=A[u][j];
                    dfs(j,v);
                    len-=A[u][j];                    //回溯
                    visited[j]=0;
                    x.remove(x.size()-1);
                }
            }
        }
    }
}
void minpath(int A[][],int n,int u,int v){    //求解算法
    this.A=A;
    this.n=n;
    x=new ArrayList<>();
    x.add(u);                                  //将起始点添加到路径中
    visited=new int[n];
    visited[u]=1;                              //标记起始点已访问
    len=0;                                     //路径长度初始化为0
    dfs(u,v);
    System.out.printf("   最短路径: ");
    for(int j=0;j<bestx.size();j++)
        System.out.printf("%d ",bestx.get(j));
    System.out.printf(" 长度=%d\n",bestlen);
}
```

13. **解**：迷宫问题也是一个解空间为子集树的问题,实际上每个方块四周的4个方位选一,入口对应根结点,出口对应叶子结点。这里需要求所有解(迷宫路径),同时求一个最优解(最短长度的路径),用解向量 *x* 表示迷宫路径,len 表示其长度,bestx 表示最短路径,bestlen 表示最短路径长度。为了避免重复设计 visited 二维数组,visited$[i][j]=0$ 表示 $[i,j]$方块没有访问过,visited$[i][j]=1$ 表示 $[i,j]$方块已经访问过。从根结点(即入口 s)出发搜索,先置入口 s 的 visited 为1,当访问到出口 t 时输出 x 构成一条迷宫路径,同时比较路径长度确定最短路径。对应的回溯算法如下：

```
class Box {                                    //方块类
    int x;
    int y;
    public Box(int x1,int y1) {                //构造函数
        x=x1; y=y1;
    }
}
class Solution {
    final int INF=0x3f3f3f3f;
    int m,n;
    int A[][];                                 //迷宫数组(m行n列)
    int dx[]={0,0,1,-1};                       //水平方向偏移量
    int dy[]={1,-1,0,0};                       //垂直方向偏移量
    int visited[][];
```

```
ArrayList<Box>x;                                         //解向量
int len;                                                 //解向量表示的路径长度
ArrayList<Box>bestx;                                     //最优解向量
int bestlen=INF;                                         //最优解向量表示的路径长度
int sum;                                                 //表示路径数
void disp() {                                            //输出一条迷宫路径
    System.out.printf("    路径%d: ",++sum);
    for(int j=0;j<x.size();j++)
        System.out.printf("[%d,%d] ",x.get(j).x,x.get(j).y);
    System.out.printf(" 长度=%d\n",len);
}
void dfs(Box s,Box t) {                                  //回溯算法
    if(s.x==t.x && s.y==t.y) {
        disp();
        if(len<bestlen) {
            bestlen=len;
            bestx=new ArrayList<>(x);
        }
    }
    else {
        for(int di=0;di<4;di++) {                        //试探四周的每个方位 di
            int nx=s.x+dx[di];                           //相邻方块为(nx,ny)
            int ny=s.y+dy[di];
            if(nx<0 || nx>=m || ny<0 || ny>=n)
                continue;                                //跳过超界的方块
            if(A[nx][ny]==1)
                continue;                                //跳过障碍物
            if(visited[nx][ny]==1)
                continue;                                //跳过已经访问的方块
            visited[nx][ny]=1;                           //访问(nx,ny)
            len++;
            Box b=new Box(nx,ny);
            x.add(b);                                    //将(nx,ny)添加到路径中
            dfs(b,t);
            x.remove(x.size()-1);                        //回溯
            len--;
            visited[nx][ny]=0;
        }
    }
}
void mgallpath(int A[][],int m,int n,Box s,Box t) {      //求解算法
    this.A=A;
    this.m=m; this.n=n;
    visited=new int[m][n];
    x=new ArrayList<>();
    x.add(s);                                            //将入口 s 添加到路径中
    visited[s.x][s.y]=1;                                 //标记入口 s 已访问
    len=0;
    System.out.printf("求解结果\n");                       //输出结果
    System.out.printf("    从[%d,%d]到[%d,%d]的全部路径\n",s.x,s.y,t.x,t.y);
    dfs(s,t);
    System.out.printf("一条最短路径: ");
    for(int j=0;j<bestx.size();j++)
```

```
        System.out.printf("[%d,%d] ",bestx.get(j).x,bestx.get(j).y);
        System.out.printf(" 长度=%d\n",bestlen);
    }
}
```

上述算法用于求如图5.7所示的迷宫中从入口(0,0)到出口(3,3)的所有迷宫路径,程序的执行结果如图5.8所示。

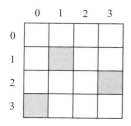

图5.7　一个迷宫

图5.8　程序的执行结果

14. **解**：相关原理见《教程》中5.4.4节货郎担问题的基于排列树的回溯算法,这里求哈密顿回路更加简单。用0/1邻接矩阵 A 存放无向图,设计当前解向量 $x=(x_0,x_1,\cdots,x_{n-1})$,每个 x_i 表示图中一个顶点,实际上每个 x 表示一条路径,初始时将 x_0 置为起点 s,$x_1\sim x_{n-1}$ 为其他 $n-1$ 个顶点的编号,d 表示当前路径的长度,当到达一个叶子结点 $(i\geqslant n)$ 时,如果 $A[x[n-1]][s]=1$ 说明 $x[n-1]$ 到 s 有边,$x\bigcup\{s\}$ 就是一条从 s 出发到达 s 的哈密顿回路,输出 x 即可。对应的算法如下：

```
int n;                                      //图中顶点个数
int A[][];                                  //邻接矩阵
int cnt=0;                                  //路径条数的累计
ArrayList<Integer>x;                        //解向量
void disp(int s) {                          //输出一个解
    System.out.printf(" 第%d 条回路: ",++cnt);
    for(int j=0;j<x.size();j++)
        System.out.printf("%d->",x.get(j));
    System.out.printf("%d\n",s);            //在末尾加上起点 s
}
void dfs(int s,int i){                      //回溯法算法
    if(i>=n) {                              //到达一个叶子结点
        if(A[x.get(n-1)][s]==1)             //若 x[n-1]到 s 有边
            disp(s);
    }
    else {                                  //没有到达叶子结点
        for(int j=i;j<n;j++) {              //试探 x[i]走到 x[j]的分支
            if(A[x.get(i-1)][x.get(j)]==1){ //若 x[i-1]到 x[j]有边
                Collections.swap(x,i,j);    //交换 x[i]与 x[j]
                dfs(s,i+1);
                Collections.swap(x,i,j);    //交换 x[i]与 x[j]
            }
        }
    }
```

```
        }
    }
    void Hamiltonian(int A[][],int n,int s) {          //求起始点为 s 的哈密顿回路
        this.A=A;
        this.n=n;
        x=new ArrayList<>();
        x.add(s);
        for(int i=0;i<n;i++) {                          //将非 s 的顶点添加到 x 中
            if(i!=s)
                x.add(i);
        }
        System.out.printf("求解结果\n");
        System.out.printf("   从顶点%d 出发的哈密顿回路:\n",s);
        dfs(s,1);                                       //从 x[1]顶点开始扩展
    }
```

上述算法用于求如图 5.9 所示的无向图中 s=1 的所有哈密顿回路,程序的执行结果如图 5.10 所示。

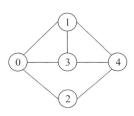

图 5.9   一个无向图

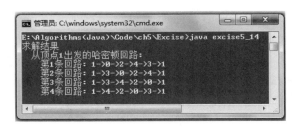

图 5.10   程序的执行结果

15. **解**:k 个机器的编号为 $0 \sim (k-1)$,用 mt 数组表示当前每个机器上分配任务的总时间,其中最大值就是该分配方案的总时间。与《教程》中 5.3.10 节的任务分配问题类似,采用基于子集树框架的回溯算法,对于每个任务 i 试探分配给每个机器 j,当 $i \geqslant n$ 时到达一个叶子结点,比较当前方案的总时间 curt,求出最小值 ans 即可。对应的算法如下:

```
class Solution {
    final int INF=0x3f3f3f3f;
    int n;                                  //任务数
    int k;                                  //机器数
    int t[];                                //存放任务时间
    int mt[];                               //存放各个机器的运行时间
    int ans=INF;                            //存放最优解
    void dfs(int i,int curt) {              //回溯算法
        if(i>=n){                           //到达一个叶子结点
            if(curt<ans)
                ans=curt;                   //ans 取最小总时间
        }
        else {
            for(int j=0;j<k;j++) {          //试探 k 个机器
```

```
                 if(t[i]+mt[j]<=ans){                    //剪支
                     mt[j]=mt[j]+t[i];                    //把任务 i 放入机器 j 执行
                     dfs(i+1,Math.max(curt,mt[j]));
                     mt[j]=mt[j]-t[i];                    //回溯
                 }
             }
         }
    }
    void solve(int n,int k,int t[]) {                     //求解算法
        this.n=n;
        this.k=k;
        this.t=t;
        mt=new int[k];
        dfs(0,0);
        System.out.printf("最优时间=%d\n",ans);
    }
}
```

5.4 在线编程题及其参考答案

5.4.1 LeetCode785——判断二分图★★

问题描述：给定一个含 n($1 \leqslant n \leqslant 100$)个顶点的无向图,顶点编号为 $0 \sim n-1$,图中没有自环和平行边,采用邻接表 graph 表示,graph[u]($0 \leqslant$ graph[u].length $< n$,$0 \leqslant$ graph[u][i] $\leqslant$ $n-1$)表示图中与结点 u 相连的所有顶点。设计一个算法判断是否为二分图。所谓二分图就是能将图顶点集分割成两个独立的子集 A 和 B,并使图中的每一条边的两个顶点一个来自 A 集合,一个来自 B 集合。例如,graph $=$ {{1,3},{0,2},{1,3},{0,2}},该无向图如图 5.11(a)所示,可以将结点分成两组,即{0,2}和{1,3},结果为 true。若 graph $=$ {{1,2,3},{0,2},{0,1,3},{0,2}},该无向图如图 5.11(b)所示,不能将结点分割成两个独立的子集,结果为 false。

(a) 无向图 A (b) 无向图 B

图 5.11 两个无向图

要求设计如下方法:

```
public boolean isBipartite(int[][] graph) { }
```

问题求解：采用着色的思路，假设顶点的颜色只有两种，即颜色 0 和 1，如果全部的顶点均能够着色并且任意相邻点的颜色不同，则为二分图。设置 color 数组（初始时所有元素为 −1），color[i]＝−1 表示顶点 i 没有着色，color[i]＝0 表示顶点 i 已经着色为颜色 0，color[i]＝1 表示顶点 i 已经着色为颜色 1。由于无向图可能是非连通图，对每个未着色的顶点，从该顶点开始遍历着色，每个相邻点都着色为当前顶点的相反颜色，如果当前顶点和相邻点颜色相同，则着色失败。

设计深度优先遍历算法 dfs(graph,i,c)，对于初始未着色的顶点 i，将其着色为颜色 0，从其开始进行深度优先遍历，同时需要记忆它的颜色 c（c 只有 0 和 1 两种取值）。对应的程序如下：

```
class Solution {
    int color[];                              //表示顶点的颜色
    public boolean isBipartite(int[][] graph) {    //求解算法
        int n=graph.length;                  //顶点的个数
        color=new int[n];
        Arrays.fill(color,-1);               //-1 表示顶点没有着色
        for(int i=0;i<n;i++) {               //可能是非连通图,需要遍历每一个连通分量
            if(color[i]==-1) {
                if(!dfs(graph,i,0))
                    return false;
            }
        }
        return true;
    }
    boolean dfs(int graph[][],int i,int c) {    //深度优先遍历算法
        color[i]=c;                          //顶点 i 着色为颜色 c
        for(int k=0;k<graph[i].length;k++) {
            int j=graph[i][k];               //取顶点 i 的相邻点 j
            if(color[j]==-1) {               //若相邻点 j 没有着色
                boolean flag=dfs(graph,j,1-c);
                if(!flag)
                    return false;
            }
            else if(color[j]==c)             //如果与相邻点颜色相同则返回 false
                return false;
        }
        return true;
    }
}
```

上述程序提交时通过，执行用时为 0ms，内存消耗为 41.9MB。

5.4.2　LeetCode216——组合总和 III★★

问题描述：找出所有相加之和为 n 的 k 个数的组合，组合中只允许含有 1～9 的正整数，并且每种组合中不存在重复的数字。例如，$k＝3$，$n＝7$ 的结果是 $\{1,2,4\}$，而 $k＝3$，$n＝9$ 的结果是 $\{1,2,6\}$、$\{1,3,5\}$ 和 $\{2,3,4\}$。要求设计如下方法：

```
public List<List<Integer>>combinationSum3(int k, int n) { }
```

解法 1：与《教程》中 5.3.2 节的 LeetCode78 类似，所有可以选择的元素固定为 $1 \sim 9$，设解向量 $\boldsymbol{x} = (x_1, x_2, \cdots, x_9)$，$x_i = 1$ 表示选择 i，$x_i = 0$ 表示不选择 i，问题的解满足所有选择的元素和为 n 并且元素个数为 k。解空间中根结点的层次 i 为 1，叶子结点是满足 $i \geqslant 10$ 的结点。这里直接用 x 存放被选择的元素。对应的程序如下：

```
class Solution {
    List<List<Integer>>ans=new ArrayList<>();
    ArrayList<Integer>x=new ArrayList<>();
    public List<List<Integer>>combinationSum3(int k,int n) {
        dfs(n,k,0,1);                            //累计元素和 cs 为 0,i 从 1 开始
        return ans;
    }
    void dfs(int n,int k,int cs,int i) {         //回溯算法
        if(i>=10) {
            if(cs==n && x.size()==k)
                ans.add(new ArrayList<>(x));
        }
        else {
            x.add(i);                            //选取整数 i
            dfs(n,k,cs+i,i+1);
            x.remove(x.size()-1);                //回溯
            dfs(n,k,cs,i+1);                     //不选取整数 i
        }
    }
}
```

上述程序提交时通过，执行用时为 0ms，内存消耗为 36MB。考虑剪支操作，对于第 i 层的每个结点(此时尚未处理整数 i)，已经选择了 $x.size()$ 个元素，剩余的可以选择的整数是 $i \sim 9$，共 $10 - i$ 个整数，如果这些整数全部选择加上已经选择的整数的个数小于 k，则不可能找到满足要求的组合，同时由于所有整数都是正数，当选择的元素和 $cs > n$ 时也被剪支，所以当 $x.size() + 10 - i < k \; || \; cs > n$ 时不做扩展。对应的程序如下：

```
class Solution {
    List<List<Integer>>ans=new ArrayList<>();          //存放结果
    ArrayList<Integer>x=new ArrayList<>();             //解向量
    public List<List<Integer>>combinationSum3(int k,int n) {
        dfs(n,k,0,1);                            //累计元素和 cs 为 0,i 从 1 开始
        return ans;
    }
    void dfs(int n,int k,int cs,int i) {         //回溯算法
        if(x.size()+10-i<k || cs>n)             //剪支
            return;
        if(i>=10) {
            if(cs==n && x.size()==k)
                ans.add(new ArrayList<>(x));
```

```
        }
        else {
            x.add(i);                //选取整数 i
            dfs(n,k,cs+i,i+1);
            x.remove(x.size()-1);    //回溯
            dfs(n,k,cs,i+1);         //不选取整数 i
        }
    }
}
```

上述程序提交时通过,执行用时为 0ms,内存消耗为 36.3MB。

解法 2：前面的算法基于二选一的子集树框架,也可以采用九选一。设解向量 $x = (x_1, x_2, \cdots, x_k)$, x_i 表示选择的元素($1 \leqslant x_i \leqslant 9$),同样直接用 x 存放被选择的元素,用 start 表示当前考虑的元素,start=1 对应根结点(对应层次 $i = 1$)。对于第 i 层的结点(考虑 start 元素), x_i 可以选择 $j = $ start ~ 9 的任意整数,一旦选择了元素 j,为了避免重复,其子结点应该从 $j + 1$ 开始选择。显然叶子结点是满足 $i > k$ 的结点,但这里没有直接使用 i,所以用 x.size()$= k$ 标识叶子结点。对应的程序如下：

```
class Solution {
    List<List<Integer>>ans=new ArrayList<>();              //存放结果
    LinkedList<Integer>x=new LinkedList<>();  //用 LinkedList 实现(支持 push、pop)
    int cs=0;                                               //选择的整数和
    public List<List<Integer>>combinationSum3(int k, int n) {
        dfs(n, k, 1);                          //start 从 1 开始
        return ans;
    }
    public void dfs(int n, int k, int start) {   //回溯算法
        if(x.size()+10-start<k || cs>n)          //剪支
            return;
        if(x.size()==k) {             //注意叶子结点的判断不同于前面的算法
            if(cs==n)                            //得到一个解
                ans.add(new LinkedList<>(x));
        }
        else {
            for(int j=start;j<=9;j++) {          //可能的取值 j 为 start~9
                x.push(j);
                cs+=j;
                dfs(n,k,j+1);
                cs-=x.pop();
            }
        }
    }
}
```

上述程序提交时通过,执行用时为 0ms,内存消耗为 35.9MB。

5.4.3　LeetCode77——组合 ★★

问题描述：给定两个整数 n 和 $k(1 \leqslant n \leqslant 20, 1 \leqslant k \leqslant n)$，返回 $1 \sim n$ 中所有可能的 k 个数的组合。可以按任何顺序返回答案。例如，$n=4, k=2$，结果为 $\{\{2,4\}, \{3,4\}, \{2,3\}, \{1,2\}, \{1,3\}, \{1,4\}\}$。要求设计如下方法：

```
public List<List<Integer>>combine(int n, int k) { }
```

问题求解：与《教程》中 5.3.2 节的 LeetCode78 类似，只是这里的元素固定为 $1 \sim n$，并且结果子集中仅包含长度为 k 的子集。对应的程序如下：

```
class Solution {
    List<List<Integer>>ans=new ArrayList<>();        //存放所有组合
    List<Integer>x;                                   //存放一个组合
    public List<List<Integer>>combine(int n, int k) {
        x=new ArrayList<Integer>();
        dfs(n,k,1);                                   //i从1开始
        return ans;
    }
    void dfs(int n,int k,int i) {                      //回溯算法
        if(i>=n+1) {                                   //到达一个叶子结点
            if(x.size()==k)                            //得到一个满足要求的解
                ans.add(new ArrayList<>(x));
        }
        else {
            x.add(i);                                  //选择i,x中添加i
            dfs(n,k,i+1);
            x.remove(x.size()-1);                      //回溯
            dfs(n,k,i+1);                              //不选择i,x中不添加i
        }
    }
}
```

上述程序提交时通过，执行用时为 17ms，内存消耗为 39.7MB。考虑剪支操作，对于第 i 层的每个结点(此时尚未处理整数 i)，已经选择了 $x.size()$ 个元素，剩余的可以选择的整数是 $i \sim n$，共 $n-i+1$ 个整数，如果这些整数全部选择加上已经选择的整数的个数小于 k，则不可能找到满足要求的组合，所以当 $x.size()+n-i+1 < k$ 时不做扩展。对应的程序如下：

```
class Solution {
    List<List<Integer>>ans=new ArrayList<>();        //存放所有组合
    List<Integer>x;                                   //存放一个组合
    public List<List<Integer>>combine(int n, int k) {
        x=new ArrayList<Integer>();
        dfs(n,k,1);                                   //i从1开始
        return ans;
    }
```

```
    void dfs(int n,int k,int i) {          //回溯算法
        if(x.size()+n-i+1<k)               //剪支
            return;
        if(i>=n+1) {                       //到达一个叶子结点
            if(x.size()==k)                //得到一个满足要求的解
                ans.add(new ArrayList<>(x));
        }
        else {
            x.add(i);                      //选择 i,x 中添加 i
            dfs(n,k,i+1);
            x.remove(x.size()-1);          //回溯
            dfs(n,k,i+1);                  //不选择 i,x 中不添加 i
        }
    }
}
```

上述程序提交时通过,执行用时为 2ms,内存消耗为 39.8MB。

5.4.4　LeetCode40——组合总和 II★★

问题描述：给定一个数组 a 和一个目标数 t（$1 \leqslant a.length \leqslant 100, 1 \leqslant a[i] \leqslant 50, 1 \leqslant t \leqslant 30$），找出 a 中所有可以使数字和为 t 的组合。a 中的每个数字在每个组合中只能使用一次,解集不能包含重复的组合。例如,$a[] = \{10,1,2,7,6,1,5\}$,$t=8$,结果解集为 $\{\{1,1,6\},\{1,2,5\},\{1,7\},\{2,6\}\}$。要求设计如下方法：

```
public List<List<Integer>>combinationSum2(int a[], int t) {}
```

问题求解：由于 a 中元素可能重复,但解集中不能包含重复元素,为此先对 a 排序,再采用同层去重,用 LeetCode216 的解法 2 的思路。对应的程序如下：

```
class Solution {
    List<List<Integer>>ans=new ArrayList<>();
    LinkedList<Integer>x=new LinkedList<>();
    int cs=0;                              //选择的整数和
    public List<List<Integer>>combinationSum2(int a[], int t) {
        Arrays.sort(a);                    //排序以便去重
        dfs(a,t,0);                        //start 从 0 开始
        return ans;
    }
    public void dfs(int a[],int t,int start) {   //回溯算法
        if(cs==t)
            ans.add(new LinkedList<>(x));
        else {
            for(int j=start;j<a.length;j++) {
                if(a[j]+cs>t)              //剪支
                    continue;
                if(j>start && a[j]==a[j-1])  //跳过重复的元素
```

```
                    continue;
                cs+=a[j];
                x.push(a[j]);
                dfs(a,t,j+1);          //每个元素在每个组合中只能用一次,所以 j+1
                cs-=x.pop();           //回溯
            }
        }
    }
}
```

上述程序提交时通过,执行用时为 2ms,内存消耗为 38.8MB。

5.4.5 LeetCode39——组合总和★★

问题描述:给定一个无重复元素的数组 a 和一个目标数 t($1 \leqslant a.length \leqslant 30, 1 \leqslant a[i] \leqslant 200, 1 \leqslant t \leqslant 500$),找出 a 中所有可以使数字和为 t 的组合。a 中的数字可以被无限制重复选取,其中所有数字(包括 t)都是正整数。例如,$a = \{2,3,6,7\}, t = 7$ 的结果为 $\{\{7\},\{2,2,3\}\}$,而 $a = \{2,3,5\}, t = 8$ 的结果为 $\{\{2,2,2,2\},\{2,3,3\},\{3,5\}\}$。要求设计如下方法:

```
public List<List<Integer>>combinationSum(int[] candidates, int target) { }
```

解法 1:采用 LeetCode216 的解法 1 的思路。不同点是这里 a 中每个元素可以重复选取多次,同样用解向量 x 存放选取的所有整数,用 i 从 0 开始遍历 a,增加一个剩余数的参数 rt(rt 为 t 与当前选取的整数和的差,初始值为 t)。当搜索第 i 层的一个结点时,求出 cnt$=$rt$/a[i]$(表示最多可以选取 cnt 个 $a[i]$),这样 $a[i]$ 的选取分为 cnt$+$1 种情况,即不选取 $a[i]$、选取一个 $a[i]$、选取两个 $a[i]$、……、选取 cnt 个 $a[i]$,如图 5.12 所示。当 $i \geqslant n$(对应解空间一个叶子结点)并且 rt$=$0 时对应一个解 x,将 x 添加到 ans 中。

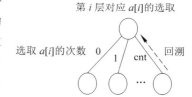

图 5.12 $a[i]$元素是 cnt$+$1 种情况选一

另外也可以将满足 rt$=$0 的结点作为一个解,剪去 $i \geqslant n$ 或者 rt$<$0 的分支,或者说仅扩展满足 $i<n$ 并且 rt$>$0 的结点。对应的程序如下:

```
class Solution {
    List<List<Integer>>ans=new ArrayList<>();
    List<Integer>x=new ArrayList<>();
    public List<List<Integer>>combinationSum(int[] a,int t) {
        dfs(a,t,0);
        return ans;
    }
    void dfs(int a[],int rt,int i) {          //回溯算法
        if(rt==0)                             //到达一个叶子结点
            ans.add(new ArrayList<>(x));
        else if(i<a.length && rt>0) {
```

```
            dfs(a,rt,i+1);                      //不选择 a[i]
            int cnt=0;
            for(int j=1;a[i]*j<=rt;j++) {       //枚举 a[i]可以选取的次数
                cnt++;
                x.add(a[i]);                     //包含 a[i]选取 1,2,…,cnt 次
                dfs(a,rt-a[i]*j,i+1);
            }
            for(int j=0;j<cnt;j++)
                x.remove(x.size()-1);            //回溯:从末尾删除 cnt 次
        }
    }
}
```

上述程序提交时通过,执行用时为 3ms,内存消耗为 38.4MB。

解法 2:采用 LeetCode216 的解法 2 的思路。对于考虑 start 的结点(start＝0 对应根结点),此时可以选择 $a[start..n-1]$ 中的任何元素,一旦选择了其中的元素 $a[j]$($start \leqslant j \leqslant n-1$),由于同一个元素可以多次选择,所以其子结点应该从 j(而不是 $j+1$)开始选择。用 cs 累计选择的元素和,显然叶子结点是满足 $cs=t$ 的结点。对应的程序如下:

```
class Solution {
    List<List<Integer>>ans=new ArrayList<>();
    LinkedList<Integer>x=new LinkedList<>();
    int cs=0;                                    //选择的整数和
    public List<List<Integer>>combinationSum(int a[], int t) {
        dfs(a,t,0);                              //start 从 0 开始
        return ans;
    }
    public void dfs(int a[],int t,int start) {   //回溯算法
        if(start>=a.length || cs>t) return;      //剪支
        if(cs==t)
            ans.add(new LinkedList<>(x));
        else {
            for(int j=start;j<a.length;j++) {
                cs+=a[j];
                x.push(a[j]);
                dfs(a,t,j);                      //j 不加 1 表示当前可以重复选择 a[j]
                cs-=x.pop();                      //回溯
            }
        }
    }
}
```

上述程序提交时通过,执行用时为 4ms,内存消耗为 39.1MB。

5.4.6　LeetCode79——单词的搜索★★

问题描述:给定一个 $m \times n$($1 \leqslant m,n \leqslant 6$)的二维字符网格 board 和一个字符串单词 word($1 \leqslant$ word.length$\leqslant 15$)。如果 word 存在于网格中,返回 true,否则返回 false。单词必

须按照字母顺序,通过相邻的单元格内的字母构成,其中相邻单元格是那些水平相邻或垂直相邻的单元格,同一个单元格内的字母不允许被重复使用。例如,board = {{ " A ", "B", "C", "E"},{"S","F","C","S"},{"A","D","E","E"}},word = "ABCCED",结果为 true,查找结果如图 5.13 所示。要求设计如下方法:

A	B	C	E
S	F	C	S
A	D	E	E

图 5.13　单词的查找结果

```
public boolean exist(char[][] board, String word) { }
```

问题求解:采用回溯法,从 board 中每个与 word[0] 字符相同的位置[r,c]及其 $i=1$ (i 遍历 word)开始搜索,设置 visited[][] 数组为访问标记数组。若 $i>=$word.length(),表示 word 的全部字符均匹配,返回 true,否则 di 从 0 到 3 共 4 个方位进行扩展,若相邻位置 [nr,nc]有效且未访问过,当 board[nr][nc]=word[i]时从对应的子结点[nr,nc]继续搜索下去,如果它返回 true,说明该路径是匹配路径,则返回 true,否则回溯到[r,c]继续扩展其他子结点。如果[r,c]的所有子结点的路径搜索结果均返回 false,则从[r,c]出发的路径搜索结果返回 false。对应的程序如下:

```
class Solution {
    int dr[]={0,0,1,-1};                    //按行方向的偏移量
    int dc[]={1,-1,0,0};                    //按列方向的偏移量
    int visited[][];                        //访问标记数组
    public boolean exist(char[][] board, String word) {
        int m=board.length;
        int n=board[0].length;
        visited=new int[m][n];
        for(int r=0;r<m;r++) {
            for(int c=0;c<n;c++) {
                if(board[r][c]==word.charAt(0)) {
                    visited[r][c]=1;
                    if(dfs(board,m,n,word,r,c,1))
                        return true;
                    visited[r][c]=0;
                }
            }
        }
        return false;
    }
    boolean dfs(char[][] board,int m,int n,String word,int r,int c,int i) {
        if(i>=word.length())
            return true;
        else {
            for(int di=0;di<4;di++) {
```

```
            int nr=r+dr[di];                    //求 di 方位的相邻位置[nr,nc]
            int nc=c+dc[di];
            if(nr<0 || nr>=m || nc<0 || nc>=n || visited[nr][nc]==1)
                continue;                        //跳过无效或者已经访问的[nr,nc]
            if(board[nr][nc]==word.charAt(i)) {
                visited[nr][nc]=1;
                boolean find=dfs(board,m,n,word,nr,nc,i+1);
                if(find) return true;            //找到后返回 true
                visited[nr][nc]=0;
            }
        }
        return false;                            //从[r,c]出发的该路径没有找到返回 false
    }
}
```

上述程序提交时通过，执行用时为 117ms，内存消耗为 36.6MB。

5.4.7　LeetCode17——电话号码的字母组合★★

问题描述：给定一个仅包含数字 2~9 的字符串 digits($0 \leqslant$ digits.length$\leqslant 4$，digits$[i]$为 '2'~'9'的数字字符），返回所有它能表示的字母组合，答案可以按任意顺序返回。给出数字到字母的映射关系如图 5.14 所示，注意 1 不对应任何字母。例如，digits＝"23"，结果为 {"ad","ae","af","bd","be","bf","cd","ce","cf"}。要求设计如下方法：

```
public List<String>letterCombinations(String digits) { }
```

问题求解：用字符串数组 numsmap 存放数字到字母的映射关系，由于数字 0 和 1 不对应任何字母，为了方便，将 numsmap[0] 和 numsmap[1] 置为空字符串。

长度为 n 的数字字符串 digits 对应的每个字母组合的长度也是 n，每个字母组合为一个解，设解向量 $x = (x_0, x_1, \cdots, x_{n-1})$，$x_i$ 的所有可能的取值为 numsmap$[i]$中的字符，所以该问题的解空间是典型的子集树。x 采用 String 表示，将其作为方法的参数（非引用参数）具有自动

图 5.14　数字到字母的映射关系

回退功能。每次找到一个解时将 x 通过 substring 返回一个新的 String 并添加到 ans 中，最后返回 ans。对应的程序如下：

```
class Solution {
    List<String>ans=new ArrayList<>();                              //存放结果
    String[] numsmap={"","","abc","def","ghi","jkl","mno","pqrs","tuv","wxyz"};
    public List<String>letterCombinations(String digits) {
        if(digits==null || digits.length()==0)
            return ans;
        String x="";                                                //解向量
```

```
        dfs(digits,x,0);
        return ans;
    }
    void dfs(String digits,String x,int i) {           //回溯算法
        if(i>=digits.length())
            ans.add(x.substring(0,x.length()));
        else {
            String letters=numsmap[digits.charAt(i)-'0'];   //获取映射字母
            for(int j=0;j<letters.length();j++) {
                dfs(digits,x+letters.charAt(j),i+1);
            }
        }
    }
}
```

上述程序提交时通过,执行用时为 5ms,内存消耗为 38.7MB。如果将解向量 **x** 设计为类变量,由于 x 需要回溯,为此采用 StringBuilder 表示 x(用 append 添加元素,用 deleteCharAt 删除元素),每次找到一个解时将 x 转换为 String 后添加到 ans 中,最后返回 ans。对应的程序如下:

```
class Solution {
    List<String>ans=new ArrayList<>();                  //存放结果
    StringBuilder x=new StringBuilder();                //解向量
    String[] numsmap={"","","abc","def","ghi","jkl","mno","pqrs","tuv","wxyz"};
    public List<String>letterCombinations(String digits) {
        if(digits==null || digits.length()==0)
            return ans;
        dfs(digits,0);
        return ans;
    }
    void dfs(String digits,int i) {                     //回溯算法
        if(i>=digits.length())
            ans.add(x.toString());
        else {
            String letters=numsmap[digits.charAt(i)-'0'];  //获取序号 i 的映射字母表
            for(int j=0;j<letters.length();j++) {
                x.append(letters.charAt(j));
                dfs(digits,i+1);
                x.deleteCharAt(x.length()-1);               //回溯
            }
        }
    }
}
```

上述程序提交时通过,执行用时为 0ms,内存消耗为 37.1MB。

5.4.8　LeetCode131——分割回文串★★

问题描述：给定一个字符串 s（长度范围是 $1\sim16$，均由小写英文字母组成），将 s 分割成一些子串，使每个子串都是回文串，返回 s 所有可能的分割方案。回文串是正着读和反着读都一样的字符串。例如，$s=$ "aab"，结果是 $\{\{$"a"，"a"，"b"$\}$，$\{$"aa"，"b"$\}\}$。要求设计如下方法：

```
public List<List<String>>partition(String s) { }
```

问题求解：用 ans 存放所有分割方案。i 从 0 开始，找到 $s[i..j]$ 的每一个回文的终止位置 j，所以该问题类似子集和问题，假设有 k 个这样的 j，扩展就是从 k 个情况中选取一个，再从 $j+1$ 位置开始继续搜索。解向量 x 存放一个分割方案，当 $i\geqslant n$ 时表示找到了 s 的一个解，将 x 添加到 ans 中，最后返回 ans。对应的程序如下：

```
class Solution {
    List<List<String>>ans=new ArrayList<>();          //存放结果
    ArrayList<String>x=new ArrayList<>();              //解向量
    public List<List<String>>partition(String s) {
        dfs(s,0);
        return ans;
    }
    void dfs(String s,int i) {                         //回溯算法
        if(i>=s.length())                              //找到一个解
            ans.add(new ArrayList<>(x));
        else {
            for(int j=i;j<s.length();j++) {            //试探从 i 开始的每一个位置 j
                String s1=s.substring(i,j+1);          //求出 s[i..j]的子串 s1
                if(isPalindrome(s1)){                  //若 s1 是回文
                    x.add(s1);
                    dfs(s,j+1);
                    x.remove(x.size()-1);              //回溯
                }
            }
        }
    }
    boolean isPalindrome(String s) {
        int i=0;
        int j=s.length()-1;
        while(i<j) {
            if(s.charAt(i)! =s.charAt(j))
                return false;
            i++; j--;
        }
        return true;
    }
}
```

上述程序提交时通过，执行用时为 7ms，内存消耗为 51.9MB。

5.4.9 LeetCode93——复原 IP 地址★★

问题描述：给定一个只包含数字的字符串 s（$0 \leq s.length \leq 3000$，$s$ 仅由数字组成），用于表示一个 IP 地址，返回所有可能从 s 获得的有效 IP 地址，可以按任何顺序返回答案。有效 IP 地址正好由 4 个整数组成（每个整数位于 $0 \sim 255$，且不能含有前导零），整数之间用'.'分隔，如"0.1.2.201"和"192.168.1.1"是有效 IP 地址，但是"0.011.255.245"、"192.168.1.312"和"192.168@1.1"是无效 IP 地址。例如，$s=$"010010"，结果为{"0.10.0.10","0.100.1.0"}。要求设计如下方法：

```
public List<String> restoreIpAddresses(String s) { }
```

问题求解：假设 s 中含 n 个数字符，用数组 x 存放一个 IP 地址的 4 个整数，用 i 遍历 s（初始 $i=0$ 对应解空间中的根结点），用 cnt 累计找到的有效整数的个数。对于解空间第 i 层的结点，考虑 $s[i]$ 的决策，剩余的字符个数为 $n-i$，若 $n-i>(4-cnt)*3$，说明剩余的数字个数太多了；若 $n-i<4-cnt$，说明剩余的数字个数太少了。若 cnt$=4$ 且 $i=n$，说明找到一个解 x，将 x 转换为 IP 字符串 tmp 添加到结果 ans 中。

其他情况时，若遇到 $s[i]=$'0'，由于 IP 中的各个整数不能有前导零，那么这段 IP 地址只能为 0；否则扩展 $s[i..i+2]$ 的每个位置 j 作为分割点，求出对应的整数 d，若 d 有效则作为 IP 地址的一段，从 $j+1$ 开始继续向下搜索，若 d 无效则返回。对应的程序如下：

```
class Solution {
    List<String> ans =new ArrayList<String>();    //存放结果
    int x[]=new int[4];                            //解向量
    public List<String> restoreIpAddresses(String s) {
        dfs(s,0,0);
        return ans;
    }
    public void dfs(String s, int cnt, int i) {    //回溯算法
        if(s.length()-i>(4-cnt)*3)                 //剪支:剩余的数字个数太多时返回
            return;
        if(s.length()-i<(4-cnt))                   //剪支:剩余的数字个数太少时返回
            return;
        if(cnt==4 && i==s.length()) {              //找到一个解 x
            String tmp="";                         //将 x 转换为 IP 字符串 tmp
            for(int j=0;j<4;j++) {
                tmp+=String.valueOf(x[j]);
                if(j!=3)   tmp+='.';
            }
            ans.add(tmp);
        }
        else {
            if(s.charAt(i)=='0') {                 //若当前为'0'
                x[cnt]=0;                          //由于不能有前导零,那么这段 IP 地址只能为 0
                dfs(s,cnt+1,i+1);
            }
            int d=0;
            for(int j=i;j<Math.min(i+3,s.length());j++) {
                d=d*10+(s.charAt(j)-'0');
```

```
            if(d>0 && d<=255) {              //有效 d
                x[cnt]=d;
                dfs(s,cnt+1,j+1);            //j 为分割点,从 j+1 开始继续
            }
            else return;                     //d 无效时回溯
        }
    }
  }
}
```

上述程序提交时通过,执行用时为 1ms,内存消耗为 38.6MB。

5.4.10　LeetCode46——全排列★★

问题描述：给定一个不含重复数字的数组 nums($1 \leqslant$ nums. length $\leqslant 6$, $-10 \leqslant$ nums$\{i\} \leqslant 10$, nums 中的所有整数互不相同),返回其所有可能的全排列,可以按任意顺序返回答案。例如,nums$=\{1,2,3\}$,结果为$\{\{1,2,3\},\{1,3,2\},\{2,1,3\},\{2,3,1\},\{3,1,2\},\{3,2,1\}\}$。要求设计如下方法:

```
public List<List<Integer>>permute(int[] nums) { }
```

说明：《教程》中的例 5-2 采用基于排列树框架求解,这里要求采用基于子集树框架求解,同样得到正确的结果。

问题求解：设解向量 $x=(x_0,x_1,\cdots,x_{n-1})$ 表示一个排列,x_i 可以取 nums$[0..n-1]$中任意一个尚未使用的元素,用 used 数组标记元素是否已经使用。对应的程序如下:

```
class Solution {
    List<List<Integer>>ans=new ArrayList<>();        //存放结果
    boolean used[];                                   //标记元素使用数组
    ArrayList<Integer>x=new ArrayList<>();            //解向量
    public List<List<Integer>>permute(int[] nums) {
        used=new boolean[nums.length];
        Arrays.fill(used,false);
        dfs(nums,0);
        return ans;
    }
    public void dfs(int nums[],int i) {               //回溯算法
        if(i==nums.length)                            //找到一个解 x
            ans.add(new ArrayList(x));                //将 x 添加到 ans 中
        else {
            for(int j=0;j<nums.length;j++) {
                if(used[j]) continue;                 //跳过已访问的元素
                x.add(nums[j]);                       //选择 nums[j]
                used[j]=true;
                dfs(nums,i+1);
                x.remove(x.size()-1);                 //回溯
                used[j]=false;
```

```
            }
          }
        }
      }
```

上述程序提交时通过,执行用时为 0ms,内存消耗为 38.8MB。

5.4.11　LeetCode51——n 皇后★★★

问题描述:n 皇后问题研究的是如何将 n 个皇后放置在 $n\times n$ 的棋盘上,并且使皇后彼此之间不能相互攻击。给定一个整数 $n(1\leqslant n\leqslant 9)$,返回所有不同的 n 皇后问题的解决方案。每一种解法包含一个不同的 n 皇后问题的棋子放置方案,该方案中 'Q'和'.'分别代表皇后和空位。例如,$n=4$ 有两个解,结果为[[".Q..","...Q","Q...","..Q."],["..Q.","Q...","...Q",".Q.."]]。要求设计如下方法:

```
public List<List<String>>solveNQueens(int n) { }
```

问题求解:用二维字符数组 chess 表示棋盘,初始时将所有字符元素设置为'.',从 $i=0$ 开始放置皇后,找到皇后 i 在第 i 行的合适列号 j,置 chess$[i][j]$='Q',继续向下放置其他皇后,回溯时置 chess$[i][j]$='.'。当 $i=n$ 时 chess 对应一个解,将其转换为 n 行字符串添加到 x 中,再将 x 添加到 ans 中,最后返回 ans 即可。对应的程序如下:

```
class Solution {
    List<List<String>>ans=new ArrayList<>();    //存放结果
    char chess[][];                             //表示棋盘
    public List<List<String>>solveNQueens(int n) {
        chess=new char[n][n];                   //棋盘分配空间
        for(int i=0;i<n;i++)                     //初始化棋盘
            Arrays.fill(chess[i],'.');
        dfs(0);                                 //从皇后 0 开始
        return ans;
    }
    void dfs(int i) {                           //回溯算法
        if(i==chess.length) {                   //到达一个叶子结点
            List<String>x=new ArrayList<>();    //一个解 x
            for(int k=0;k<chess.length;k++)     //把数组 chess 转换为 n 个字符串
                x.add(new String(chess[k]));    //将每个字符串添加到 x 中
            ans.add(x);
        }
        else {
            for(int j=0;j<chess.length;j++) {   //试探第 i 行的所有列
                if(place(i,j)) {
                    chess[i][j]='Q';
                    dfs(i+1);
                    chess[i][j]='.';            //回溯
                }
            }
        }
    }
```

```
boolean place(int i,int j) {          //判断(i,j)能否放置皇后 i
    for(int k=0;k<i;k++) {
        if(chess[k][j]=='Q')          //存在列冲突返回 false
            return false;
    }
    for(int r=i-1,c=j+1;r>=0 && c<chess.length;r--,c++) {
        if(chess[r][c]=='Q')          //存在右上-左下对角线冲突返回 false
            return false;
    }
    for(int r=i-1,c=j-1;r>=0 && c>=0;r--,c--) {
        if(chess[r][c]=='Q')          //存在左上-右下对角线冲突返回 false
            return false;
    }
    return true;
    }
}
```

上述程序提交时通过，执行用时为 2ms，内存消耗为 38.5MB。

5.4.12 LeetCode22——括号的生成 ★★

问题描述：设计一个算法生成 n 对括号的所有可能并且有效的括号组合。

问题求解：用 x 表示当前解向量，从空串开始最多添加 $2n$ 个括号，$x[i]$ 要么选择'('，要么选择')'，用 left 累计'('的个数，用 right 累计')'的个数。对于解空间中的某个结点，左分支对应选择'('，右分支对应选择')'，叶子结点是满足条件 $x.length()==n*2$ 的结点，若叶子结点同时满足 left$==n$ && right$==n$，则 x 是一个有效括号串，将其添加到 ans 中。采用的剪支操作是终止满足 right$>$left$||$left$>n||$right$>n$ 条件的结点继续扩展。对应的回溯法程序如下：

```
class Solution {
    List<String>ans=new ArrayList<>();                //存放全部结果串
    StringBuffer x=new StringBuffer();                //存放一个有效括号串
    public List<String>generateParenthesis(int n) {
        if(n==1)
            ans.add("()");
        else
            dfs(n,0,0);
        return ans;
    }
    public void dfs(int n, int left,int right) {       //回溯算法
        if(right>left || left>n || right>n)            //剪支
            return;
        if(x.length()==n*2 && left==n && right==n) {
            ans.add(new String(x));                    //找到一个有效括号串,添加到 ans 中
        }
```

```
    else {
        x.append('(');                      //选择'('
        dfs(n,left+1,right);
        x.deleteCharAt(x.length()-1);       //回溯
        x.append(')');                      //选择')'
        dfs(n, left, right +1);
        x.deleteCharAt(x.length()-1);       //回溯
    }
  }
}
```

上述程序提交时通过,执行用时为 1ms,内存消耗为 38.4MB。

5.4.13　LeetCode638——大礼包★★★

问题描述：在 LeetCode 商店中有 $n(1\leqslant n\leqslant 6)$ 件在售的物品,物品的价格用 price 数组表示$(0\leqslant \text{price}[i]\leqslant 10)$,给定一个整数数组 needs 表示购物清单,其中 $\text{needs}[i](0\leqslant \text{needs}[i]\leqslant 10)$ 是需要购买的第 i 件物品的数量。另外有一些大礼包,每个大礼包以优惠的价格捆绑销售一组物品,用二维数组 special$(1\leqslant \text{special.length}\leqslant 100)$ 表示,其中 special$[i]$ 的长度为 $n+1$,special$[i][j](0\leqslant \text{special}[i][j]\leqslant 50)$ 表示第 i 个大礼包中内含第 j 件物品的数量,且 special$[i][n]$(special$[i]$ 数组中的最后一个整数)为第 i 个大礼包的价格。求满足购物清单所需花费的最低价格,可以充分利用大礼包的优惠活动,但不能购买超出购物清单指定数量的物品,即使那样会降低整体价格,每个大礼包可无限次购买。例如,$n=2$,price$=\{2,5\}$,special$=\{\{3,0,5\},\{1,2,10\}\}$,needs$=\{3,2\}$,最优购物方案是花 10 元购买一个大礼包 2,获得 1A 和 2B,另外花 4 元购买 2A,这样恰好购买到 3A 和 2B,最优花费为 14。要求设计如下方法：

```
public int shoppingOffers(List< Integer>price,List< List< Integer>>special,List
<Integer>needs) {}
```

解法 1：设计一个一维数组 $x[0..n]$ 表示一个解,$x[0..n-1]$ 中的 $x[i]$ 表示购买物品 i 的个数,$x[n]$ 表示总价格。由于每个大礼包可以重复使用,类似完全背包问题,采用《教程》中 5.3.8 节的回溯法。用 (i,x) 表示状态,每个大礼包 i 对应 3 种选择：

(1) 不选择大礼包 i。

(2) 选择大礼包 i,下一步继续考虑选择大礼包 i。

(3) 选择大礼包 i,下一步考虑选择大礼包 $i+1$。

i 从 0 开始,当到达一个叶子结点(满足 $i\geqslant$ special.size())时对应一个可行解,将 x 与 needs 比较,将剩余的所有物品直接单买,得到该可行解的总价格 curp,在所有可行解的 curp 中取最小值得到 ans,ans 即为所求。对应的程序如下：

```
class Solution {
    int ans=Integer.MAX_VALUE;
    int n;                              //物品数
    List< Integer>price;
    List< Integer>needs;
```

```java
        List<List<Integer>>special;
    public int shoppingOffers(List<Integer>price,List<List<Integer>>special,
List<Integer>needs) {
        this.price=price;
        this.needs=needs;
        this.n=price.size();
        this.special=special;
        int[] x=new int[n+1];
        dfs(x,0);                               //从大礼包 0 开始
        return ans;
    }
    void dfs(int[] x,int i) {                   //回溯算法
        if(i>=special.size()) {
            int curp=x[n];                      //求当前一个解的价格
            for(int j=0;j<n;j++) {
                int rj=needs.get(j)-x[j];
                if(rj>0) curp+=(rj*price.get(j));   //剩余的未购物品不使用任何大礼包
            }
            ans=Math.min(curp,ans);
        }
        else {
            dfs(x,i+1);                         //不选择大礼包 i
            if(valid(special.get(i),x)) {       //剪支:跳过无效的大礼包 i
                add(special.get(i),x);          //选择大礼包 i,后面继续选择大礼包 i
                dfs(x,i);                       //选择大礼包 i,后面继续选择大礼包 i
                cut(special.get(i),x);          //回溯
                add(special.get(i),x);          //选择大礼包 i,后面选择大礼包 i+1
                dfs(x,i+1);
                cut(special.get(i),x);          //回溯
            }
        }
    }
    boolean valid(List<Integer>list,int[] x) {  //判断有效性
        for(int j=0;j<n;j++) {
            if(x[j]+list.get(j)>needs.get(j))   //物品 j 超过需要的个数
                return false;                   //返回 false
        }
        return true;
    }
    void add(List<Integer>list,int[] x) {       //选择大礼包 list
        for(int j=0;j<=n;j++){
            x[j]+=list.get(j);
        }
    }
    void cut(List<Integer>list, int[] x) {      //用于回溯
        for(int j=0;j<=n;j++)
            x[j]-=list.get(j);
    }
}
```

上述程序提交时通过,执行用时为 6ms,内存消耗为 37.7MB。

解法 2：仍然采用回溯法，改为用（curp，needs）表示状态，其中 needs 表示剩余的需要购买的物品，每使用一次大礼包，needs 相应地递减，curp 表示当前已经购买物品的总价格。用 ans 表示最优总价格（初始为∞），对于当前状态（curp，needs）：

（1）如果 curp≥ans，终止该路径，返回。

（2）如果 needs 中有负数，表示无效状态，返回。

（3）将 needs 中的剩余物品直接单买得到相应总价格 all，取 ans＝min（all，ans）。

（4）如果 all＝curp，说明 needs 中的所有元素为 0，对应一个叶子结点，得到一个可行解 ans，返回。

（5）考虑使用每一个大礼包并回溯。

由于每个状态都采用上述操作，所以一个大礼包可能多次使用。对应的程序如下：

```java
class Solution {
    int ans=Integer.MAX_VALUE;
    int n;                                        //物品数
    List<Integer>price;
    List<List<Integer>>special;
    public int shoppingOffers(List<Integer>price,List<List<Integer>>special,
List<Integer>needs) {
        this.price=price;
        this.n=price.size();
        this.special=special;
        dfs(0,needs);
        return ans;
    }
    void dfs(int curp,List<Integer>needs) {       //回溯算法,curp 为当前的总价格
        if(curp>=ans) return;                     //剪支
        int all=curp;
        for(int i=0;i<n;i++) {                     //对 needs 只考虑直接单买
            if(needs.get(i)<0) return;            //有的物品超额购买,直接返回,不考虑此方案
            if(needs.get(i)>0) all+=needs.get(i) * price.get(i);
        }
        ans=Math.min(ans,all);
        if(all==curp) return;                     //needs 均为 0,构成一种方案,返回
        for(int i=0;i<special.size();i++){        //考虑第 i 种大礼包的购买
            for(int j=0;j<n;j++)
                needs.set(j,needs.get(j)-special.get(i).get(j));
            curp+=special.get(i).get(n);
            dfs(curp,needs);
            for(int j=0;j<n;j++)                   //回溯
                needs.set(j,needs.get(j)+special.get(i).get(j));
            curp-=special.get(i).get(n);
        }
    }
}
```

上述程序提交时通过，执行用时为 8ms，内存消耗为 37.7MB。

思考题：如果改为每个大礼包最多使用一次，如何设计相应的程序？

第6章

第 **6** 章

朝最优解方向前进
——分支限界法

6.1 单项选择题及其参考答案 ✳

6.1.1 单项选择题

1. 分支限界法在解空间中按_____策略从根结点出发搜索。

    A. 广度优先   B. 活结点优先   C. 扩展结点优先   D. 深度优先

2. 广度优先是_____的一种搜索方式。

    A. 分支限界法   B. 动态规划法   C. 贪心法   D. 回溯法

3. 常见的两种分支限界法是_____。

    A. 广度优先分支限界法与深度优先分支限界法

    B. 队列式分支限界法与栈式分支限界法

    C. 排列树和子集树

    D. 队列式分支限界法与优先队列式分支限界法

4. 在分支限界法中,根据从活结点表中选择下一个扩展结点的方式不同可以有几种常用类型,以下_____描述最为准确。

    A. 采用队列的队列式分支限界法

    B. 采用小根堆的优先队列式分支限界法

    C. 采用大根堆的优先队列式分支限界法

    D. 以上都常用,针对具体问题选择其中某种合适的方式

5. 普通的广度优先搜索使用的数据结构是_____。

    A. 小根堆   B. 大根堆   C. 栈   D. 队列

6. 以下关于分支限界法的说法错误的是_____。

    A. 通常算法的最坏时间复杂度为指数级

    B. 设计好的限界函数有利于快速得到问题的解

    C. 分支限界法适合求所有可行解

    D. 分支限界法和回溯法本质上都属于穷举法

7. 下列关于分支限界法的叙述中正确的是_____。

    A. 分支限界法需要使用栈数据结构

    B. 分支限界法通过优先队列实现深度优先搜索

    C. 分支限界法和回溯法在解空间中的搜索方式相同

    D. 以上都不对

8. 以下不属于分支限界法的搜索方式的是_____。

    A. 广度优先   B. 最小耗费优先   C. 最大效益优先   D. 层次优先

9. 下列关于分支限界法和回溯法的叙述中错误的是_____。

    A. 回溯法中每个活结点只有一次机会成为扩展结点

    B. 分支限界法中活结点一旦成为扩展结点,就一次性产生其所有孩子结点

    C. 回溯法采用深度优先搜索方式

D. 分支限界法采用广度优先搜索或者最大效益优先方式

10. 分支限界法和回溯法的相同点是_____。

    A. 都是一种在问题解空间中搜索问题解的方法

    B. 存储空间的要求相同

    C. 搜索方式相同

    D. 对结点的扩展方式相同

11. 用分支限界法求解 0/1 背包问题时活结点表的组织形式是_____。

    A. 小根堆   B. 大根堆   C. 栈   D. 数组

12. 用分支限界法求解旅行商问题时活结点表的组织形式是_____。

    A. 小根堆   B. 大根堆   C. 栈   D. 数组

13. 用优先队列式分支限界法求图的最短路径时活结点表的组织形式是_____。

    A. 小根堆   B. 大根堆   C. 栈   D. 数组

14. 采用最大效益优先搜索方式的算法是_____。

    A. 分支限界法   B. 动态规划法   C. 贪心法   D. 回溯法

15. 优先队列式分支限界法选取扩展结点的原则是_____。

    A. 先进先出   B. 后进先出   C. 结点的优先级   D. 随机

6.1.2　单项选择题参考答案

1. 答：分支限界法采用广度优先搜索方法在解空间中搜索问题的解。答案为 A。

2. 答：分支限界法采用广度优先搜索方法在解空间中搜索问题的解。答案为 A。

3. 答：分支限界法根据存放活结点的数据结构分为队列式分支限界法与优先队列式分支限界法。答案为 D。

4. 答：分支限界法中存放活结点的数据结构有队列和优先队列（分为小根堆和大根堆）。答案为 D。

5. 答：普通的广度优先搜索采用队列存放活结点。答案为 D。

6. 答：分支限界法主要适合求最优解。答案为 C。

7. 答：分支限界法使用队列或者优先队列，基于广度优先搜索，与回溯法的搜索方式不同。答案为 D。

8. 答：分支限界法基于广度优先搜索，并不是层次优先。答案为 D。

9. 答：回溯法中每个活结点可能有多次机会成为扩展结点，而分支限界法中每个活结点只有一次机会成为扩展结点。答案为 A。

10. 答：分支限界法和回溯法都是在解空间中搜索问题的解。答案为 A。

11. 答：0/1 背包问题求最大价值，采用大根堆。答案为 B。

12. 答：旅行商问题是求从某个顶点经过所有其他顶点一次并且回到起点的最短路径的长度，分支限界法求解采用小根堆。答案为 A。

13. 答：用优先队列式分支限界法求图的最短路径中路径长度越小越优先扩展，采用小根堆。答案为 A。

14. 答：按最大效益优先搜索方式就是采用大根堆的分支限界法，效益越大的队列元素越优先出队做扩展操作。答案为 A。

15. **答**：优先队列式分支限界法按队中元素的优先级进行扩展,优先级越大的队列元素越优先出队做扩展操作。答案为 C。

6.2 问答题及其参考答案

6.2.1 问答题

1. 简述分支限界法与回溯法的不同之处。

2. 为什么说分支限界法本质上是找一个解或者最优解。

3. 简述分层次的广度优先搜索适合什么问题的求解。

4. 求最优解时回溯法在什么情况下优于队列式分支限界法。

5. 为什么采用队列式分支限界法求解迷宫问题的最短路径长度时不做剪支设计?

6. 有一个 0/1 背包问题,$n=4$,$w=(2,4,3,2)$,$v=(6,8,3,2)$,$W=8$,给出采用队列式分支限界法求解的过程。

7. 对第 6 题的 0/1 背包问题,给出采用优先队列式分支限界法求解的过程。

8. 对如图 6.1 所示的带权有向图,给出采用优先队列式分支限界法求从起点 0 到其他所有顶点的最短路径及其长度的过程。说明该算法是如何避免最短路径上顶点重复的问题。

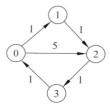

图 6.1 一个带权有向图

9.《教程》中的例 6-2 没有包含边松弛,你认为算法正确吗?如果认为正确,请予以证明;如果认为错误,请给出一个反例。

10.《教程》中的 6.4.3 节与例 6-2 都是求最短路径,而且后者没有包含边松弛,问这两个问题有什么不同。

6.2.2 问答题参考答案

1. **答**：分支限界法与回溯法的主要不同点如下。

(1) 求解目标不同：回溯法的求解目标是找出解空间树中满足约束条件的所有解,而分支限界法的求解目标是找出满足约束条件的一个解,或者在满足约束条件的解中找出某种意义下的最优解。

(2) 搜索方式不同：回溯法以深度优先的方式搜索解空间树,而分支限界法以广度优先或以最小耗费优先的方式搜索解空间树。

(3) 结点的扩展方式不同：分支限界法中每个活结点只有一次机会成为扩展结点。活结点一旦成为扩展结点,就一次性产生其所有孩子结点。回溯法中每个活结点可能有多次机会成为扩展结点。

(4) 存储空间的要求不同：通常分支限界法的存储空间比回溯法大得多,因此当内存容量有限时回溯法成功的可能性更大。

2. **答**：分支限界法采用广度优先搜索方式,无法回溯,尽管有些问题可以采用广度优先搜索方式搜索整个解空间以便找到所有解,但这不是分支限界法的特性,所以分支限界法本质上是找一个解或者最优解。

　　3. 答：分层次的广度优先搜索适合这样的问题求解，首先问题求解过程符合广度优先搜索的特性，其次每次结点扩展时代价相同。

　　4. 答：回溯法和队列式分支限界法都可以通过剪支提高性能，常用的剪支是将当前路径的限界（上界或者下界）值与已经求出的最优解进行比较，剪去不可能得到更优解的分支，回溯法采用深度优先搜索，队列式分支限界法采用广度优先搜索，如果采用深度优先搜索能够较快地找到一个解（通常如此），那么回溯法会优于队列式分支限界法。

　　5. 答：采用队列式分支限界法求解迷宫问题时，在剪支操作中将当前路径长度的下界值与已经求出的最优解进行比较，而采用广度优先搜索时，只要找到一条路径，该路径本身就是最短路径，所以剪支没有意义。

　　6. 答：物品的顺序恰好与按单位重量价值递减的顺序一致。采用分支限界法求解该问题时，bestv=0，先将根结点$\{[0,0,16],i=0\}$进队（结点用$[cw,cv,ub]$或者$[cw,cv]$表示，cw 和 cv 分别表示当前选择的物品重量和价值，ub 表示上界值，i 表示结点的层次或者物品编号）。

　　（1）出队结点$\{[0,0,16],i=0\}$，左结点$\{[2,6],i=1\}$进队；右结点$\{[0,0,12],i=1\}$进队。

　　（2）出队结点$\{[2,6,16],i=1\}$，左结点$\{[6,14],i=2\}$进队；右结点$\{[2,6,11],i=2\}$进队。

　　（3）出队结点$\{[0,0,12],i=1\}$，左结点$\{[4,8],i=2\}$进队；右结点$\{[0,0,5],i=2\}$进队。

　　（4）出队结点$\{[6,14,16],i=2\}$，左结点被剪支；右结点$\{[6,14,16],i=3\}$进队。

　　（5）出队结点$\{[2,6,11],i=2\}$，左结点$\{[5,9],i=3\}$进队；右结点$\{[2,6,8],i=3\}$进队。

　　（6）出队结点$\{[4,8,12],i=2\}$，左结点$\{[7,11],i=3\}$进队；右结点$\{[4,8,10],i=3\}$进队。

　　（7）出队结点$\{[0,0,5],i=2\}$，左结点$\{[3,3],i=3\}$进队；右结点$\{[0,0,2],i=3\}$进队。

　　（8）出队结点$\{[6,14,16],i=3\}$，左结点$\{[8,16],i=4\}$为一个解$[8,16]$，则 bestv=$\max\{0,16\}=16$；右结点被剪支。

　　（9）出队结点$\{[5,9,11],i=3\}$，左结点$\{[7,11],i=4\}$为一个解$[7,11]$，则 bestv=$\max\{16,11\}=16$；右结点被剪支。

　　（10）出队结点$\{[2,6,8],i=3\}$，左结点$\{[4,8],i=4\}$为一个解$[4,8]$，则 bestv=$\max\{16,8\}=16$；右结点被剪支。

　　（11）出队结点$\{[7,11,12],i=3\}$，左、右结点被剪支。

　　（12）出队结点$\{[4,8,10],i=3\}$，左结点$\{[6,10],i=4\}$为一个解$[6,10]$，则 bestv=$\max\{16,10\}=16$；右结点被剪支。

　　（13）出队结点$\{[3,3,5],i=3\}$，左结点$\{[5,5],i=4\}$为一个解$[5,5]$，则 bestv=$\max\{16,5\}=16$；右结点被剪支。

　　（14）出队结点$\{[0,0,2],i=3\}$，左结点$\{[2,2],i=4\}$为一个解$[2,2]$，则 bestv=$\max\{16,2\}=16$；右结点被剪支。

最大价值 bestv=16,最佳装填方案是选取第 0 个、第 1 个和第 3 个物品,总重量=8,总价值=16。

7.答:采用优先队列式分支限界法时,先将根结点{[0,0,16],$i=0$}进队。

(1)出队结点{[0,0,16],$i=0$},左结点{[2,6,16],$i=1$}进队;右结点{[0,0,12],$i=1$}进队。

(2)出队结点{[2,6,16],$i=1$},左结点{[6,14,16],$i=2$}进队;右结点{[2,6,11],$i=2$}进队。

(3)出队结点{[6,14,16],$i=2$},左结点被剪支;右结点{[6,14,16],$i=3$}进队。

(4)出队结点{[6,14,16],$i=3$},左结点{[8,16,16],$i=4$}为一个解[8,16],则 bestv=max{0,16}=16;右结点被剪支。

(5)出队结点{[0,0,12],$i=1$},左结点{[4,8,12],$i=2$}进队;右结点被剪支。

(6)出队结点{[4,8,12],$i=2$},左结点{[7,11,12],$i=3$}进队;右结点被剪支。

(7)出队结点{[7,11,12],$i=3$},左、右结点被剪支。

(8)出队结点{[2,6,11],$i=2$},左结点{[5,9,11],$i=3$}进队;右结点被剪支。

(9)出队结点{[5,9,11],$i=3$},左结点{[7,11,11],$i=4$}为一个解[7,11],则 bestv=max{16,11}=16;右结点被剪支。

最大价值 bestv=16,最佳装填方案是选取第 0 个、第 1 个和第 3 个物品,总重量=8,总价值=16。

8.答:先将结点{[0,0],$i=0$}进队(其中[vno、length]表示队中顶点为 vno、路径长度为 length 的结点,i 表示结点的层次)。

(1)出队结点{[0,0],$i=0$},考虑边<0,1>:1,修改 dist[1]=1,将结点{[1,1],$i=1$}进队;考虑边<0,2>:5,修改 dist[2]=5,将结点{[2,5],$i=1$}进队。

(2)出队结点{[1,1],$i=1$},考虑边<1,2>:1,修改 dist[2]=2,将结点{[2,2],$i=2$}进队。

(3)出队结点{[2,2],$i=2$},考虑边<2,3>:1,修改 dist[3]=3,将结点{[3,3],$i=3$}进队。

(4)出队结点{[3,3],$i=3$},考虑边<3,0>:1,没有修改。

(5)出队结点{[2,5],$i=1$},考虑边<2,3>:1,没有修改。

队空,求解结果如下:

源点 0 到顶点 1 的最短路径长度:1,路径:0→1。

源点 0 到顶点 2 的最短路径长度:2,路径:0→1→2。

源点 0 到顶点 3 的最短路径长度:3,路径:0→1→2→3。

从上看出,如果一条路径在搜索时出现重复的顶点,由于后者的 dist 值较大,通过边松弛操作将其剪支,从而避免最短路径上顶点重复的问题。

9.答:算法是正确的。因为图中边的权值为正数,采用按 length 越小越优先出队的优先队列,从顶点 s 开始搜索,如果出队结点 e 第一次满足 e.vno=t,则 e.length 一定是 s 到 t 的最短路径长度。采用反证法证明。

(1)若前面某个出队的结点 $e1$ 满足 $e1$.vno=t,则与假设 e 是第一次出现矛盾。

(2)若后面某个出队的结点 $e2$ 满足 $e2$.vno=t 并且 $e2$.length<e.length,显然这与优先

队列矛盾,因为这里的优先队列是小根堆,越后面出队的结点的 length 越长。

从上述证明看出该算法存在这样的问题,如果图中 s 到 t 没有路径并且存在回路,这样 $e.vno=t$ 永远不会成立,并且可能会因为有回路陷入死循环。

10. **答**:尽管这两个问题都是求 s 到 t 的最短路径,但路径的含义不同,《教程》例 6-2 中是常规的路径概念,由于所有边的权为正数,路径长度是累加关系,沿着一条路径走下去,路径长度只会越来越长,这样到达一个顶点 v 的路径不会出现重复的顶点,所以出队结点 e 是第一次满足 $e.vno=t$,则 $e.length$ 一定是 s 到 t 的最短路径长度。而《教程》中 6.4.3 节的路径长度是指路径上最大的边权值,如果按照例 6-2 的算法执行,可能由于出现回路陷入死循环,从而找不到正确的答案,所以必须采用边松弛操作,用 $dist[x][y]$ 记录所有到达 (x,y) 的最短路径的长度,这样搜索到 t 时其 length 才是 s 到 t 的最短路径长度。

6.3　算法设计题及其参考答案　✳

6.3.1　算法设计题

1. 一棵二叉树采用二叉链 b 存储,结点值是整数,设计一个队列式分支限界法算法求根结点到叶子结点的路径中的最短路径长度。这里的路径长度是指路径上的所有结点值之和。

2. 一棵二叉树采用二叉链 b 存储,结点值是正整数,设计一个优先队列式分支限界法算法求根结点到叶子结点的路径中的最短路径长度,这里的路径长度是指路径上的所有结点值之和。

3. 一棵二叉树采用二叉链 b 存储,设计一个分层次的广度优先搜索算法求二叉树的高度。

4. 给定一个 $m×n$ 的迷宫,每个方格值为 0 时表示空白,值为 1 时表示障碍物,在行走时最多只能走到上、下、左、右相邻的方格。

(1) 设计一个队列式分支限界法算法求从指定入口 s 到出口 t 的最短路径长度。

(2) 设计一个优先队列式分支限界法算法求从指定入口 s 到出口 t 的最短路径长度。

(3) 通过一个实例说明优先队列式分支限界法算法比队列式分支限界法算法的性能更好。

5. 给定一个含 n 个顶点(顶点编号是 $0\sim(n-1)$)的不带权连通图,采用邻接表 A 存储,图中任意两个顶点之间有一个最短路径长度(路径长度是指路径上经过的边数),设计一个算法求所有两个顶点之间最短路径长度的最大值。

6. 给定一个不带权图,采用邻接表 A 存储,S 集合表示若干个顶点,t 表示终点(t 不属于 S),设计一个算法求 S 中所有顶点到 t 的最短路径长度。

7. 给定一个带权图,采用邻接表 A 存储,所有权为正整数,S 集合表示若干个顶点,t 表示终点(t 不属于 S),设计一个算法求 S 中所有顶点到 t 的最短路径长度。

8. 给定一个不带权连通图,采用邻接表 A 存储,S 和 T 集合分别表示若干个顶点($S\cap T$ 为空),设计一个算法求 S 到 T 的最短路径长度。

9. 有一个含 n 个顶点(顶点编号为 $0 \sim (n-1)$)的带权图,采用邻接矩阵数组 A 表示,设计一个算法求从起点 s 到目标点 t 的最短路径长度,以及具有最短路径长度的路径条数。

10. 给定一个含 n 个正整数的数组 A,设计一个分支限界法算法判断其中是否存在若干个整数和(含只有一个整数的情况)为 t。

11. 给定一个含 n 个正整数的数组 A,设计一个分支限界法算法判断其中是否存在 $k(1 \leqslant k \leqslant n)$ 个整数和为 t。

12. 采用优先队列式分支限界法求解最优装载问题,有 n 个集装箱,重量分别为 w_i $(0 \leqslant i < n)$,轮船的限重为 W。设计一个算法在不考虑体积限制的情况下将重量和尽可能大的集装箱装上轮船,并且在装载重量相同时最优装载是集装箱个数最少的方案。例如,$n=5$,集装箱重量为 $w=(5,2,6,4,3)$,限重为 $W=10$,最优装载方案是选择重量分别为 6 和 4 的集装箱,集装箱个数为 2。

13. 最小机器重量设计问题Ⅰ。设某一机器由 n 个部件组成,部件编号为 $0 \sim n-1$,每一种部件都可以从 m 个供应商处购得,供应商编号为 $0 \sim m-1$。设 w_{ij} 是从供应商 j 处购得的部件 i 的重量,c_{ij} 是相应的价格。对于给定的机器部件重量和机器部件价格,设计一个算法求总价格不超过 cost 的最小重量机器设计,这里可以在同一个供应商处购得多个部件。例如,$n=3$,$m=3$,$cost=7$,$w=\{\{1,2,3\},\{3,2,1\},\{2,3,2\}\}$,$c=\{\{1,2,3\},\{5,4,2\},\{2,1,2\}\}$,求解结果是部件 0 选择供应商 0,部件 1 选择供应商 2,部件 2 选择供应商 0,总重量为 4,总价格为 5。

14. 最小机器重量设计问题Ⅱ。问题描述与最小机器重量设计问题Ⅰ类似,仅改为从同一个供应商处最多只能购得一个部件。例如,$n=3$,$m=3$,$cost=7$,$w=\{\{1,2,3\},\{3,2,1\}$,$\{2,3,2\}\}$,$c=\{\{1,2,3\},\{5,4,2\},\{2,1,2\}\}$,求解结果是部件 0 选择供应商 0,部件 1 选择供应商 2,部件 2 选择供应商 1,总重量为 5,总价格为 4。

15. 求解最大团问题。给定不带权连通图,图中任意一个完全子图(该子图中的任意两个顶点均是相连的)称为一个团,设计一个算法求其中的最大团(最大团是指图中所含顶点数最多的团)。

6.3.2 算法设计题参考答案

1. **解**:该问题的解空间中结点类型为(结点地址,该结点的路径长度)。由于二叉树中从根结点到每个结点的路径是唯一的,所以不必采用边松弛操作,只采用基本的剪支方式。对应的队列式分支限界法算法如下:

```
class QNode{                                    //队列结点类
    TreeNode p;                                 //二叉树中的结点
    int length;                                 //根到该结点的最短路径长度
}
class Solution {
    final int INF=0x3f3f3f3f;
    int bfs(TreeNode b) {                        //队列式分支限界法算法
        int bestd=INF;                           //存放最短路径长度
        QNode e,e1,e2;
        Queue<QNode>qu=new LinkedList<>();        //定义一个队列 qu
```

```
            e=new QNode();
            e.p=b;
            e.length=b.val;
            qu.offer(e);                              //根结点进队
            while(!qu.isEmpty()) {
                e=qu.poll();                          //出队结点 e
                TreeNode p=e.p;
                int length=e.length;
                if(p.left==null && p.right==null)
                    bestd=Math.min(bestd,length);
                if(p.left!=null) {
                    if(length+p.left.val<bestd) {     //左剪支
                        e1=new QNode();
                        e1.p=p.left;
                        e1.length=length+p.left.val;
                        qu.offer(e1);                 //扩展左孩子
                    }
                }
                if(p.right!=null) {
                    if(length+p.right.val<bestd) {    //右剪支
                        e2=new QNode();
                        e2.p=p.right;
                        e2.length=length+p.right.val;
                        qu.offer(e2);                 //扩展右孩子
                    }
                }
            }
            return bestd;
        }
    }
```

2. **解**：采用优先队列，按路径长度越短越优先出队，由于结点值是正整数，所以找到的第一个叶子结点就是路径长度最短的路径。对应的优先队列式分支限界法算法如下：

```
class QNode {                                         //队列结点类
    TreeNode p;                                       //二叉树中的结点
    int length;                                       //根到该结点的最短路径长度
}
class Solution {
    int bfs(TreeNode b) {                             //优先队列式分支限界法算法
        QNode e,e1,e2;
        PriorityQueue<QNode>pqu=new PriorityQueue<>(new Comparator<QNode>() {
            @Override                                 //小根堆
            public int compare(QNode o1,QNode o2) {
                return o1.length-o2.length;           //按 length 越小越优先出队
            }
        });
        e=new QNode();
        e.p=b;
        e.length=b.val;
        pqu.offer(e);                                 //根结点进队
        while(!pqu.isEmpty()) {
```

```
            e=pqu.poll();                              //出队结点 e
            TreeNode p=e.p;
            int length=e.length;
            if(p.left==null && p.right==null)
            return length;
            if(p.left!=null) {
                e1=new QNode();
                e1.p=p.left;
                e1.length=length+p.left.val;
                pqu.offer(e1);                         //扩展左孩子
            }
            if(p.right!=null) {
                e2=new QNode();
                e2.p=p.right;
                e2.length=length+p.right.val;
                pqu.offer(e2);                         //扩展右孩子
            }
        }
        return -1;
    }
}
```

3. **解**：先将根结点进队，树高度 height＝0，队不空时循环，height＋＋（只有当前队不空时该层才有结点，其层次增加 1），然后一层一层地搜索。对应的分层次的广度优先搜索算法如下：

```
int bfs(TreeNode b) {                           //分层次的广度优先搜索算法
    Queue<TreeNode>qu=new LinkedList<>();       //定义一个队列 qu
    qu.offer(b);                                //根结点进队
    int height=0;
    while(!qu.isEmpty()) {
        height++;
        int cnt=qu.size();
        for(int i=0;i<cnt;i++) {
            TreeNode p=qu.poll();               //出队结点 p
            if(p.left!=null)
                qu.offer(p.left);
            if(p.right!=null)
                qu.offer(p.right);
        }
    }
    return height;
}
```

4. **解**：（1）采用基本广度优先搜索方法（队列式分支限界法算法），队列 qu 中保存当前搜索的迷宫方块的位置和从入口到达当前位置的最短路径长度。对应的算法如下：

```java
class QNode{                                        //队列结点类
    int x,y;                                        //当前位置
    int length;                                     //从入口到当前位置的最短路径长度
}
class Solution {
    int A[][];                                      //表示 m 行 n 列的迷宫数组
    int m,n;
    int sx,sy;                                      //表示入口(sx,sy)
    int tx,ty;                                      //表示出口(tx,ty)
    int dx[]={0,0,1,-1};                            //水平方向偏移量
    int dy[]={1,-1,0,0};                            //垂直方向偏移量
    int bfs(){                                      //队列式分支限界法算法
        QNode e,e1;
        int visited[][]=new int[m][n];
        Queue<QNode>qu=new LinkedList<>();          //定义一个队列 qu
        e=new QNode();
        e.x=sx; e.y=sy;
        e.length=0;
        qu.offer(e);                                //根结点进队
        visited[e.x][e.y]=1;
        while(!qu.isEmpty()) {
            e=qu.poll();                            //出队结点 e
            if(e.x==tx && e.y==ty)                  //找到出口时返回
                return e.length;
            for(int di=0;di<4;di++) {               //扩展四周
                int nx=e.x+dx[di];
                int ny=e.y+dy[di];
                if(nx<0 || nx>=m || ny<0 || ny>=n) continue;
                if(A[nx][ny]==1) continue;
                if(visited[nx][ny]==1) continue;
                e1=new QNode();
                e1.x=nx; e1.y=ny;
                e1.length=e.length+1;
                qu.offer(e1);
                visited[e1.x][e1.y]=1;
            }
        }
        return -1;
    }
    int mg(int A[][],int m,int n,int sx,int sy,int tx,int ty) {     //求解算法
        this.A=A;
        this.m=m; this.n=n;
        this.sx=sx; this.sy=sy;
        this.tx=tx; this.ty=ty;
        return bfs();
    }
}
```

（2）采用优先队列式分支限界法求解时，优先队列 pqu 中除了保存当前搜索位置和从入口到达当前位置的最短路径长度 length 外，增加下界值 lb，它表示 length 加上从当前位

置到出口的曼哈顿距离（$[x1,y1]$到$[x2,y2]$的曼哈顿距离＝$|x1-x2|+|y1-y2|$），即从当前位置到达出口的路径长度下界。以 lb 越小越优先出队。对应的算法如下：

```
class QNode{                                    //优先队列结点类
    int x,y;                                    //当前位置
    int length;                                 //从入口到当前位置的最短路径长度
    int lb;                                     //下界值
}
class Solution {
    int A[][];
    int m,n;
    int sx,sy;
    int tx,ty;
    int dx[]={0,0,1,-1};                        //水平方向偏移量
    int dy[]={1,-1,0,0};                        //垂直方向偏移量
    int dist(int cx,int cy,int tx,int ty) {     //求曼哈顿距离
        return Math.abs(cx-tx)+Math.abs(cy-ty);
    }
    int bfs(){                                  //优先队列式分支限界法算法
        QNode e,e1;
        int visited[][]=new int[m][n];
        PriorityQueue<QNode>pqu=new PriorityQueue<>(new Comparator<QNode>() {
            @Override                           //小根堆
            public int compare(QNode o1,QNode o2) {
                return o1.lb-o2.lb;             //按 lb 越小越优先出队
            }
        });
        e=new QNode();
        e.x=sx; e.y=sy;
        e.length=0;
        e.lb=dist(sx,sy,tx,ty);
        pqu.offer(e);                           //根结点进队
        visited[e.x][e.y]=1;
        while(!pqu.isEmpty()) {
            e=pqu.poll();                       //出队结点 e
            if(e.x==tx && e.y==ty)              //找到出口时返回
                return e.length;
            for(int di=0;di<4;di++) {
                int nx=e.x+dx[di];
                int ny=e.y+dy[di];
                if(nx<0 || nx>=m || ny<0 || ny>=n) continue;
                if(A[nx][ny]==1) continue;
                if(visited[nx][ny]==1) continue;
                e1=new QNode();
                e1.x=nx; e1.y=ny;
                e1.length=e.length+1;
                e1.lb=e1.length+dist(e1.x,e1.y,tx,ty);
                pqu.offer(e1);
                visited[e1.x][e1.y]=1;
            }
```

```
        }
        return -1;
    }
    int mg(int A[][],int m,int n,int sx,int sy,int tx,int ty) {        //求解算法
        this.A=A;
        this.m=m; this.n=n;
        this.sx=sx; this.sy=sy;
        this.tx=tx; this.ty=ty;
        return bfs();
    }
}
```

（3）例如对于如图 6.2 所示的迷宫图，入口 s 为[1,1]，出口 t 为[3,0]。

采用队列式分支限界法算法求解，用[x,y,length]表示状态，执
行过程如下：

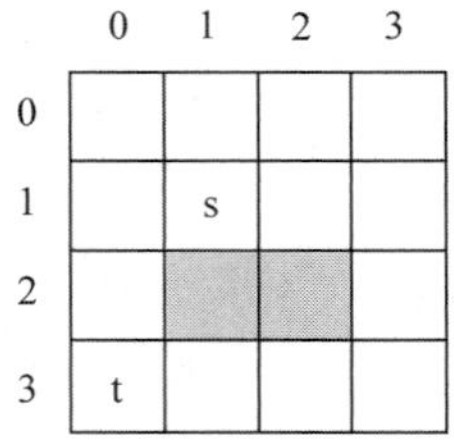

（1）[1,1,0]进队。

（2）出队[1,1,0]，扩展出[1,2,1]、[1,0,1]和[0,1,1]，均进队。

（3）出队[1,2,1]，扩展出[1,3,2]和[0,2,2]，均进队。

（4）出队[1,0,1]，扩展出[2,0,2]和[0,0,2]，均进队。

（5）出队[0,1,1]。

（6）出队[1,3,2]，扩展出[2,3,3]和[0,3,3]，均进队。

（7）出队[0,2,2]。

（8）出队[2,0,2]，扩展出[3,0,3]，进队。

（9）出队[0,0,2]。

（10）出队[2,3,3]，扩展出[3,3,4]，进队。

（11）出队[0,3,3]。

（12）出队[3,0,3]，到达出口，返回 3，求出从入口到出口的最短路径长度为 3。

图 6.2　一个迷宫图

采用优先队列式分支限界法算法求解，用[x,y,length,lb]表示状态，执行过程如下：

（1）[1,1,0,3]进队。

（2）出队[1,1,0,3]，扩展出[1,2,1,5]、[1,0,1,3]和[0,1,1,5]，均进队。

（3）出队[1,0,1,3]，扩展出[2,0,2,3]和[0,0,2,5]，均进队。

（4）出队[2,0,2,3]，扩展出[3,0,3,3]，进队。

（5）出队[3,0,3,3]，到达出口，返回 3，求出从入口到出口的最短路径长度为 3。

从上述执行过程看出，在有些情况下优先队列式分支限界法算法比队列式分支限界法
算法的性能更好。

5. **解**：先从顶点 0 出发采用分层次的广度优先搜索找到一个最短路径长度最大的顶点
t（最后出队的顶点），再从顶点 t 出发采用分层次的广度优先搜索找到最大的最短路径长
度。对应的算法如下：

```
class Solution {
    int A[][];                                   //邻接矩阵
    int t;
```

```java
    int bfs(int s) {                                    //从顶点 s 出发广度优先搜索
        int n=A.length;
        int visited[]=new int[n];
        Queue<Integer>qu=new LinkedList<>();            //定义一个队列 qu
        qu.offer(s);
        visited[s]=1;
        int bestd=0;
        while(!qu.isEmpty()) {
            int cnt=qu.size();                          //当前队列有 cnt 个顶点
            for(int i=0;i<cnt;i++) {                     //循环 cnt 次
                int u=qu.poll();                         //出队顶点 u
                t=u;                                     //记录出队的顶点
                for(int v=0;v<n;v++) {
                    if(A[u][v]!=0 && visited[v]==0) {    //u 到 v 有边且没有访问过
                        qu.offer(v);
                        visited[v]=1;
                    }
                }
            }
            bestd++;
        }
        return bestd-1;
    }
    int solve(int A[][]) {                              //求解算法
        this.A=A;
        bfs(0);
        return bfs(t);
    }
}
```

6.**解**：采用多起点分层次的广度优先搜索方法，先将 S 中的所有顶点进队，然后分层次广度优先搜索，用 bestd 表示扩展的层数，当扩展到终点 t 时返回 bestd 即可。对应的算法如下：

```java
class Solution {
    int A[][];                                         //邻接矩阵
    int S[];                                           //顶点集合
    int bfs(int t) {                                   //多起点分层次的广度优先搜索算法
        int n=A.length;
        int visited[]=new int[n];
        Queue<Integer>qu=new LinkedList<>();            //定义一个队列 qu
        for(int j=0;j<S.length;j++){                     //将 S 中的所有顶点进队
            qu.offer(S[j]);
            visited[S[j]]=1;
        }
        int bestd=0;                                    //存放 S 到 t 的最短路径长度
        while(!qu.isEmpty()) {
            bestd++;
```

```
            int cnt=qu.size();                    //当前队列有 cnt 个顶点
            for(int i=0;i<cnt;i++) {              //循环 cnt 次
                int u=qu.poll();                  //出队顶点 u
                for(int v=0;v<n;v++) {
                    if(A[u][v]!=0 && visited[v]==0) {  //u 到 v 有边且没有访问过
                        if(v==t) return bestd;    //扩展到终点时返回
                        qu.offer(v);
                        visited[v]=1;
                    }
                }
            }
        }
        return -1;                                //没有找到返回-1
    }
    int solve(int A[][],int S[],int t) {          //求解算法
        this.A=A;
        this.S=S;
        return bfs(t);
    }
}
```

7. **解**：采用多起点的优先队列式分支限界法，先将 S 中的所有顶点进队，然后按《教程》中例 6-2 的过程进行搜索，当找到终点 t 时返回对应的路径长度即可。对应的优先队列式分支限界法算法如下：

```
class Solution {
    final int INF=0x3f3f3f3f;
    int A[][];                                    //邻接矩阵
    int S[];
    int bfs(int t) {                              //求 S 到 t 的最短路径长度
        int n=A.length;
        QNode e,e1;
        PriorityQueue<QNode>pqu=new PriorityQueue<>(new Comparator<QNode>() {
            @Override                             //小根堆
            public int compare(QNode o1,QNode o2) {
                return o1.length-o2.length;       //按 length 越小越优先出队
            }
        });
        for(int j=0;j<S.length;j++) {             //将 S 中的所有顶点进队
            e=new QNode();
            e.vno=S[j];                           //建立源点结点 e
            e.length=0;
            pqu.offer(e);                         //源点结点 e 进队
        }
        while(!pqu.isEmpty()){                    //队不空时循环
            e=pqu.poll();                         //出队结点 e
            int u=e.vno;
            if(u==t) return e.length;
            for(int v=0;v<n;v++) {
```

```
                    if(A[u][v]!=0 && A[u][v]<INF) {        //u到v有边
                        e1=new QNode();
                        e1.vno=v;                          //建立相邻顶点v的结点e1
                        e1.length=e.length+A[u][v];
                        pqu.offer(e1);                     //结点e1进队
                    }
                }
            }
        return -1;
    }
    int solve(int A[][],int S[],int t) {                   //求解算法
        this.A=A;
        this.S=S;
        return bfs(t);
    }
}
```

8. **解**：采用多起点分层次的广度优先搜索方法，先将 S 中的所有顶点进队，然后分层次广度优先搜索，用 bestd 表示扩展的层数，当扩展到 T 中任意一个顶点时返回 bestd 即可。对应的算法如下：

```
class Solution {
    int A[][];                                             //邻接矩阵
    int S[];                                               //起始顶点集合
    int T[];                                               //目标顶点集合
    int bfs() {                                            //求S到T的最短路径长度
        int n=A.length;
        int visited[]=new int[n];
        boolean G[]=new boolean[n];
        for(int i=0;i<T.length;i++)
            G[T[i]]=true;                                  //置T中顶点的G值为true
        Queue<Integer>qu=new LinkedList<>();               //定义一个队列qu
        for(int i=0;i<S.length;i++) {                      //将S中的所有顶点进队
            qu.offer(S[i]);
            visited[S[i]]=1;
        }
        int bestd=0;                                       //存放S到T的最短路径长度
        while(!qu.isEmpty()) {
            bestd++;
            int cnt=qu.size();                             //当前队列有cnt个顶点
            for(int i=0;i<cnt;i++) {                       //循环cnt次
                int u=qu.poll();                           //出队顶点u
                for(int v=0;v<n;v++) {
                    if(A[u][v]!=0 && visited[v]==0) {      //u到v有边且没有访问过
                        if(G[v]) return bestd;             //扩展到终点时返回
                        qu.offer(v);
                        visited[v]=1;
                    }
                }
            }
```

```
        }
        return -1;                                      //没有找到返回-1
    }
    int solve(int A[][],int S[],int T[]) {              //求解算法
        this.A=A;
        this.S=S;
        this.T=T;
        return bfs();
    }
}
```

9. **解**：采用优先队列式分支限界法求解，从顶点 s 开始搜索，找到目标点 t 后通过比较求最短路径长度及其路径条数。对应的算法如下：

```
class QNode {                                           //优先队列结点类
    int vno;                                            //顶点编号
    int length;                                         //到达当前顶点的路径长度
}
class Solution {
    final int INF=0x3f3f3f3f;
    int A[][];                                          //邻接矩阵
    int bestd=INF;                                      //最优路径的路径长度
    int bestcnt=0;                                      //最优路径的条数
    int bfs(int s,int t) {                              //求 s 到 t 的最短路径长度
        int n=A.length;
        QNode e,e1;
        PriorityQueue<QNode>pqu=new PriorityQueue<>(new Comparator<QNode>() {
            @Override                                   //小根堆
            public int compare(QNode o1,QNode o2) {
                return o1.length-o2.length;             //按 length 越小越优先出队
            }
        });
        e=new QNode();
        e.vno=s;                                         //构造根结点
        e.length=0;
        pqu.offer(e);                                    //根结点进队
        while(!pqu.isEmpty()) {                          //队不空时循环
            e=pqu.poll();                                //出队结点 e
            if(e.vno==t){                                //e 是一个叶子结点
                if(e.length<bestd) {                     //通过比较找最优解
                    bestcnt=1;
                    bestd=e.length;                      //保存最短路径长度
                }
                else if(e.length==bestd)
                    bestcnt++;
            }
            else {                                       //e 不是叶子结点
                for(int j=0;j<n;j++) {                    //检查 e 的所有相邻顶点
                    if(A[e.vno][j]!=INF && A[e.vno][j]!=0) { //顶点 e.vno 到顶点 j 有边
```

```
            if(e.length+A[e.vno][j]<bestd) {    //剪支
                e1=new QNode();
                e1.vno=j;
                e1.length=e.length+A[e.vno][j];
                pqu.offer(e1);                   //有效子结点 e1 进队
            }
        }
    }
}
return -1;
}
void solve(int A[][],int s,int t) {              //求解算法
    this.A=A;
    bfs(s,t);
    if(bestcnt==0)
        System.out.printf("顶点%d 到%d 没有路径\n",s,t);
    else {
        System.out.printf("顶点%d 到%d 存在路径\n",s,t);
        System.out.printf("   最短路径长度=%d,条数=%d\n", bestd,bestcnt);
    }
}
}
```

10. **解**：采用队列式分支限界法求解，队列结点类型为(i,sum)，分别表示结点的层次和当前选择的元素的和。第 i 层结点的左、右两个子结点分别对应选择整数 $A[i]$ 和不选择整数 $A[i]$ 两种情况，由于 A 中的元素均为正整数，采用的左剪支操作是仅扩展选择整数 $A[i]$ 时不超过 t 的结点。对应的算法如下：

```
class QNode {                                    //队列结点类
    int i;                                       //当前结点的层次
    int sum;                                     //当前和
}
class Solution {
    boolean bfs(int A[],int t) {                 //求解算法
        int n=A.length;
        QNode e,e1,e2;
        Queue<QNode>qu=new LinkedList<>();       //定义一个队列 qu
        e=new QNode();
        e.i=0;                                   //根结点置初值,其层次计为 0
        e.sum=0;
        qu.offer(e);                             //根结点进队
        while(!qu.isEmpty()) {                   //队不空时循环
            e=qu.poll();                         //出队结点 e
            if(e.i>=n) continue;
            if(e.sum+A[e.i]<=t) {                //检查左孩子结点
                e1=new QNode();
                e1.i=e.i+1;                      //建立左孩子结点
                e1.sum=e.sum+A[e.i];
                if(e1.sum==t) return true;
```

```
                    else qu.offer(e1);
            }
            e2=new QNode();
            e2.i=e.i+1;                         //建立右孩子结点
            e2.sum=e.sum;
            if(e2.sum==t) return true;
            else qu.offer(e2);
        }
        return false;
    }
}
```

思考题：如何利用《教程》中的 5.3.5 节的子集和问题的右剪支操作进一步提高上述算法的性能？

11. **解**：与第 10 题的算法的思路相同，在队列结点中增加 cnt 表示选择的整数个数，返回 true 的条件除了 sum 为 t 外还需要 cnt 等于 k。对应的算法如下：

```
class QNode {                                    //队列结点类
    int i;                                       //当前结点的层次
    int cnt;                                     //当前选择的整数个数
    int sum;                                     //当前和
}
class Solution {
    boolean bfs(int A[],int t,int k) {           //求解算法
        int n=A.length;
        QNode e,e1,e2;
        Queue<QNode>qu=new LinkedList<>();        //定义一个队列 qu
        e=new QNode();
        e.i=0;                                    //根结点置初值，其层次计为 0
        e.cnt=0;
        e.sum=0;
        qu.offer(e);                              //根结点进队
        while(!qu.isEmpty()){                     //队不空时循环
            e=qu.poll();                          //出队结点 e
            if(e.i>=n) continue;
            if(e.sum+A[e.i]<=t) {                 //检查左孩子结点
                e1=new QNode();
                e1.i=e.i+1;                       //建立左孩子结点
                e1.cnt=e.cnt+1;
                e1.sum=e.sum+A[e.i];
                if(e1.sum==t && e1.cnt==k)
                    return true;
                else
                    qu.offer(e1);
            }
            e2=new QNode();
            e2.i=e.i+1;                           //建立右孩子结点
            e2.cnt=e.cnt;
            e2.sum=e.sum;
            if(e2.sum==t && e2.cnt==k)
```

```
                    return true;
            else
                qu.offer(e2);
        }
        return false;
    }
}
```

12. **解**：设计优先队列 pqu，由于最优解是选择的集装箱重量和尽量大且集装箱个数尽量少，为此先将 w 递减排序，队列结点类型为 (i, cw, cnt, x, rw)，分别表示结点的层次，选择的集装箱重量和个数，解向量以及剩余集装箱重量，优先队列按 cw 越大越优先出队（cw 相同时按 cnt 越小越优先出队）。第 i 层结点 e 表示对集装箱 i 做决策，选择集装箱 i 时产生子结点 $e1$，不选择集装箱 i 时产生子结点 $e2$。左剪支是仅扩展 $e1.cw <= W$ 的结点 $e1$，右剪支是仅扩展 bestw$==0$||(bestw$!=0$ && $e2.cw + e2.rw >$ bestw)的结点 $e1$（若没有求出任何解，$e2$ 直接进队，若加上剩余重量都达不到 bestw 则不进队）。对应的算法如下：

```java
class QNode        {                        //优先队列结点类
    int i;                                  //当前结点的层次
    int cw;                                 //当前结点的总重量
    int rw;                                 //剩余重量和
    int x[];                                //当前结点包含的解向量
    int cnt;                                //最少集装箱个数
}
class Solution {
    final int INF=0x3f3f3f3f;
    int n;
    Integer w[];
    int W;
    int bestw=0;                            //存放最大重量
    int bestcnt=INF;                        //存放最优解的集装箱个数
    int bestx[];                            //存放最优解
    void Enqueue(QNode e,PriorityQueue<QNode>pqu) {     //进队操作
        if(e.i==n) {                        //e是一个叶子结点
            if((e.cw>bestw) || (e.cw==bestw && e.cnt<bestcnt)) {
                bestw=e.cw;                  //通过比较找最优解
                bestcnt=e.cnt;
                bestx=Arrays.copyOf(e.x,n);
            }
        }
        else pqu.offer(e);                   //非叶子结点进队
    }
    void bfs() {                             //求装载问题的最优解
        QNode e,e1,e2;
        PriorityQueue<QNode>pqu=new PriorityQueue<>(new Comparator<QNode>() {
            @Override                         //优先队列
            public int compare(QNode o1,QNode o2) {
                if(o1.cw==o2.cw)              //cw相同时
                    return o1.cnt-o2.cnt;     //按cnt越小越优先
```

```
                else
                    return o2.cw-o1.cw;              //按 cw 越大越优先
            }
        });
        e=new QNode();
        e.i=0;                                       //根结点置初值,其层次计为 0
        e.cw=0; e.rw=0;
        for(int j=0;j<n;j++) e.rw+=w[j];
        e.cnt=0;
        e.x=new int[n];
        pqu.offer(e);                                //根结点进队
        while(!pqu.isEmpty()) {                       //队不空时循环
            e=pqu.poll();                            //出队结点 e
            e1=new QNode();
            e1.i=e.i+1;                              //建立左孩子结点
            e1.cw=e.cw+w[e.i];
            e1.rw=e.rw-w[e.i];
            e1.x=Arrays.copyOf(e.x,n);
            e1.x[e.i]=1;
            e1.cnt=e.cnt+1;
            if(e1.cw<=W)                             //左剪支
                Enqueue(e1,pqu);
            e2=new QNode();
            e2.i=e.i+1;                              //建立右孩子结点
            e2.cw=e.cw;
            e2.rw=e.rw-w[e.i];
            e2.x=Arrays.copyOf(e.x,n);
            e2.x[e.i]=0;
            e2.cnt=e.cnt;
            if(bestw==0 || (bestw!=0 && e2.cw+e2.rw>bestw))  //右剪支
                Enqueue(e2,pqu);
        }
    }
    void solve(Integer w[],int W) {                  //求解算法
        this.w=w;
        this.n=w.length;
        this.W=W;
        Arrays.sort(this.w,new Comparator<Integer>() {   //将 w 递减排序
            @Override
            public int compare(Integer o1,Integer o2) {
                return o2-o1;
            }
        });
        bfs();
        System.out.printf("求解结果:\n");
        for(int j=0;j<n;j++) {                        //输出最优解
            if(bestx[j]==1)
                System.out.printf("  选择重量为%d 的集装箱\n",w[j]);
        }
        System.out.printf("  装入总价值为%d\n",bestw);
    }
}
```

13. **解**：采用优先队列式分支限界法求解最小重量机器设计，优先队列按当前总重量越小越优先出队，总重量相同时按当前总价格越小越优先出队。用 bestw 存放满足条件的最小重量(初始值为∞)，用 bestc 存放满足条件的最小价格(初始值为∞)。从部件 0 开始搜索，当到达一个叶子结点时通过比较求最优解。对应的算法如下：

```
class QNode {                         //优先队列结点类
    int i;                            //当前结点的层次
    int cw;                           //当前结点的总重量
    int cc;                           //当前结点的总价格
    int x[];                          //当前解向量
}
class Solution {
    final int INF=0x3f3f3f3f;
    int n;                            //部件数
    int m;                            //供应商数
    int cost;                         //限定价格
    int w[][];                        //w[i][j]为供应商 j 提供的部件 i 的重量
    int c[][];                        //c[i][j]为供应商 j 提供的部件 i 的价格
    int bestw=INF;                    //最优方案的总重量
    int bestc=INF;                    //最优方案的总价格
    int bestx[];                      //最优方案：bestx[i]为给部件 i 分配的供应商
    void Enqueue(QNode e,PriorityQueue<QNode>pqu) {          //进队操作
        if(e.i==n) {                  //e 是一个叶子结点
            if(e.cc<bestc && e.cw<bestw) {    //通过比较找最优解
                bestw=e.cw;
                bestc=e.cc;
                bestx=Arrays.copyOf(e.x,n);
            }
        }
        else pqu.offer(e);            //非叶子结点进队
    }
    void bfs() {                      //分支限界法算法
        QNode e,e1;
        PriorityQueue<QNode>pqu=new PriorityQueue<>(new Comparator<QNode>() {
            @Override                 //优先队列
            public int compare(QNode o1,QNode o2) {
                if(o1.cw==o2.cw)      //总重量相同时
                    return o1.cc-o2.cc;   //按 cc 越小越优先
                else
                    return o1.cw-o2.cw;   //按 cw 越小越优先
            }
        });
        e=new QNode();
        e.i=0;                        //根结点层次计为 0,叶子结点层次为 n
        e.cw=0;
        e.cc=0;
        e.x=new int[n];
        Arrays.fill(e.x,-1);          //将 x 的初始值均设置为-1
        pqu.offer(e);                 //根结点进队
```

```
        while(!pqu.isEmpty()) {              //队不空时循环
            e=pqu.poll();                    //出队结点 e
            for(int j=0;j<m;j++) {           //试探所有供应商 j
                e1=new QNode();
                e1.i=e.i+1;                  //建立孩子结点 e1
                e1.cw=e.cw+w[e.i][j];
                e1.cc=e.cc+c[e.i][j];
                e1.x=Arrays.copyOf(e.x,n);
                e1.x[e.i]=j;                 //表示部件 e.i 选择供应商 j
                    if(e1.cc<=cost) {        //需要满足约束条件
                        if(e1.cc<bestc && e1.cw<=bestw)    //剪支
                            Enqueue(e1,pqu);
                    }
                }
            }
        }
    }
    void solve(int n,int m,int cost,int w[][],int c[][]) {   //求解算法
        this.n=n;
        this.m=m;
        this.cost=cost;
        this.w=w;
        this.c=c;
        bfs();
        System.out.printf("求解结果:\n");
        for(int i=0;i<n;i++)
            System.out.printf("  部件%d 选择供应商%d\n",i,bestx[i]);
        System.out.printf("  最小重量=%d 最优价格=%d\n",bestw,bestc);
    }
}
```

14. **解**：解题思路与最小机器重量设计问题Ⅰ类似,只是这里要求所有部件从不同供应商处购买,为此在 QNode 结点类型中增加一个判重的成员,这里采用《教程》中的 6.4.6 节中的 used 变量实现。对应的算法如下：

```
class QNode {                        //优先队列结点类
    int i;                           //当前结点的层次
    int cw;                          //当前结点的总重量
    int cc;                          //当前结点的总价格
    int x[];                         //当前解向量
    int used;                        //路径的判重
}
class Solution {
    final int INF=0x3f3f3f3f;
    int n;                           //部件数
    int m;                           //供应商数
    int cost;                        //限定价格
    int w[][];                       //w[i][j]为供应商 j 提供的部件 i 的重量
    int c[][];                       //c[i][j]为供应商 j 提供的部件 i 的价格
    int bestw=INF;                   //最优方案的总重量
```

```
    int bestc=INF;                      //最优方案的总价格
    int bestx[];                        //最优方案: bestx[i]为给部件 i 分配的供应商
    void Enqueue(QNode e,PriorityQueue<QNode>pqu) {       //进队操作
        if(e.i==n) {            //e 是一个叶子结点
            if(e.cc<bestc && e.cw<bestw){    //通过比较找最优解
                bestw=e.cw;
                bestc=e.cc;
                bestx=Arrays.copyOf(e.x,n);
            }
        }
        else pqu.offer(e);                       //非叶子结点进队
    }
    boolean inset(int used,int j) {             //判断顶点 j 是否在 used 中(是否访问过)
        return (used&(1<<j))!=0;
    }
    int addj(int used,int j) {                  //在 used 中添加顶点 j(表示顶点 j 已访问)
        return used | (1<<j);
    }
    void bfs() {                                //求最小重量机器设计的最优解
        QNode e,e1;
        PriorityQueue<QNode>pqu=new PriorityQueue<>(new Comparator<QNode>(){
            @Override                           //优先队列
            public int compare(QNode o1,QNode o2) {
                if(o1.cw==o2.cw)                //总重量相同时
                    return o1.cc-o2.cc;         //按 cc 越小越优先
                else
                    return o1.cw-o2.cw;         //按 cw 越小越优先
            }
        });
        e=new QNode();
        e.i=0;                                  //根结点层次计为 0,叶子结点层次为 n
        e.cw=0;
        e.cc=0;
        e.x=new int[n];
        Arrays.fill(e.x,-1);                    //将 x 的初始值均设置为-1
        e.used=0;
        pqu.offer(e);                           //根结点进队
        while(!pqu.isEmpty()) {                 //队不空时循环
            e=pqu.poll();                       //出队结点 e
            for(int j=0;j<m;j++) {              //试探所有供应商 j
                if(inset(e.used,j))             //j 出现在路径中跳过
                    continue;
                e1=new QNode();
                e1.i=e.i+1;                     //建立孩子结点
                e1.cw=e.cw+w[e.i][j];
                e1.cc=e.cc+c[e.i][j];
                e1.x=Arrays.copyOf(e.x,n);
                e1.x[e.i]=j;                    //表示部件 e.i 选择供应商 j
                e1.used=addj(e.used,j);
                if(e1.cc<=cost) {               //需要满足约束条件
```

```
                    if(e1.cc<bestc && e1.cw<=bestw)          //剪支
                        Enqueue(e1,pqu);
                }
            }
        }
    }
    void solve(int n,int m,int cost,int w[][],int c[][]) {       //求解算法
        this.n=n;
        this.m=m;
        this.cost=cost;
        this.w=w;
        this.c=c;
        bfs();
        System.out.printf("求解结果:\n");
        for(int i=0;i<n;i++)
            System.out.printf("   部件%d 选择供应商%d\n",i,bestx[i]);
        System.out.printf("   最小重量=%d 最优价格=%d\n",bestw,bestc);
    }
}
```

15. **解**：采用优先队列式分支限界法，用 bestcnt 和 bestx 分别表示最大团中的顶点个数和最大团。设计优先队列结点类中包含顶点编号 i、该顶点所在团的顶点数 cnt 和团中顶点 x。解空间中的根结点对应顶点 0，对于第 i 层的结点 e，扩展操作如下：

（1）若将剩余的顶点（$n-e.i-1$ 个）全部添加到当前团中可能构成最大团，则不选择将 $e.i$ 顶点添加到当前团中（剪支）。

（2）若顶点 $e.i$ 与当前团中的所有顶点相连，则选择将 $e.i$ 顶点添加到当前团中。

当到达一个叶子结点（满足 $e.i \geq n$）时，若 $e.cnt > bestcnt$，说明得到一个更优解，分别用 bestcnt 和 bestx 保存 $e.cnt$ 和 $e.x$。对应的算法如下：

```
class QNode {                               //优先队列结点类
    int i;
    int cnt;                                //该顶点所在团的顶点数
    int x[];                                //该顶点所在团的顶点
}
class Solution {
    int n;                                  //顶点个数
    int A[][];                              //邻接矩阵
    int bestcnt=0;
    int bestx[];
    boolean judge(int x[],int i) {          //检查顶点 i 与当前团的相连关系
        for(int j=0;j<i;j++) {
            if(x[j]==1 && A[i][j]==0)
                return false;
        }
        return true;
    }
    void Enqueue(QNode e,PriorityQueue<QNode>pqu) {       //进队操作
        if(e.i>=n) {                        //e 是一个叶子结点
```

```
            if(e.cnt>bestcnt){                //通过比较找最优解
                bestcnt=e.cnt;
                bestx=Arrays.copyOf(e.x,n);
            }
        }
        else pqu.offer(e);                     //非叶子结点进队
    }
    void bfs() {                               //分支限界法算法
        QNode e,e1,e2;
        PriorityQueue<QNode>pqu=new PriorityQueue<>(new Comparator<QNode>(){
            @Override                          //优先队列
            public int compare(QNode o1,QNode o2) {
                return o2.cnt-o1.cnt; //按 cnt 越大越优先
            }
        });
        e=new QNode();                         //建立根结点
        e.i=0;
        e.cnt=0;
        e.x=new int[n];
        pqu.offer(e);
        while(!pqu.isEmpty()) {
            e=pqu.poll();                      //出队结点 e
            e1=new QNode();                    //当前团不选择顶点 e.i
            e1.i=e.i+1;
            e1.cnt=e.cnt;
            e1.x=Arrays.copyOf(e.x,n);
            if(e.cnt+n-e.i>=bestcnt) //剪支
                Enqueue(e1,pqu);
            if(judge(e.x,e.i)){
                e2=new QNode();                //全相连,当前团选择顶点 e.i
                e2.i=e.i+1;
                e2.cnt=e.cnt+1;
                e2.x=Arrays.copyOf(e.x,n);
                e2.x[e.i]=1;
                Enqueue(e2,pqu);
            }
        }
    }

    void solve(int n,int A[][]) {              //求解算法
        this.n=n;
        this.A=A;
        bfs();
        System.out.printf("求解结果:\n");
        System.out.printf("   最大团顶点个数:%d\n",bestcnt);
        System.out.printf("   最大团的顶点:");
        for(int i=0;i<n;i++) {
            if(bestx[i]==1)
                System.out.printf(" %d",i);
        }
        System.out.println();
    }
}
```

6.4 在线编程题及其参考答案 ※

6.4.1 LeetCode785——判断二分图★★

问题描述：给定一个无向图 graph，当这个图为二分图时返回 true，请设计一个算法判断 graph 是否为二分图。

问题求解：采用广度优先遍历的方法，对于初始未着色的顶点 i，将其着色 $0(c=0)$，从其开始广度优先遍历，它的相邻点的着色只能是颜色 $1-c$。对应的程序如下：

```java
class Solution {
    int color[];                                    //表示顶点的颜色
    public boolean isBipartite(int[][] graph) {     //求解算法
        int n=graph.length;                         //顶点个数
        color=new int[n];
        Arrays.fill(color,-1);                      //-1表示顶点没有着色
        for(int i=0;i<n;i++) {          //可能是非连通图,需要遍历每一个连通分量
            if(color[i]==-1) {
                if(!bfs(graph,i))
                    return false;
            }
        }
        return true;
    }
    boolean bfs(int graph[][],int i) {              //广度优先遍历算法
        Queue<Integer>qu=new LinkedList<>();        //定义一个队列 qu
        color[i]=0;                                 //顶点 i 着色 0
        qu.offer(i);                                //顶点 i 进队
        while(!qu.isEmpty()) {                      //队不空时循环
            i=qu.poll();                            //出队顶点 i
            for(int k=0;k<graph[i].length;k++) {    //找顶点 i 的相邻点
                int j=graph[i][k];                  //取顶点 i 的相邻点 j
                if(color[i]==color[j])      //如果与相邻点的颜色相同,则返回 false
                    return false;
                if(color[j]==-1) {                  //若相邻点 j 没有着色
                    color[j]=1-color[i];            //顶点 j 着色为顶点 i 的相反颜色
                    qu.offer(j);                    //顶点 j 进队
                }
            }
        }
        return true;
    }
}
```

上述程序提交时通过，执行用时为 1ms，内存消耗为 41.9MB。

6.4.2 LeetCode397——整数的替换★★

问题描述：给定一个正整数 $n(1 \leqslant n \leqslant 2^{31}-1)$，可以做如下操作。

（1）如果 n 是偶数，则用 $n/2$ 替换 n。

（2）如果 n 是奇数，则可以用 $n+1$ 或 $n-1$ 替换 n。

设计一个算法求 n 变为 1 所需的最小替换次数。例如，$n=8$，操作过程是 $8 \to 4 \to 2 \to 1$，操作次数为 3。要求设计如下方法：

```
int integerReplacement(int n) { }
```

问题求解：对于正整数 n，其操作有以下 3 种。

① 若 n 是偶数，$n \to n/2$。

② 若 n 是奇数，$n \to n+1$。

③ 若 n 是奇数，$n \to n-1$。

每次操作即一步，需要求到达目标（即 $n=1$）的最少步数。满足利用广度优先搜索求最短路径长度的条件，采用分层次的广度优先搜索方法，注意由于 n 可以到达 int 类型的最大值 $2^{31}-1$，为了方便，采用 long 类型表示，另外采用 HashMap 哈希表 visited 表示一个整数 n 是否已经操作过。对应的程序如下：

```
class Solution {
    HashMap<Long,Boolean>visited=new HashMap<>();
    public int integerReplacement(int n) {
        long nn=n;
        Queue<Long>qu=new LinkedList<>();            //定义一个队列 qu
        qu.offer(nn);
        int step=0;
        while(!qu.isEmpty()) {
            int cnt=qu.size();
            for(int i=0;i<cnt;i++) {
                nn=qu.peek(); qu.poll();
                visited.put(nn,true);
                if(nn==1) return step;
                if(nn%2==0) {
                    nn=nn/2;
                    if(!visited.containsKey(nn))
                        qu.offer(nn);
                }
                else {
                    long nn1=nn+1;
                    long nn2=nn-1;
                    if(!visited.containsKey(nn1))
                        qu.offer(nn1);
                    if(!visited.containsKey(nn2))
                        qu.offer(nn2);
                }
            }
            step++;
```

```
        }
        return -1;
    }
}
```

上述程序提交时通过,执行用时为 3ms,内存消耗为 35.4MB。

6.4.3　LeetCode934——最短的桥★★

问题描述:给定一个 0/1 矩阵 grid(行、列数在 2～100 内),其中 0 表示水,1 表示陆地,四周相邻的陆地构成一个岛,grid 中恰好有两个岛,设计一个算法求将这两个岛连接起来变成一座岛必须翻转的 0 的最小数目(可以保证答案至少是 1)。例如,grid={{1,1,1,1,1}, {1,0,0,0,1},{1,0,1,0,1},{1,0,0,0,1},{1,1,1,1,1}},如图 6.3 所示,结果为 1。

要求设计如下方法:

```
public int shortestBridge(int[][] grid) { }
```

问题求解:本题实际上就是求两个岛之间的最小距离。整个求解过程分为 3 步:

① 在二维数组 A 中找到任意一个陆地 (i,j),即 $A[i][j]=1$。

② 采用基本 DFS 或者基本 BFS 方法从 (i,j) 出发访问对应岛中所有的陆地 (x,y),同时置 visited$[x][y]=1$,并且将 (x,y) 进 qu。

1	1	1	1	1
1	0	0	0	1
1	0	1	0	1
1	0	0	0	1
1	1	1	1	1

③ 对 qu 采用多起点分层次的 BFS 方法一层一层地向外查找,当找到一个陆地时为止,经过的步数即为所求(由于是采用 BFS,其步数就是最小距离)。

图 6.3　矩阵 grid

说明:两次遍历中队列 qu 和 visited 是共享的,所以将它们设置为类成员变量(或者全局变量)。

对应的程序如下:

```
class QNode {                                   //队列结点类
    int x,y;                                    //记录(x,y)位置
    public QNode(int x1,int y1) {               //构造函数
        x=x1; y=y1;
    }
}
class Solution {
    int dx[]={0,0,1,-1};                        //水平方向偏移量
    int dy[]={1,-1,0,0};                        //垂直方向偏移量
    Queue<QNode>qu;                             //定义一个队列 qu
    int visited[][];                            //访问标记数组
    public int shortestBridge(int[][] grid) {
        int m=grid.length;                      //行数
        int n=grid[0].length;                   //列数
```

```java
        boolean find=false;
        int x=0,y=0;
        for(int i=0;i<m;i++) {                              //找到任意一个陆地(x,y)
            for(int j=0;j<n;j++) {
                if(grid[i][j]==1 && !find) {
                    find=true;
                    x=i; y=j;
                    break;
                }
            }
            if(find) break;
        }
        qu=new LinkedList<>();
        visited=new int[m][n];
        dfs(grid,x,y,m,n);
        return bfs(grid,m,n);
    }
    void dfs(int[][] grid,int x,int y,int m,int n) {        //DFS算法
        visited[x][y]=1;
        if(grid[x][y]==1)                                   //(x,y)为陆地时进队
            qu.offer(new QNode(x,y));
        for(int di=0;di<4;di++) {
            int i=x+dx[di];
            int j=y+dy[di];
            if(i>=0 && i<m && j>=0 && j<n && visited[i][j]==0 && grid[i][j]==1)
                dfs(grid,i,j,m,n);
        }
    }
    int bfs(int[][] grid,int m,int n) {                     //BFS算法
        int ans=0;
        while(!qu.isEmpty()) {
            int cnt=qu.size();                              //求队列中元素的个数cnt
            for(int i=0;i<cnt;i++) {                        //处理一层的元素
                QNode e=qu.poll();                          //出队结点e
                int x=e.x;
                int y=e.y;
                for(int di=0;di<4;di++) {
                    int nx=x+dx[di];
                    int ny=y+dy[di];
                    if(nx>=0 && nx<m && ny>=0 && ny<n && visited[nx][ny]==0) {
                        if(grid[nx][ny]==1)
                            return ans;
                        qu.offer(new QNode(nx,ny));         //(nx,ny)进队
                        visited[nx][ny]=1;
                    }
                }
            }
            ans++;
        }
        return ans;
    }
}
```

上述程序提交时通过,执行用时为7ms,内存消耗为38.9MB。

6.4.4　LeetCode847——访问所有结点的最短路径★★★

问题描述：给定一个无向连通图，它含 $n(1\leqslant n\leqslant 12)$ 个顶点，顶点编号为 $0\sim n-1$，用 graph 数组表示这个图，graph$[i]$ 由所有与顶点 i 直接相连的顶点组成。设计一个算法返回能够访问所有顶点的最短路径的长度，可以在任一顶点开始和停止，也可以多次访问顶点，并且可以重用边。例如，graph$=\{\{1,2,3\},\{0\},\{0\},\{0\}\}$，答案为 4，对应的一条可能的路径为 $\{1,0,2,0,3\}$。要求设计如下方法：

```
public int shortestPathLength(int[][] graph) { }
```

问题求解：采用多起点分层次的广度优先搜索方法，从某个顶点出发搜索路径，若该路径上包含全部顶点，则对应的路径的长度就是所求。其中判断一条路径上是否存在重复顶点采用《教程》中的 6.4.7 节的方法。对应的程序如下：

```java
class QNode {                                        //队列结点类
    int vno;                                         //顶点的编号
    int state;                                       //对应的状态
}
class Solution {
    public int shortestPathLength(int[][] graph) {
        int n=graph.length;                          //顶点的个数
        int endstate=(1<<n)-1;                       //目标状态
        int visited[][]=new int[n][1<<n];
        QNode e,e1;
        Queue<QNode>qu=new LinkedList<>();
        for(int i=0;i<n;i++) {                       //所有顶点及其初始状态进队
            e=new QNode();
            e.vno=i;
            e.state=(1<<i);
            qu.offer(e);
            visited[i][e.state]=1;
        }
        int bestd=0;
        while(!qu.isEmpty()) {                        //队列不空时循环
            int cnt=qu.size();                        //求队中元素的个数
            for(int i=0;i<cnt;i++) {                  //处理该层的所有元素
                e=qu.poll();                          //出队(v,state)
                int v=e.vno;
                int state=e.state;
                if(state==endstate)                   //找到目标状态
                    return bestd;
                for(int j=0;j<graph[v].length;j++) {  //将顶点v的所有相邻且未访问
                                                      //的顶点进队
                    int u=graph[v][j];
                    e1=new QNode();
                    e1.vno=u;
                    e1.state=(state|(1<<u));
```

```
                        if(visited[u][e1.state]==1)        //已经访问则跳过
                            continue;
                        qu.offer(e1);
                        visited[u][e1.state]=1;
                    }
                }
                bestd++;                                   //搜索完一层,路径长度增加1
            }
            return -1;                                     //没有找到目标状态返回-1
        }
    }
```

上述程序提交时通过,执行用时为 10ms,内存消耗为 39MB。

6.4.5 LeetCode1376——通知所有员工所需的时间★★

问题描述：公司里有 n ($1 \leqslant n \leqslant 100\,000$)名员工,每个员工的编号是唯一的,即 $0 \sim n-1$。公司唯一的总负责人的编号为 headID。在 manager 数组中,每个员工都有一个直属负责人,其中 manager[i]是员工 i 的直属负责人,对于总负责人有 manager[headID]$=-1$,题目保证从属关系可以用树结构显示。现在公司总负责人想要向公司所有员工通告一条紧急消息,他将会首先通知他的直属下属,然后由这些下属通知他们的下属,直到所有的员工都得知这条紧急消息。员工 i 需要 informTime[i]分钟来通知他的所有直属下属,也就是说在 informTime[i]分钟后,他的所有直属下属都可以开始传播这一消息,如果员工 i 没有下属,则 informTime[i]$=0$。设计一个算法求通知所有员工这一紧急消息所需要的分钟数,题目保证所有员工都可以收到通知。例如,$n=4$,headID$=2$,manager$=\{3,3,-1,2\}$,informTime$=\{0,0,162,914\}$,结果为 1076。要求设计如下方法：

```
public int numOfMinutes(int n, int headID, int[] manager, int[] informTime) { }
```

问题求解：员工关系是一个树结构,用 HashMap<Integer,ArrayList<Integer>>哈希表 E 存放一个员工的所有下属员工(看成图的邻接表存储结构)。实际上题目就是求员工 headID 到所有叶子结点的最长路径的长度,采用基本广度优先搜索方法,因此一层一层地搜索,对于每个员工结点进行比较求最大的 length,用 bestd 存放,最后返回 bestd 即可。对应的代码如下：

```
class QNode {                              //队列中的结点类型
    int vno;                               //员工
    int length;                            //路径长度(路径上边的时间和)
}
class Solution {
    public int numOfMinutes(int n,int headID,int[] manager,int[] informTime) {
        if(n==1) return 0;
        HashMap<Integer,ArrayList<Integer>>E=new HashMap<>();  //员工关系邻接表
        for(int i=0;i<n;i++) {             //E[manager[i]}包含其所有下属员工
```

```
        if(E.containsKey(manager[i])) {
            ArrayList<Integer>tmp=E.get(manager[i]);
            tmp.add(i);
            E.put(manager[i],tmp);
        }
        else {
            ArrayList<Integer>tmp=new ArrayList<>();
            tmp.add(i);
            E.put(manager[i],tmp);
        }
    }
    QNode e,e1;
    Queue<QNode>qu=new LinkedList<>();             //定义一个队列
    e=new QNode();
    e.vno=headID;
    e.length=informTime[headID];
    qu.offer(e);
    int bestd=0;                                    //存放最优解
    while(!qu.isEmpty()) {
        e=qu.poll();                                //出队结点 e
        int vno=e.vno;
        int length=e.length;
        bestd=Math.max(bestd,length);
        if(!E.containsKey(vno)) continue;           //vno 没有下属员工时跳过
        ArrayList<Integer>tmp=E.get(vno);           //tmp 表示 vno 的下属员工
        for(int u:tmp) {
            e1=new QNode();
            e1.vno=u;
            e1.length=length+informTime[u];
            qu.offer(e1);
        }
    }
    return bestd;
    }
}
```

上述程序提交时通过，执行用时为 87ms，内存消耗为 57.9MB。

6.4.6　LeetCode1293——网格中的最短路径★★★

问题描述：给定一个 $m \times n(1 \leqslant m, n \leqslant 40)$ 的网格，其中每个方块不是 0（空）就是 1（障碍物）。每一步都可以在空白方块中上、下、左、右移动。假如玩家最多可以消除 $k(1 \leqslant k \leqslant m \times n)$ 个障碍物。设计一个算法求从左上角 $(0,0)$ 到右下角 $(m-1,n-1)$ 的最短路径（保证这两个方块都是空白方块），并返回通过该路径所需的步数，如果找不到这样的路径，则返回 -1。例如，grid=\{\{0,0,0\},\{1,1,0\},\{0,0,0\},\{0,1,1\},\{0,0,0\}\}，$k=1$，初始网格如图 6.4（a）所示，最短路径长度为 6，需要消除（3,2）位置的障碍物，结果路径如图 6.4（b）所示。要求设计如下方法：

```
public int shortestPath(int[][] grid, int k) { }
```

问题求解：如果网格中没有障碍物，那么可以非常容易地找到最短路径，其长度为 $m+n-2$。最坏情况下所有的方块中都是障碍物（除了起始和目标位置外），此时共 $m \times n-2$ 个障碍物，可以消除其中 $m+n-2$ 个障碍物得到一条最短路径，也就是说当 $k \geqslant m+n-3$ 时一定可以找到长度为 $m+n-2$ 的最短路径。

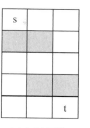

(a) 初始网格　　　　(b) 结果路径

图 6.4　初始网格和结果路径

除了上述特殊情况外，采用队列式分支限界法求解，每次走到一个方块，需要记录对应的位置、走过的步数和路径上已经遇到的障碍物个数，为此设计队列结点类如下：

```
class QNode {              //队列结点类
    int x,y;               //记录(x,y)位置
    int step;              //走过的路径的长度
    int nums;              //路径上遇到的障碍物的个数
}
```

若出队的结点为 e，可以在四周的 4 个方位试探，当 di 方位的相邻方块没有超界时建立对应的子结点 $e1$，采用剪支是终止 $e1.nums>k$ 的分支，仅扩展 $e1.nums \leqslant k$ 的结点，如果满足该条件，将结点 $e1$ 进队。在进行进队操作时先检查 $e1$ 是否为叶子结点（满足 $nx==m-1$ && $ny==n-1$），如果是则返回 $e1.step$，因为该问题中每个分支扩展的代价（即路径长度）都是 1，所以按照广度优先搜索的原理第一次找到的路径就是最短路径，如果不是叶子结点将 $e1$ 进队。

另外一个关键的问题是如何避免路径重复，假设现在考虑结点 $e1$，到达 $(e1.x, e1.y)$ 方块可能有多条路径，显然不同的 $e1.nums$ 的路径是不同的，所以采用三维数组 visited[MAXN][MAXM][MAXN] 来标识，第 3 维表示到达该位置时路径中遇到的障碍物个数 $e1.nums$，初始时将该数组的所有元素置为 0，按 visited[$e1.x$][$e1.y$][$e1.nums$] 的值判断当前路径是否重复。

对应的队列式分支限界法算法的代码如下：

```
class QNode {                       //队列结点类
    int x,y;                        //记录(x,y)位置
    int step;                       //走过的路径的长度
    int nums;                       //路径上遇到的障碍物的个数
}
class Solution {
    int dx[]={0,0,1,-1};            //水平方向偏移量
    int dy[]={1,-1,0,0};            //垂直方向偏移量
    public int shortestPath(int[][] grid, int k) {
        int m=grid.length;          //行数
        int n=grid[0].length;       //列数
```

```
        if(k>=m+n-3)
            return m+n-2;
        return bfs(grid,k);
    }
    int bfs(int grid[][], int k) {                    //队列式分支限界法
        int m=grid.length;                            //行数
        int n=grid[0].length;
        int visited[][][]=new int[m][n][m+n-2];
        QNode e,e1;
        Queue<QNode>qu=new LinkedList<>();            //定义一个队列
        e=new QNode();
        e.x=0; e.y=0; e.nums=0; e.step=0;
        qu.offer(e);
        visited[0][0][0]=1;
        while(!qu.isEmpty()) {                        //队不空时循环
            e=qu.poll();                              //出队结点 e
            int x=e.x, y=e.y, nums=e.nums;
            for(int di=0;di<4;di++) {                 //在四周搜索
                int nx=x+dx[di];                      //di 方位的位置为(nx,ny)
                int ny=y+dy[di];
                if(nx<0 || nx>=m || ny<0 || ny>=n)    //超界时跳过
                    continue;
                int nnums;
                if(grid[nx][ny]==1)                   //遇到一个障碍物
                    nnums=nums+1;
                else
                    nnums=nums;
                if(nnums>k)                           //剪支:障碍物个数大于 k,跳过
                    continue;
                if(visited[nx][ny][nnums]==1)         //已走过对应的路径时跳过
                    continue;
                e1=new QNode();
                e1.x=nx; e1.y=ny; e1.nums=nnums;
                e1.step=e.step+1;
                if(nx==m-1 && ny==n-1)                //判断子结点是否为目标位置
                    return e1.step;                   //返回 e1.step
                qu.offer(e1);                         //子结点 e1 进队
                visited[e1.x][e1.y][e1.nums]=1;
            }
        }
        return -1;
    }
}
```

上述程序提交时通过,执行用时为 3ms,内存消耗为 38.3MB。当然,本题也可以采用分层次的广度优先搜索方法求解。

6.4.7 LeetCode127——单词接龙★★★

问题描述:字典 wordList 中从单词 beginWord 到 endWord 的转换序列是一个按下述规则形成的序列。

(1) 序列中的第一个单词是 beginWord。

（2）序列中的最后一个单词是 endWord。

（3）每次转换只能改变一个字母。

（4）转换过程中的中间单词必须是字典 wordList 中的单词。

给定两个单词 beginWord 和 endWord 以及一个字典 wordList（$1 \leqslant$ wordList.length $\leqslant$ 5000，其中所有字符串互不相同），设计一个算法求从 beginWord 到 endWord 的最短转换序列中的单词数目，如果不存在这样的转换序列，返回 0。beginWord、endWord 和 wordList$[i]$ 均由小写英文字母组成，beginWord 和 endWord 不相同但长度相同，长度在 $1 \sim 10$ 的范围内。例如，beginWord = "hit"，endWord = "cog"，wordList = ["hot"，"dot"，"dog"，"lot"，"log"，"cog"]，一个最短转换序列是"hit"→"hot"→"dot"→"dog"→"cog"，返回它的长度 5。
要求设计如下方法：

```
public int ladderLength(String beginWord, String endWord, List<String>wordList) { }
```

问题求解：以 beginWord 为起始状态，endWord 为目标状态，采用分层次的广度优先搜索方法，返回找到目标状态的层次数。在搜索中按照题目中指定的规则进行状态扩展。对应的程序如下：

```
class Solution {
    Set<String>dict;
    public int ladderLength (String beginWord, String endWord, List < String >
wordList) {
        dict=new HashSet<>(wordList);              //由 wordList 产生哈希集合
        if(dict.size()==0 || !dict.contains(endWord) || beginWord.length()!=
            endWord.length())
            return 0;
        dict.remove(beginWord);
        return bfs(beginWord,endWord);
    }
    int bfs(String beginWord,String endWord) {      //分层次的广度优先搜索
        Queue<String>qu=new LinkedList<>();         //定义一个队列
        qu.offer(beginWord);
        Set<String>visited=new HashSet<>();         //访问标记哈希集合
        visited.add(beginWord);
        int ans=0;                                  //最短长度
        while(!qu.isEmpty()) {
            ans++;
            int cnt=qu.size();
            for(int i=0;i<cnt;i++) {
                String s=qu.poll();                 //出队字符串 s
                char[] arrs=s.toCharArray();        //将 s 转换为字符数组 arrs
                for(int j=0;j<s.length();j++) {
                    char tmp=arrs[j];
                    for(char ch='a';ch<='z';ch++) { //替换一个字母
                        arrs[j]=ch;
                        String news=new String(arrs); //替换后的新单词
                        if(visited.contains(news))    //若已访问则跳过
                            continue;
                        if(news.equals(endWord))      //找到目标单词返回
```

```
                return ans+1;
            if(dict.contains(news)) {          //新单词在 dict 中
                qu.offer(news);                //进队
                visited.add(news);             //置已经访问标记
            }
        }
        arrs[j]=tmp;                           //恢复 arrs[j]字母
            }
        }
    }
    return 0;
    }
}
```

上述程序提交时通过,执行用时为 94ms,内存消耗为 41.5MB。

6.4.8　LeetCode279——完全平方数★★

问题描述:给定一个正整数 $n(1 \leqslant n \leqslant 10^4)$,找到若干个完全平方数(例如 $1,4,9,16,\cdots$)使得它们的和等于 n,需要让组成和的完全平方数的个数最少,设计一个算法求最少的完全平方数个数。例如,$n=12$,由于 $12=4+4+4$,答案为 3。要求设计如下方法:

```
public int numSquares(int n) { }
```

问题求解:采用分层次的广度优先搜索方法,用 ans 表示答案(初始 ans=0)。先将 0 进队,在队列不空时循环:置 ans++,求出队列中元素的个数 cnt,循环 cnt 次,每次出队一个整数 d,置 sum=$d+j*j(1 \leqslant j \leqslant n)$,分为如下情况。

(1) sum=n,成功找到结果,返回 ans。

(2) sum>n,终止对应 j 的尝试。

(3) 若 sum 没有出现过,将 sum 进队(这里看成队列中的整数总是若干完全平方数之和)。

对应的程序如下:

```
class Solution {
    public int numSquares(int n) {
        Queue< Integer>qu=new LinkedList<>();     //定义一个队列
        Set< Integer>visited=new HashSet<>();     //访问标记哈希集合
        qu.offer(0);                              //从 0 开始
        visited.add(0);
        int ans=0;
        while(!qu.isEmpty()) {                    //队列不空时循环
            ans++;
            int cnt=qu.size();
            for(int i=0;i<cnt;i++) {
                int d=qu.poll();
                for(int j=1;j<=n;j++) {
```

```
            int sum=d+j*j;              //sum 始终是完全平方数的和
            if(sum==n)                  //当 sum=n 时成功返回
                return ans;
            if(sum>n)                   //剪支:sum>n 时终止内循环
                break;
            if(!visited.contains(sum)) {
                qu.offer(sum);
                visited.add(sum);
            }
        }
    }
    return ans;
    }
}
```

上述程序提交时通过,执行用时为 33ms,内存消耗为 43.5MB。

6.4.9 LeetCode22——括号的生成★★

问题描述:数字 n 代表生成括号的对数,请设计一个算法,用于生成所有可能的并且有效的括号组合。

问题求解:采用基本广度优先搜索方法,队列中保存当前生成的字符串 curs、剩余左/右括号的个数(初始均为 n)。结点的扩展方式如下:

(1)在剩余左括号个数>0 时添加一个左括号。

(2)在剩余右括号个数>0 并且剩余左括号个数少于剩余右括号个数(或者说已经添加的左括号个数多于右括号个数)时添加一个右括号。

当到达一个叶子结点时将当前生成的字符串 curs 添加到结果 ans 中,最后返回 ans。对应的程序如下:

```
class QNode {                                   //队列结点类
    String curs;                                //当前得到的括号字符串
    int left;                                   //剩余左括号数量
    int right;                                  //剩余右括号数量
    public QNode(String str,int left,int right) {   //构造方法
        this.curs=str;
        this.left=left;
        this.right=right;
    }
}
class Solution {
    public List<String>generateParenthesis(int n) {
        List<String>ans=new ArrayList<>();      //存放生成的全部括号字符串
        if(n==0) return ans;
        Queue<QNode>qu=new LinkedList<>();      //定义一个队列
        qu.offer(new QNode("",n,n));
        while(!qu.isEmpty()) {
```

```
            QNode e=qu.poll();                          //出队结点 e
            if(e.left==0 && e.right==0)                 //到达一个叶子结点
                ans.add(e.curs);
            if(e.left>0)                                //添加左括号的剪支
                qu.offer(new QNode(e.curs+"(",e.left-1,e.right));
            if(e.right>0 && e.left<e.right)             //添加右括号的剪支
                qu.offer(new QNode(e.curs+")",e.left,e.right-1));
        }
        return ans;
    }
}
```

上述程序提交时通过,执行用时为 3ms,内存消耗为 38.1MB。

6.4.10 LeetCode815——公交路线★★★

问题描述：给定一个数组 routes（1≤routes.length≤500）,表示一系列公交线路,其中每个 routes[i]（1≤routes[i].length≤10^5,routes[i] 中的所有值互不相同,0≤routes[i][j]<10^6）表示一条公交线路,第 i 辆公交车将会在上面循环行驶。例如,路线 routes[0]＝{1,5,7}表示第 0 辆公交车会一直按序列 1→5→7→1→5→7→1→…这样的车站路线行驶。现在从 source 车站出发（初始时不在公交车上）要前往 target 车站（0≤source,target<10^6）,期间仅可乘坐公交车,设计一个算法求出乘坐的最少公交车数量,如果不可能到达终点车站,返回－1。例如 routes＝{{1,2,7},{3,6,7}},source＝1,target＝6,最优策略是先乘坐第 0 辆公交车到达车站 7,然后换乘第 1 辆公交车到达车站 6,答案为 2。要求设计如下方法：

```
public int numBusesToDestination(int[][] routes, int source, int target) { }
```

问题求解：首先由 routes 数组建立车站线路图,用 Map<Integer,ArrayList<Integer>> 类型的哈希映射 map 表示,其中 map[k]表示在车站 k 可以乘的所有公交线路。然后采用分层次的广度优先搜索方法从起始车站 source 出发进行搜索,用 ans 表示扩展的层次,当找到终点车站 target 时返回 ans 即可。对应的程序如下：

```
class Solution {
    int s, t;
    int[][] rs;
    Map<Integer,ArrayList<Integer>>map;        //表示车站线路图
    public int numBusesToDestination(int[][] routes,int source,int target) {
        rs=routes;
        s=source;
        t=target;
        if(s==t) return 0;
        map=new HashMap<>();
        for(int i=0;i<rs.length;i++) {             //由 rs 创建 map
            for(int j=0;j<rs[i].length;j++) {
                ArrayList<Integer>tmp;
                if(map.containsKey(rs[i][j]))
                    tmp=map.get(rs[i][j]);
                else
                    tmp=new ArrayList<>();
```

```
                    tmp.add(i);
                    map.put(rs[i][j],tmp);
                }
            }
        return bfs();
    }
    int bfs() {                                    //分层次的广度优先搜索算法
    int ans=0;
    Queue<Integer>qu=new LinkedList<>();            //定义一个队列
    qu.offer(s);
    int visited[]=new int[rs.length];              //表示一条公交线路是否乘过
    while(!qu.isEmpty()) {
        int cnt=qu.size();
        while(cnt-->0) {
            int now=qu.poll();
            if(now==t) return ans;
                ArrayList<Integer>all=map.get(now);  //取出在now车站可以
                                                     //乘的所有公交线路
                for(int bus:all) {                   //扩展每一条公交线路
                    if(visited[bus]==0) {            //仅扩展尚未乘过的公交线路
                        visited[bus]=1;
                        for(int i=0;i<rs[bus].length;i++)
                        qu.offer(rs[bus][i]);
                    }
                }
            }
        ans++;
    }
    return -1;
    }
}
```

上述程序提交时通过,执行用时为 42ms,内存消耗为 59.2MB。

6.4.11　LeetCode638——大礼包★★★

问题描述：商店中有 n 件在售的物品,每件物品都有对应的价格,还有一些大礼包,每个大礼包以优惠的价格捆绑销售一组物品。设计一个算法求物品价格为 price、大礼包为 special 时购买 needs 物品的最少花费。这里采用优先队列式分支限界法求解。

问题求解：用 (i,x,curp) 表示状态,i 表示当前大礼包的编号,$x=(x_0,x_1,\cdots,x_{n-1})$ 为当前解向量,其中 x_j 表示购买物品 j 的数量,curp 表示购买 x 中所有物品的总价格。建立优先队列 pqu,按 curp 越小越优先出队。首先将 $(0,[0,\cdots,0],0)$ 进队,在队不空时循环,出队结点 e,做 3 种扩展:

(1) 不选择大礼包 $e.i$。

(2) 选择大礼包 $e.i$,下一步继续考虑选择大礼包 $e.i$。

(3) 选择大礼包 $e.i$,下一步考虑选择大礼包 $e.i+1$。

当到达一个叶子结点(满足 $i \geqslant \text{special.size()}$)时对应一个可行解,将 x 与 needs 比较,

将剩余的所有物品直接单买,得到该可行解的总价格 curp,在所有可行解的 curp 中取最小值得到 ans,ans 即为所求。对应的程序如下:

```java
class QNode {                        //优先队列结点类
    int i;                           //结点的层次
    int x[];                         //解向量
    int curp;                        //总价格
}
class Solution {
    int ans=Integer.MAX_VALUE;
    int n;                           //物品数
    List<Integer>price;
    List<Integer>needs;
    List<List<Integer>>special;
    public int shoppingOffers(List<Integer>price,List<List<Integer>>special,
List<Integer>needs) {
        this.price=price;
        this.needs=needs;
        this.n=price.size();
        this.special=special;
        return bfs();
    }
    int bfs() {                          //优先队列式分支限界法
        PriorityQueue<QNode>pqu=new PriorityQueue<>(new Comparator<QNode>() {
        @Override                        //小根堆
            public int compare(QNode o1,QNode o2) {
                return o1.curp-o2.curp;   //按 curp 越小越优先出队
            }
        });
        QNode e,e1,e2,e3;
        e=new QNode();
        e.i=0;
        e.x=new int[n];
        e.curp=0;
        pqu.offer(e);                     //根结点进队
        while(!pqu.isEmpty()) {           //队列不空时循环
            e=pqu.poll();                 //出队结点 e
            e1=new QNode();               //不选择大礼包 i
            e1.i=e.i+1;
            e1.x=Arrays.copyOf(e.x,n);
            e1.curp=e.curp;
            EnQueue(e1,pqu);
            if(valid(special.get(e.i),e.x,n)) {    //剪支:跳过无效的大礼包 i
                e2=new QNode();              //选择大礼包 i,后面继续选择大礼包 i
                e2.i=e.i;
                e2.x=Arrays.copyOf(e.x,n);
                add(special.get(e.i),e2.x,n);
                e2.curp=e.curp+special.get(e.i).get(n);   //累计大礼包 i 的价格
```

```
            if(e2.curp<ans)                        //剪支
                EnQueue(e2,pqu);
            e3=new QNode();                         //选择大礼包 i,后面选择大礼包 i+1
            e3.i=e.i+1;
            e3.x=Arrays.copyOf(e.x,n);
            add(special.get(e.i),e3.x,n);
            e3.curp=e.curp+special.get(e.i).get(n);  //累计大礼包 i 的价格
            if(e3.curp<ans)                         //剪支
                EnQueue(e3,pqu);
        }
    }
    return ans;
}
void EnQueue(QNode e,Queue<QNode>qu) {              //结点 e 进队
    if(e.i>=special.size()) {                       //叶子结点
        int curp=e.curp;                            //求当前一个解的价格
        for(int j=0;j<n;j++) {
            int rj=needs.get(j)-e.x[j];
            if(rj>0) curp+=(rj * price.get(j));     //剩余的未购物品不使用任何大礼包
        }
        ans=Math.min(curp,ans);
    }
    else qu.offer(e);                               //非叶子结点进队
}
boolean valid(List<Integer>list,int[] x,int n) {    //判断有效性
    for(int j=0;j<n;j++) {
        if(x[j]+list.get(j)>needs.get(j))           //物品 j 超过需要的个数
            return false;                           //返回 false
    }
    return true;
}
void add(List<Integer>list,int[] x,int n) {         //选择大礼包 list
    for(int j=0;j<n;j++)
        x[j]+=list.get(j);
}
}
```

上述程序提交时通过,执行用时为 14ms,内存消耗为 37.8MB。

第 7 章

每一步都局部最优
——贪心法

7.1.1   单项选择题

1. 下面为贪心算法的基本要素的是_____。

    A. 重叠子问题   B. 构造最优解   C. 贪心选择性质   D. 定义最优解

2. 能采用贪心算法求最优解的问题一般具有的重要性质是_____。

    A. 最优子结构性质与贪心选择性质   B. 重叠子问题性质与贪心选择性质

    C. 最优子结构性质与重叠子问题性质   D. 预排序与递归调用

3. 所谓贪心选择性质是指_____。

    A. 整体最优解可以通过部分局部最优选择得到

    B. 整体最优解可以通过一系列局部最优选择得到

    C. 整体最优解不能通过局部最优选择得到

    D. 以上都不对

4. 贪心法中每一次做出的贪心选择都是_____。

    A. 全局最优选择   B. 随机选择   C. 局部最优选择   D. 任意选择

5. 所谓最优子结构性质是指_____。

    A. 最优解包含了部分子问题的最优解   B. 问题的最优解不包含其子问题的最优解

    C. 最优解包含了其子问题的最优解   D. 以上都不对

6. 贪心法算法的时间复杂度一般为多项式级的,以下叙述中正确的是_____。

    A. 任何回溯法算法都可以转换为贪心法算法求解

    B. 任何分支限界法算法都可以转换为贪心法算法求解

    C. 只有满足最优子结构性质与贪心选择性质的问题才能采用贪心法算法求解

    D. 贪心法算法不能采用递归实现

7. 使用贪心法求解活动安排问题时的贪心策略是_____。

    A. 每一步优先选择结束时间最晚的活动进行安排

    B. 每一步优先选择结束时间最早的活动进行安排

    C. 每一步优先选择开始时间最晚的活动进行安排

    D. 每一步优先选择开始时间最早的活动进行安排

8. 以下_____不能使用贪心法解决。

    A. 单源最短路径问题   B. n 皇后问题

    C. 最小花费生成树问题   D. 背包问题

9. 下列算法中不属于贪心算法的是_____。

    A. Dijkstra 算法   B. Prim 算法   C. Kruskal 算法   D. Floyd 算法

10. 以下关于贪心算法的说法不正确的是_____。

    A. 待求解问题必须可以分解为若干子问题

    B. 每一个子问题都可以得到局部最优解

C. 解决问题通常自底向上

D. Dijkstra 是贪心算法

11. 以下_____用贪心算法求解无法得到最优解。

    A. Huffman 编码问题   B. Dijkstra 求单源最短路径问题

    C. 0/1 背包问题   D. 求最小生成树问题

12. 下列算法中不能解决 0/1 背包问题的是_____。

    A. 贪心法   B. 动态规划   C. 回溯法   D. 分支限界法

13. 以下关于 0/1 背包问题的描述正确的是_____。

    A. 可以使用贪心算法找到最优解

    B. 能找到多项式时间的有效算法

    C. 对于同一背包与相同物品，作为背包问题求出的总价值一定大于或等于作为 0/1 背包问题求出的总价值

    D. 以上都不对

14. 贪心法求解背包问题的贪心策略是_____。

    A. 选择价值最大的物品   B. 选择重量最轻的物品

    C. 选择单位重量价值最大的物品   D. 选择单位重量价值最小的物品

15. 背包问题的贪心算法的时间复杂度为_____。

    A. $O(n2^n)$ B. $O(n\log_2 n)$ C. $O(2^n)$ D. $O(n)$

16. 构造 n 个字符编码的哈夫曼树的贪心算法的时间复杂度为_____。

    A. $O(n2^n)$ B. $O(n\log_2 n)$ C. $O(2^n)$ D. $O(n)$

7.1.2　单项选择题参考答案

1. 答：贪心法求解的问题必须满足最优子结构性质和贪心选择性质。答案为 C。

2. 答：贪心法求解的问题必须满足最优子结构性质和贪心选择性质。答案为 A。

3. 答：贪心选择性质是指整体最优解可以通过一系列局部最优选择（贪心选择）来得到。答案为 B。

4. 答：贪心法中每一次做出的贪心选择都是局部最优的，并不从整体最优上考虑。答案为 C。

5. 答：如果一个问题的最优解包含其子问题的最优解，则称此问题具有最优子结构性质。答案为 C。

6. 答：贪心法求解的问题必须满足最优子结构性质和贪心选择性质，一般贪心法算法的时间复杂度为多项式级的。答案为 C。

7. 答：对应的贪心策略是每一步选择具有最早结束时间的兼容活动。答案为 B。

8. 答：n 皇后问题的解不满足贪心选择性质。答案为 B。

9. 答：Floyd 算法是动态规划算法，其他为贪心算法。答案为 D。

10. 答：贪心算法往往是自顶向下的，先做出一个选择，然后再求解下一个问题，而不是自底向上解出许多子问题，然后再做出选择。答案为 C。

11. 答：由于 0/1 背包问题不能取物品的一部分，所以不能采用贪心法求解。答案为 C。

12. **答**：0/1 背包问题不能采用贪心法求解。答案为 A。

13. **答**：由于背包问题可以取物品的一部分,所以总价值一定大于或等于作为 0/1 背包问题求出的总价值。答案为 C。

14. **答**：贪心法求解背包问题的贪心策略是优先选择单位重量价值最大的物品。答案为 C。

15. **答**：在背包问题的贪心算法中时间主要花费在按单位重量价值递减排序上,排序的时间复杂度为 $O(n\log_2 n)$。答案为 B。

16. **答**：需要循环构造 $n-1$ 个非叶子结点,每次循环取两个权值最小的子树合并,采用小根堆的时间为 $O(\log_2 n)$,则总时间为 $O(n\log_2 n)$。答案为 B。

7.2 问答题及其参考答案

7.2.1 问答题

1. 简述贪心法求解问题应该满足的基本要素。

2. 简述在求最优解时贪心法和回溯法的不同。

3. 假设有 $n(n>2)$ 个人需排队等候处理事务,已知每个人需要处理的时间为 $t_i(1\leqslant i\leqslant n)$,请给出一种最优排队次序,使所有人排队等候的总时间最少。

4. 证明面额分别为 1 分、5 分、10 分和 25 分的零钱兑换问题可以采用贪心法求兑换的最少硬币个数。

5. 简述 Prim 算法中的贪心选择策略。

6. 简述 Kruskal 算法中的贪心选择策略。

7. 简述 Dijkstra 算法中的贪心选择策略。

8. 举一个示例说明 Dijkstra 算法的最优子结构性质。

9. 简述 Dijkstra 算法不适合含负权的原因。

10. 简述带惩罚的调度问题中的贪心选择性质。

11. 在求解哈夫曼编码中如何体现贪心的思路?

12. 举一个反例说明 0/1 背包问题若使用背包问题的贪心法求解不一定能得到最优解。

13. 为什么 TSP 问题不能采用贪心算法求解?

14. 如果将 Dijkstra 算法中的所有求最小值改为求最大值,能否求出源点 v 到其他顶点的最长路径呢? 如果回答能,请予以证明;如果回答不能,请说明理由。

7.2.2 问答题参考答案

1. **答**：贪心算法应该满足的基本要素是最优子结构性质和贪心选择性质。最优子结构性质是问题的最优解包含其子问题的最优解。贪心选择性质是指整体最优解可以通过一系列局部最优选择得到。

2. **答**：回溯法是在解空间中搜索所有路径(通过剪支终止一些路径的搜索),比较所有的可行解得到最优解;而贪心法仅搜索一条路径,只有在满足最优子结构性质和贪心选择性质时这条路径的解才是最优解,所以贪心法的时间性能好于回溯法。

3. **答**:采用贪心法,优先处理所需时间少的人。其证明与《教程》第7.4.1节的命题7.3的证明相同。

4. **证明**:用正整数 A 表示兑换的金额,在该零钱兑换问题中有这样的引理,在所有金额 A 的兑换方案中最多有两个10分硬币(如果有3个10分硬币,可以换成一个25分硬币和一个5分硬币)、最多有一个5分硬币(如果有两个5分硬币,可以换成一个10分硬币)、最多有4个1分硬币(如果有5个1分硬币,可以换成一个5分硬币),而不能有两个10分硬币和一个5分硬币(此情况可以换成一个25分硬币)。这样24就是用10分、5分和1分硬币能兑换的最大值,或者说用10分、5分和1分硬币兑换的金额不超过24。

采用反证法,假设存在非贪心法使得兑换金额 A 的硬币个数比贪心法少,其中选择25分的硬币个数为 q',而贪心法中选择25分的硬币个数为 q,按照贪心法的过程可知 $q' \leqslant q$。但是 q' 也不能小于 q,假如 q' 小于 q,则在这种非贪心法中10分、5分和1分的硬币至少能找出25分的零钱,而根据前面的引理得出这是不可能的。所以有 $q'=q$。

当 $q'=q$ 时,两种方法中10分硬币的个数一定相等,因为贪心法使用尽可能多的10分硬币,而根据上述引理,最多使用一个5分硬币和4个1分硬币,所以选择的10分硬币的个数相同。类似地,5分硬币和1分硬币的个数相等。

从上推出非贪心法和贪心法的结果相同,即贪心法得到的解是最优解。

5. **答**:Prim算法中每一步将所有顶点分为 U 和 V-U 两个顶点集,贪心选择策略是在两个顶点集中选择权值最小的边。

6. **答**:Kruskal算法中将所有边按权值递增排序,贪心选择策略是每一步都考虑当前权值最小的边,如果加入生成树中不出现回路则加入,否则考虑下一条权值次小的边。

7. **答**:Dijkstra算法的贪心选择策略是每次从 U 中选择最小距离的顶点 u(dist[u] 是 U 中所有顶点的 dist 值的最小者),然后以 u 为中间点调整 U 中其他顶点的最短路径长度。

8. **答**:对于如图7.1(a)所示的带权有向图,假设源点 $v=0$,在采用Dijkstra算法求 v 到图中其他顶点的最大路径时,第一步选择最小顶点 $u=1$,$S=\{0,1\}$,将 S 中的顶点0和1缩为一个顶点,对应的子问题如图7.1(b)所示,子问题是求 v 到其他顶点集 $U=\{2,3,4\}$ 的最短路径,子问题的结果合并 v 到顶点1的最短路径(第一步的贪心选择)即为原问题的解。

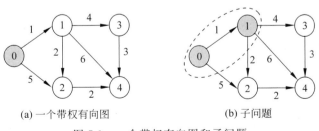

(a) 一个带权有向图　　　　　　　　(b) 子问题

图 7.1　一个带权有向图和子问题

9. **答**:例如,对于如图7.2所示的含负权的有向图,源点 $v=0$,按照Dijkstra算法,第一步求出 v 到顶点1的最短路径长度为1,将顶点1加入 S,以后不会调整其路径长度,实际上 v 到顶点1的最短路径长度为 -3。从中看出,Dijkstra算法不适合含负权的原因是采用了贪心法,一旦顶点 u 加入 S,其最短路径不再改变,不具有回溯的特点。

10. **答**:在带惩罚的调度问题中,贪心选择性质是选择当前惩罚值最大的作业优先加工,如果不满足截止时间的要求,再选择当前惩罚值次大的作业优先加工。

图 7.2   含负权的有向图

11. **答**:在构造哈夫曼树时每次都是将两棵根结点最小的树合并,从而体现贪心的思路。

12. **答**:例如,$n=3$,$w=\{3,2,2\}$,$v=\{7,4,4\}$,$W=4$ 时,由于单位重量价值 $7/3$ 最大,若采用背包问题求解,只能取第一个物品,收益是 7,而此实例的最大收益应该是 8,取第 2、3 个物品。

13. **答**:通过一个示例说明,对于如图 7.3(a)所示的城市图,假设起始点 $v=0$,可以求出一条 TSP 回路是 $0\to3\to1\to2\to0$,最短路径长度为 9。如果采用贪心法,每次选择最小边,第一步选择(0,3)边,将顶点 0 和顶点 3 缩为一个顶点 $\{0,3\}$,如图 7.3(b)所示,这是对应的子问题,该子问题的 TSP 回路是 $\{0,3\}\to1\to2\to\{0,3\}$,对应的路径长度是 14,将该子问题合并选择的(0,3)边,结果路径长度为 15,而不是原问题的最优解。从而看出 TSP 问题不满足贪心选择性质,所以不能采用贪心算法求解。

14. **答**:不能。例如如图 7.4 所示的带权图,源点为 0,按该方法求 0 到 2 的最长路径是 $0\to1\to2$,长度为 4,而实际上 0 到 2 的最长路径应该是 $0\to3\to2$,最长路径为 6,也就是说该方法不满足贪心选择性质,所以不能用于求最长路径。

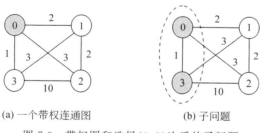

(a) 一个带权连通图   (b) 子问题

图 7.3   带权图和选择(0,3)边后的子问题

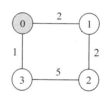

图 7.4   一个带权图

7.3 算法设计题及其参考答案

7.3.1   算法设计题

1. 有 n 个会议,每个会议 i 有一个开始时间 b_i 和结束时间 $e_i(b_i<e_i)$,它是一个半开半闭时间区间 $[b_i,e_i)$,但只有一个会议室。设计一个算法求可以安排的会议的最多个数。

2. 有 n 个会议,每个会议需要一个会议室开会,每个会议 i 有一个开始时间 b_i 和结束时间 $e_i(b_i<e_i)$,它是一个半开半闭时间区间 $[b_i,e_i)$。设计一个算法求安排所有会议至少需要多少个会议室。

3. 有一组会议 A 和一组会议室 B,$A[i]$ 表示第 i 个会议的参加人数,$B[j]$ 表示第 j 个会议室最多可以容纳的人数。当且仅当 $A[i] \leqslant B[j]$ 时第 j 个会议室可以用于举办第 i 个会议。给定数组 A 和数组 B，试问最多可以同时举办多少个会议。例如，$A[] = \{1, 2, 3\}$，$B[] = \{3, 2, 4\}$，结果为 3；若 $A[] = \{3, 4, 3, 1\}$，$B[] = \{1, 2, 2, 6\}$，结果为 2。

4. 有两个向量 $x = (x_1, x_2, \cdots, x_n)$，$y = (y_1, y_2, \cdots, y_n)$，可以任意交换向量的各个分量。设计一个算法计算 x 和 y 的内积 $x_1 \times y_1 + x_2 \times y_2 + \cdots + x_n \times y_n$ 的最小值。

5. 有 1 元、5 元、10 元、50 元、100 元和 500 元的硬币各 c1、c5、c10、c50、c100 和 c500 个，硬币个数用数组 C 表示，现在要用这些硬币来支付 A 元，设计一个贪心算法求最少需要多少个硬币。例如，$C[] = \{3, 2, 1, 3, 0, 2\}$，$A = 620$ 时最少需要 6 个硬币。

6. 求解汽车加油问题。已知一辆汽车加满油后可行驶 d km，而旅途中有若干个加油站。设计一个算法求应在哪些加油站停靠加油，使加油次数最少。用 a 数组存放各加油站之间的距离，例如 $a = \{2, 7, 3, 6\}$，表示共有 $n = 4$ 个加油站（加油站的编号是 $0 \sim n-1$），起点到 0 号加油站的距离为 2km，以此类推。

7. 有 n 个人，第 i 个人的体重为 $w_i (0 \leqslant i < n)$。每艘船的最大载重量均为 C，且最多只能乘两个人。设计一个算法求载所有人需要的最少船数。

8. 给定一个带权有向图采用邻接矩阵 A 存放，利用 Dijkstra 算法求顶点 s 到 t 的最短路径长度。

9. 农夫约翰要建一个围栏，该围栏由 n 块木板构成，每块木板有一个长度，用整数数组 A 表示。现在有一块足够长的板子，其长度恰好为 n 块木板的长度之和，约翰需要将该板子切割成 n 块木板，每次切割的成本是切割前板子的长度。例如，切割长度为 21 的板子一次需要 21 元。这样按不同的顺序切割板子的成本可能不同，设计一个算法求切割 $n-1$ 次的最低成本。

提示：他想把一块长度为 21 的板子切割成 3 块长度分别为 8、5 和 8 的木板。初始板子的长度为 $8 + 5 + 8 = 21$。第一次切割将花费 21，应该用于将板子切割成 13 和 8。第二次切割将花费 13，应该用于将长度为 13 的板子切割成 8 和 5。这将花费 $21 + 13 = 34$。如果将长度为 21 的板子切割成 16 和 5，则第二次切割将花费 16，总共花费 37（超过 34）。

10. 集装箱装载问题：有 $n (n > 2)$ 个集装箱要装载到一艘载重量为 c 的轮船上，集装箱 i 的重量为 $w_i (0 \leqslant i < n)$。假设不考虑集装箱的体积限制，求能够装上轮船的最多集装箱个数。

(1) 设计一个算法求该最优装载问题。

(2) 根据(1)的算法求出 $w[] = \{100, 200, 50, 90, 150, 50, 20, 80\}$、$c = 400$ 时的最多集装箱个数。

(3) 证明该算法的正确性。

(4) 0/1 背包问题可以看成一般化的集装箱装载问题，为什么 0/1 背包问题不能采用贪心法求解，而集装箱装载问题却可以采用贪心法求解？

7.3.2　算法设计题参考答案

1. **解**：与《教程》中 7.2.1 节的活动安排问题 I 相同，即求最大活动兼容子集中的活动个数 ans。对应的算法如下：

```
class Action {                                          //活动类
    int b;                                              //活动起始时间
    int e;                                              //活动结束时间
    public Action(int b,int e) {                        //构造方法
        this.b=b;this.e=e;
    }
}
class Solution {
    int greedly(Action a[]) {                           //求解算法
        Arrays.sort(a,new Comparator<Action>() {        //按结束时间 e 递增排序
            @Override
            public int compare(Action o1,Action o2) {
                return o1.e-o2.e;
            }
        });
        int n=a.length;
        int ans=0;
        int preend=0;
        for(int i=0;i<n;i++) {
            if(a[i].b>=preend) {
                ans++;                                  //选择 a[i]活动
                preend=a[i].e;
            }
        }
        return ans;
    }
}
```

2. **解**：与《教程》中 7.2.1 节的活动安排问题 I 类似，只是这里改为求最大活动兼容子集的个数 ans。对应的算法如下：

```
class Action {                                          //活动类
    int b;                                              //活动起始时间
    int e;                                              //活动结束时间
    public Action(int b,int e) {                        //构造方法
        this.b=b;this.e=e;
    }
}
class Solution {
    int greedly(Action a[]) {                           //求解算法
        int n=a.length;
        boolean flag[]=new boolean[n];
        Arrays.sort(a,new Comparator<Action>() {        //按结束时间 e 递增排序
            @Override
            public int compare(Action o1,Action o2) {
                return o1.e-o2.e;
            }
        });
        int ans=0;
```

```
        for(int i=0;i<n;i++) {
            if(!flag[i]) {
                ans++;                      //会议室个数增加1
                System.out.printf("最大兼容子集%d: [%d,%d] ",ans,a[i].b,a[i].e);
                int preend=a[i].e;
                for(int j=i;j<n;j++) {
                    if(!flag[j] && a[j].b>=preend) {
                        System.out.printf("[%d,%d] ",a[j].b,a[j].e);
                        preend=a[j].e;
                        flag[j]=true;
                    }
                }
                System.out.println();
            }
        }
        return ans;
    }
}
```

例如,a 中会议为{{1,4},{3,5},{0,6},{5,7},{3,8},{5,9},{6,10},{8,11},{8,12}, {2,13},{12,15}},求解结果如下:

```
最大兼容子集 1: [1,4] [5,7] [8,11] [12,15]
最大兼容子集 2: [3,5] [5,9]
最大兼容子集 3: [0,6] [6,10]
最大兼容子集 4: [3,8] [8,12]
最大兼容子集 5: [2,13]
求解结果=5
```

3. **解**：采用贪心思路。每次都在还未安排的容量最大的会议室安排尽可能多的参会人数,即对于每个会议室,都安排当前还未安排的会议中参会人数最多的会议。若能容纳下,则选择该会议,否则找参会人数次多的会议来安排,直到找到能容纳下的会议。对应的算法如下:

```
int greedly(int A[],int B[]) {           //求解算法
    int n=A.length;                       //会议个数
    int m=B.length;                       //会议室个数
    Arrays.sort(A);                       //递增排序
    Arrays.sort(B);                       //递增排序
    int ans=0;
    int i=n-1,j=m-1;                      //从最多人数会议和容纳人数最多的会议室开始
    for(;i>=0;i--) {
        if(A[i]<=B[j] && j>=0) {
            ans++;                        //不满足条件,增加一个会议室
            j--;
        }
    }
    return ans;
}
```

4. 解：采用贪心思路，将 x 按分量递增排序，将 y 按分量递减排序，这样求出的内积是最小的。对应的算法如下：

```
int greedly(int x[],int y[]) {                    //求解算法
    int n=x.length;
    Arrays.sort(x);                               //递增排序
    Integer z[]=new Integer[n];                   //将 y 转换为 Integer 数组 z
    for(int i=0;i<n;i++)
        z[i]=y[i];
    Arrays.sort(z,new Comparator<Integer>() {     //递减排序
        @Override
        public int compare(Integer o1,Integer o2) {
            return o2-o1;
        }
    });
    int ans=0;
    for(int i=0;i<n;i++)
        ans+=x[i] * z[i];
    return ans;
}
```

5. 解：由《教程》中的 7.2.6 节的证明可以推出，当硬币的面额为 $c_0,c_1,\cdots,c_k$ 时，如果 $c_i=x\times c_{i-1}(0<i\leqslant k,c_0=1,x\geqslant 2)$，则可以采用贪心法求兑换的最少硬币个数。本题中采用的贪心策略是尽可能选择面额大的硬币，以尽量地减少硬币的数量。对应的算法如下：

```
int greedly(int C[],int A) {                      //求解算法
    int n=6;
    int V[]={1,5,10,50,100,500};                  //硬币的面额
    int ans=0;
    for(int i=n-1;i>=0;i--) {
        int curs=Math.min(A/V[i],C[i]);           //求硬币 i 的个数
        A-=curs * V[i];                           //剩余金额
        ans+=curs;                                //累计硬币的个数
    }
    return ans;
}
```

6. 解：采用贪心思路。汽车在行驶过程中，应走到自己能走到并且最远的那个加油站加油，然后按照同样的方法处理。对应的算法如下：

```
int greedly(int a[],int d) {                      //求解算法
    int n=a.length;
    int bestn=0;
    for(int i=0;i<n;i++) {
        if(a[i]>d)                                //只要有一个距离大于 d 就没有解
        return 0;                                 //返回 0 表示没有解
    }
    for(int i=0,sum=0;i<n;i++) {
```

```
        sum+=a[i];                           //累计行驶到 i 号加油站的距离
        if(sum>d) {                          //不能到 i 号加油站,则在 i-1 号加油站加油
            System.out.printf("  在%d 号加油站加油\n",i-1);
            bestn++;
            sum=a[i];                        //累计从 i-1 号加油站到 i 号加油站的距离
        }
    }
    return bestn;                            //返回总加油次数
}
```

例如 $d=7,n=4,a=\{2,7,3,6\}$,求解结果是在 0、1 和 2 号加油站加油,总加油次数为 3。

7. **解**:采用贪心思路。首先按体重递增排序;再考虑前后的两个人(最轻者和最重者),分别用 i、j 指向:若 $w[i]+w[j]\leqslant C$,说明这两个人可以同乘(执行 $i++,j--$),否则 $w[j]$ 单乘(执行 $j--$),若最后只剩余一个人,该人只能单乘。对应的算法如下:

```
int greedly(int w[],int C) {                 //求解算法
    int n=w.length;
    Arrays.sort(w);                          //递增排序
    int bests=0;                             //需要的最少船数
    int i=0;
    int j=n-1;
    while(i<=j){
        if(i==j) {                           //剩下最后一个人
            System.out.printf("船: %d\n",w[i]);
            bests++;
            break;
        }
        if(w[i]+w[j]<=C){                     //前后两个人同乘
            System.out.printf("船: %d %d\n",w[i],w[j]);
            bests++;
            i++; j--;
        }
        else {                               //w[j]单乘
            System.out.printf("船: %d\n",w[j]);
            bests++;
            j--;
        }
    }
    return bests;
}
```

例如,$n=7,w=\{50,65,58,72,78,53,82\}$,$C=150$,求解结果如下:

```
船: 50 82
船: 53 78
船: 58 72
船: 65
最少的船数=4
```

8. **解**：利用 Dijkstra 算法以顶点 s 为源点开始搜索，当找到的最小顶点 u 为 t 时返回 $s \to t$ 的最短路径长度 $dist[u]$，否则继续搜索，如果算法执行完毕都没有找到顶点 t，返回 -1。对应的算法如下：

```
final int INF=0x3f3f3f3f;
int Dijkstra(int A[][],int s,int t){          //Dijkstra 算法
    int n=A.length;
    int dist[]=new int[n];
    boolean S[]=new boolean[n];
    for(int i=0;i<n;i++)
        dist[i]=A[s][i];                       //初始化距离
    S[s]=true;                                 //将源点 v 放入 S 中
    for(int i=0;i<n-1;i++) {                    //循环 n-1 次
        int u=-1;
        int mindis=INF;                        //mindis 求最短路径长度
        for(int j=0;j<n;j++) {                  //选取不在 S 中且具有最小距离的顶点 u
            if(!S[j] && dist[j]<mindis) {
                u=j;
                mindis=dist[j];
            }
        }
        if(u==t) return dist[u];               //到达顶点 t 时返回最短路径长度
        S[u]=true;                             //将顶点 u 加入 S 中
        for(int j=0;j<n;j++) {                  //修改不在 S 中的顶点的距离
            if(!S[j] && A[u][j]!=0 && A[u][j]<INF)
                dist[j]=Math.min(dist[j],dist[u]+A[u][j]);
        }
    }
    return -1;                                 //没有找到 s->t 的路径,返回-1
}
```

9. **解**：要使总费用最少，每次只选取长度最小的两块木板相加，再把这些和累加到总费用中即可，实际上是按哈夫曼树方式求解。对于样例，构造的哈夫曼树如图 7.5 所示，切割过程从上到下。

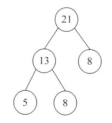

图 7.5   一棵哈夫曼树

对应的算法如下：

```
int greedly(int A[]) {                         //求解算法
    PriorityQueue<Integer>pq=new PriorityQueue<Integer>();
                                               //定义优先队列(默认小根堆)
```

```
    for(int x:A)
        pq.offer(x);
    int ans=0;
    while(pq.size()>1) {          //按哈夫曼树的方式求 ans
        int a=pq.poll();          //出队 a
        int b=pq.poll();          //出队 b
        pq.offer(a+b);            //将 a+b 进队
        ans+=(a+b);               //累积到 ans
    }
    return ans;                   //返回结果
}
```

10. **解**：(1) 采用贪心法,贪心策略是每次选择重量最小的集装箱。为此先将所有集装箱按重量递增排序,然后根据贪心策略选择尽可能多的集装箱装载到轮船上,直到不能装载为止。对应的算法如下：

```
int greedly(int w[],int c) {              //求解算法
    int n=w.length;
    Arrays.sort(w);                       //递增排序
    int ans=0;                            //最优装载重量
    int rw=c;                             //剩余装载重量
    int i=0;
    while(i<n && rw-w[i]>=0){             //选择重量为 w[i]的集装箱
        ans++;
        rw-=w[i];
        System.out.printf("选择重量为%d的集装箱\n",w[i]);
        i++;
    }
    return ans;                           //返回结果
}
```

(2) 对于 $w[]=\{100,200,50,90,150,50,20,80\}$, $c=400$,求出的最多集装箱个数为 6,选择的集装箱重量分别是 20、50、50、80、90 和 100。

(3) 假设所有集装箱已经按重量递增排序,采用贪心法求出的一个解是 $x=\{x_0,x_1,\cdots,x_{n-1}\}$,其中 x_i 等于 0(不选择集装箱 i)或者 1(选择集装箱 i),对应的集装箱个数 $=\sum\limits_{i=0}^{n-1}x_i$。假设有任意一个可行解 $y=\{y_0,y_1,\cdots,y_{n-1}\}$,需要证明 $\sum\limits_{i=0}^{n-1}x_i \geqslant \sum\limits_{i=0}^{n-1}y_i$ 成立。

根据上述贪心法可知,存在一个 $k(0 \leqslant k \leqslant n-1)$,使得 $x_i=1(i \leqslant k)$,并且 $x_i=0(i>k)$。现在对 $x_i \neq y_i$ 的 i 的个数 p 应用归纳法。当 $p=0$ 时,x 和 y 相等,因此有 $\sum\limits_{i=0}^{n-1}x_i \geqslant \sum\limits_{i=0}^{n-1}y_i$。

令 m 是任意一个自然数,假设 $p \leqslant m$ 时有 $\sum\limits_{i=0}^{n-1}x_i \geqslant \sum\limits_{i=0}^{n-1}y_i$。当 $p=m+1$ 时,找到最小整数 $j(0 \leqslant j \leqslant n-1)$ 使得 $x_j \neq y_j$(因为 $p \neq 0$,一定存在这样的 j),同时 $j \leqslant k$,否则 y 不是一个可行解。由于 $x_j \neq y_j$ 并且 $x_j=1$,则 $y_j=0$。

令 z 表示 y，这时在 $[k+1,n-1]$ 内必有一个 l，使得 $z_l=1$，将 z_j 置为 1（注意 x_j 也是 1），将 z_l 置为 0，因为 $w_j \leqslant w_l$，则 z 也是一个可行解，并且有 $\sum\limits_{i=0}^{n-1} z_i = \sum\limits_{i=0}^{n-1} y_i$。

而且最多在 $p-1=m$ 个位置上 z 与 x 不同，由归纳假设得知 $\sum\limits_{i=0}^{n-1} x_i \geqslant \sum\limits_{i=0}^{n-1} z_i = \sum\limits_{i=0}^{n-1} y_i$。问题即证。

（4）尽管 0/1 背包问题可以看成一般化的集装箱装载问题，但二者求的最优解是不同的，集装箱装载问题是求最多集装箱个数，而 0/1 背包问题是求最大价值，由于可能存在重量轻的物品反而价值大，所以 0/1 背包问题不能采用贪心法求解。

7.4　在线编程题及其参考答案 ❋

7.4.1　LeetCode121——买卖股票的最佳时机 ★

问题描述：给定一个含 n（$1 \leqslant n \leqslant 10^5$）个整数的数组 prices，prices[$i$]（$0 \leqslant$ prices[i] $\leqslant 10^4$）表示一支给定股票第 i 天的价格。买家只能选择在某一天买入这只股票，并选择在未来的某一个日子卖出该股票。设计一个算法求所能获取的最大利润，如果不能获取任何利润，则返回 0。例如，prices $=\{7,1,5,3,6,4\}$，在价格为 1 时买入，在价格为 6 时卖出，最大利润为 $6-1=5$。要求设计如下方法：

```
public int maxProfit(int[] prices) { }
```

问题求解：采用贪心法，贪心策略是尽可能在前面以最低价格买入，在后面以最高价格卖出。用 i 遍历 prices，用 j 遍历 prices[i] 后面的价格，这样第 i 天买入第 j 天卖出的利润为 curpf $=$ prices[j]$-$prices[i]，在所有 curpf 中通过比较找到一个最大值 ans（ans 的最小值为 0），最后返回 ans。对应的程序如下：

```
public class Solution {
    public int maxProfit(int prices[]) {              //求解算法
        int n=prices.length;
        int ans=0;
        for(int i=0;i<n-1;i++) {
            for(int j=i+1;j<n;j++) {
                int curpf=prices[j]-prices[i];        //第i天买入第j天卖出的利润
                if(curpf>ans) {
                    ans=curpf;
                }
            }
        }
        return ans;
    }
}
```

上述程序提交时超时,因为时间复杂度为 $O(n^2)$。可以改为一重循环,用 i 遍历 prices,前面的最低价格为 minprice(初始为∞),所以当 prices$[i]$<minprice 时(若第 i 天卖出,对应的利润为负数,所以第 i 天不可能卖出),置 minprice=prices$[i]$;若 prices$[i]$≥minprice,则在第 i 天卖出对应的利润为 prices$[i]$−minprice。在所有 prices$[i]$−minprice 中通过比较找到一个最大值 ans(ans 的最小值为 0),最后返回 ans。对应的程序如下:

```
public class Solution {
    public int maxProfit(int prices[]) {          //求解算法
        int n=prices.length;
        int minprice=Integer.MAX_VALUE;
        int ans=0;
        for(int i=0; i<n;i++) {
            if(prices[i]<minprice)
                minprice=prices[i];
            else if(prices[i]-minprice>ans)
                ans=prices[i]-minprice;
        }
        return ans;
    }
}
```

上述程序提交时通过,执行用时为 1ms,内存消耗为 51.5MB。

7.4.2　LeetCode122——买卖股票的最佳时机 II★★

问题描述:给定一个含 $n(1\leqslant n\leqslant 3\times10^4)$ 个整数的数组 prices,prices$[i]$($0\leqslant$prices$[i]\leqslant$ 10^4)表示一支给定股票第 i 天的价格。设计一个算法求所能获取的最大利润,注意可以尽可能地完成更多的交易(多次买卖一支股票),但不能同时参与多笔交易(必须在再次购买前出售掉之前的股票)。例如,prices$=\{7,1,5,3,6,4\}$,在价格为 1 时买入,在价格为 5 时卖出,获得利润为 $5-1=4$。随后在价格为 3 时买入,在价格为 6 时卖出,获得利润为 $6-3=$ 3。总利润为 $4+3=7$。要求设计如下方法:

```
public int maxProfit(int[] prices) { }
```

问题求解:由于没有限制交易次数,只要今天的股价比昨天高,就做交易。假设股票价格数组 p 是递增的,显然最大利润$=p_{n-1}-p_0$,等同于$(p_1-p_0)+(p_2-p_1)+\cdots+(p_{n-1}$ $-p_{n-2})$。对于一般情况,若 p_i-p_{i-1} 为负数则不做交易,所以贪心策略是仅选择 p_i-p_{i-1} 为正数的交易。对应的程序如下:

```
class Solution {
    public int maxProfit(int[] prices) {          //求解算法
        int n=prices.length;
        if(n==1) return 0;
        int ans=0;
        for(int i=1;i<n;i++){
```

```
            if(prices[i]-prices[i-1]>0) {        //仅选择 pᵢ-pᵢ₋₁ 为正数的交易
                ans+=prices[i]-prices[i-1];
            }
        }
        return ans;
    }
}
```

上述程序提交时通过,执行用时为 1ms,内存消耗为 38.1MB。

7.4.3 LeetCode670——最大交换★★

问题描述:给定一个非负十进制整数 $num(0 \leqslant num \leqslant 10^8)$,设计一个算法求交换任意两位数字一次所得到的最大值。例如,$num=2736$,交换数字 2 和数字 7 得到最大值 7236。要求设计如下方法:

```
public int maximumSwap(int num) { }
```

问题求解:采用贪心法,贪心策略是从 num 的高位开始找到当前位置之后的最大数字(有多个时取最后位置的最大数字)并交换一次。

例如,$num=2736$,对于最高位的 2,后面的最大数字为 7,两者交换得到 7236。若 $num=27367$,对于最高位的 2,后面的最大数字为 7,将 2 和最后一个 7 交换得到 77232。若 $num=9973$,由于每个数字后面没有更大的数字,没有交换,返回 9973。对应的程序如下:

```
class Solution {
    public int maximumSwap(int num) {            //求解算法
        String s=String.valueOf(num);            //将 num 转换为数字串 s
        char[] ss=s.toCharArray();               //将 s 转换为字符数组 ss
        int n=s.length();
        int[] last=new int[10];
        for(int i=0;i<n;i++)
            last[ss[i]-'0']=i;                    //求每个数字最后一次出现的位置
        for(int i=0;i<n-1;i++) {
            for(int d=9;d>ss[i]-'0';d--) {        //找到当前位置右边的最大数字并交换
                if(last[d]>i) {
                    char tmp=ss[i];               //交换 ss[i]与 ss[last[d]]
                    ss[i]=ss[last[d]]; ss[last[d]]=tmp;
                    return Integer.parseInt(new String(ss));  //交换一次后返回
                }
            }
        }
        return num;
    }
}
```

上述程序提交时通过,执行用时为 0ms,内存消耗为 35.3MB。

7.4.4 LeetCode316——去除重复字母★★

问题描述：给定一个字符串 s（$1 \leqslant s.length \leqslant 10^4$，$s$ 由小写英文字母组成），设计一个算法删除其中重复的字母，使得每个字母只出现一次，需保证返回结果的字典序最小（要求不能打乱其他字符的相对位置）。例如，$s=$ "cbacdcbc"，删除后的结果串是"acdb"。要求设计如下方法：

```
public String removeDuplicateLetters(String s) { }
```

问题求解：为了保证得到的结果串的字典序最小，采用的贪心策略是尽量维护结果串的递增顺序，为此采用单调递增栈实现，即将存放结果串的 ans 看成一个单调递增栈。

例如，$s=$ "cbacdcbc"，统计每个字母出现的次数，cnt['c']=4，cnt['b']=2，cnt['a']=1，cnt['d']=1，结果串 ans=""（看成一个栈），设计 visited 数组表示字母是否出现在 ans 中（初始元素均为 false）。用 i 遍历 s，处理过程如下：

（1）$i=0$，ch='c'，由于 visited['c']=false，将'c'添加到 ans 末尾（进栈），ans="c"，置 visited['c']=true，cnt['c']=3。

（2）$i=1$，ch='b'，由于 visited['b']=false，'b'小于栈顶元素'c'，将'c'出栈并且恢复 visited['c']=false，将'b'添加到 ans 末尾，ans="b"，置 visited['b']=true，cnt['b']=1。

（3）$i=2$，ch='a'，由于 visited['a']=false，'a'小于栈顶元素'b'，将'b'出栈并且恢复 visited['b']=false，将'a'添加到 ans 末尾，ans="a"，置 visited['a']=true，cnt['a']=0。

（4）$i=3$，ch='c'，由于 visited['c']=false，并且'c'大于栈顶元素'a'，将'c'添加到 ans 末尾，ans="ac"，置 visited['c']=true，cnt['c']=2。

（5）$i=4$，ch='d'，由于 visited['d']=false，并且'd'大于栈顶元素'c'，将'd'添加到 ans 末尾，ans="acd"，置 visited['d']=true，cnt['d']=0。

（6）$i=5$，ch='c'，由于 visited['c']=true，置 cnt['c']=1。

（7）$i=6$，ch='b'，由于 visited['b']=false，尽管'b'小于栈顶字符'd'，但 cnt['d']=0，将'b'添加到 ans 末尾，ans="acdb"，置 visited['b']=true，cnt['b']=0。

（8）$i=7$，ch='c'，由于 visited['c']=true，置 cnt['c']=0。

最后得到 ans="acdb"。对应的程序如下：

```
class Solution {
    final int MAXN=26;                                  //最多 26 个小写字母
    public String removeDuplicateLetters(String s) {    //求解算法
        boolean[] visited=new boolean[MAXN];            //表示字符在结果串中是否出现
        int[] cnt=new int[MAXN];
        for(int i=0; i<s.length(); i++) {
            cnt[s.charAt(i)-'a']++;                     //累计每个字符出现的次数
        }
        StringBuffer ans=new StringBuffer();            //存放结果串（相当于一个栈）
        int n=0;                                        //结果串中字符的个数
        for(int i=0;i<s.length();i++) {
            char ch=s.charAt(i);
            if(!visited[ch-'a']) {                      //结果串中没有出现过 ch
```

```
        while(n>0 && ans.charAt(n-1)>ch) {        //违反局部递增时
            if(cnt[ans.charAt(n-1)-'a']>0) {      //若栈顶字符还在后面出现过
                visited[ans.charAt(n-1)-'a']=false;   //从结果串中删除之
                ans.deleteCharAt(n-1);            //相当于出栈
                n--;
            }
            else break;                           //若栈顶字符在后面没有了,退出 while 循环
        }
        visited[ch-'a']=true;                     //将 ch 进栈
        ans.append(ch);
        n++;
    }
    cnt[ch-'a']-=1;                               //ch 出现的次数减 1
}
return ans.toString();
    }
}
```

上述程序提交时通过,执行用时为 1ms,内存消耗为 37MB。

7.4.5　LeetCode135——分发糖果★★★

问题描述：老师想给孩子们分发糖果,有 n 个孩子站成了一条直线,老师会根据每个孩子的表现预先给他们评分。设计一个算法帮助老师给这些孩子分发糖果,有两个要求：一是每个孩子至少分配到一个糖果;二是评分更高的孩子必须比他两侧的邻位孩子获得更多的糖果。那么这样下来,老师至少需要准备多少颗糖果呢? 要求设计如下方法：

```
public int candy(int[] ratings) { }
```

问题求解：用 nums 数组存放每个孩子分发的糖果数,首先每个孩子分发一个糖果,即置 nums 数组的所有元素为 1,这样就满足了条件一。然后考虑条件二,先从左往右遍历一遍,如果右边孩子的评分比左边的高,则右边孩子的糖果数更新为左边孩子的糖果数加 1,再从右往左遍历一遍,如果左边孩子的评分比右边的高,且左边孩子当前的糖果数不大于右边孩子的糖果数,则左边孩子的糖果数更新为右边孩子的糖果数加 1,最后累加 nums 元素得到答案 ans。这里的贪心策略是每次遍历中只考虑并更新相邻一侧的大小关系。

例如,ratings={1,2,2},首先 nums={1,1,1},从左往右遍历一遍更新 nums={1,2,1},再从右往左遍历一遍 nums 没有改变,ans=4。对应的代码如下：

```
class Solution {
    public int candy(int[] ratings) {            //求解算法
        int n=ratings.length;
        if(n<2) return n;
        int nums[]=new int[n];
        for(int i=0;i<n;i++)                      //每人分发一个糖果
            nums[i]=1;
        for(int i=1;i<n;i++) {
```

```
            if(ratings[i]>ratings[i-1])
                nums[i]=nums[i-1]+1;
        }
        for(int i=n-1;i>0;i--) {
            if(ratings[i]<ratings[i-1])
                nums[i-1]=Math.max(nums[i-1],nums[i]+1);
        }
        int sum=0;
        for(int i=0;i<n;i++)
            sum+=nums[i];
        return sum;
    }
}
```

上述程序提交时通过，执行用时为 2ms，内存消耗为 39.5MB。

7.4.6 LeetCode56——合并区间★★

问题描述：用数组 intervals 表示 $n(1\leqslant n\leqslant 10\ 000)$ 个区间的集合，其中单个区间为 intervals$[i]=[b,e]$ $(b<e,0\leqslant b,e\leqslant 10\ 000)$。设计一个算法合并所有重叠的区间，并返回一个不重叠的区间数组，该数组需恰好覆盖输入中的所有区间。要求设计如下方法：

```
public int[][] merge(int[][] intervals) {}
```

问题求解：用 ans 数组存放答案，将 A 数组（intervals）按区间起始位置递增排序，用 $[b,e]$ 表示当前合并的区间，先置 $[b,e]=A[0]$，用 i 遍历其余区间，如果 $A[i][0]\leqslant e$，说明 $A[i]$ 可以合并，置 $e=\max(e,A[i][1])$，否则说明不能合并，将前面求出的最大合并区间 $[b,e]$ 添加到 ans 中，重置 $[b,e]=A[i]$ 后继续遍历。当 A 遍历完毕，将最后一个最大合并区间 $[b,e]$ 添加到 ans 中。这里的贪心策略是每次求最大合并区间 $[b,e]$。对应的代码如下：

```
class Solution {
    public int[][] merge(int[][] intervals) {       //求解算法
        return greedly(intervals);
    }
    int[][] greedly(int A[][]) {                     //贪心算法
        Arrays.sort(A,new Comparator<int[]>() {      //按区间起始位置递增排序
            @Override
            public int compare(int[] o1,int[] o2) {
                return o1[0]-o2[0];
            }
        });
        int tmp[];
        ArrayList<int[]>ans=new ArrayList<>();        //存放结果
        int b=A[0][0];                                //取首区间[b,e]
        int e=A[0][1];
        int n=A.length;
        for(int i=1;i<n;i++){                         //遍历A中的其余区间
            if(A[i][0]<=e)                            //重叠,可以合并
```

```
                e=Math.max(e,A[i][1]);          //修改结束位置
            else {                              //不重叠
                tmp=new int[2];
                tmp[0]=b;tmp[1]=e;
                ans.add(tmp);                   //将前面求出的合并区间[b,e]添加到ans
                b=A[i][0];                      //重新开始
                e=A[i][1];
            }
        }
        tmp=new int[2];
        tmp[0]=b; tmp[1]=e;
        ans.add(tmp);                           //将最后一个合并区间[b,e]添加到ans
        return ans.toArray(new int[ans.size()][]);   //将ans转换为二维数组后返回
    }
}
```

上述程序提交时通过,执行用时为 8ms,内存消耗为 43MB。

7.4.7　LeetCode502——IPO★★★

问题描述:假设 A 公司即将开始 IPO(发行股票),为了以更高的价格将股票卖给风险投资公司,A 公司希望在此之前开展一些项目以增加其资本,由于资源有限,它只能在 IPO 之前完成最多 k 个不同的项目。现在给定 $n(1 \leqslant n \leqslant 10^5)$ 个项目,每个项目 i 一个纯利润 $\text{profits}[i]$(profits.length$=n$,$0 \leqslant \text{profits}[i] \leqslant 10^4$)和启动该项目需要的最小资本 $\text{capital}[i]$ (capital.length$=n$,$0 \leqslant \text{capital}[i] \leqslant 10^9$)。最初的资本为 $w(0 \leqslant w \leqslant 10^9)$,当完成一个项目时将获得纯利润,且利润将被添加到总资本中,设计一个算法帮助 A 公司完成最多 k 个不同项目后得到最大利润,答案保证在 32 位有符号整数范围内。例如,$k=2$,$w=0$,profits$=\{1,2,3\}$,capital$=\{0,1,1\}$,初始资本为 0,仅可以从 0 号项目开始,完成后获得 1 的利润,这样总资本变为 1。此时可以选择开始 1 号或 2 号项目,由于最多只能选择两个项目,所以需要完成 2 号项目以获得最大的资本,总最大化资本为 $0+1+3=4$,结果为 4。要求设计如下方法:

```
public int findMaximizedCapital(int k, int w, int[] profits, int[] capital) { }
```

问题求解:采用贪心法,贪心策略是每次选择满足启动资本要求的具有最大利润的项目。建立一个利润的大根堆,先将所有项目按启动资本递增排序,然后用 i 遍历所有项目,将所有满足启动资本要求的项目利润进队,再出队最大利润并且累积到 w 中,如此进行,直到选择 k 个项目或者没有满足启动资本要求的项目为止,最后返回 w。对应的程序如下:

```
class Solution {
    public int findMaximizedCapital(int k, int w, int[] profits, int[] capital) {
        int n=capital.length;
        int[][] proj=new int[n][2];
        for(int i=0;i<n;i++) {
            proj[i][0]=capital[i];              //项目的启动资本
            proj[i][1]=profits[i];              //项目的利润
```

```
}
PriorityQueue<Integer>maxpq=new PriorityQueue<Integer>(new
    Comparator<Integer>() {
    @Override                                   //整数大根堆
    public int compare(Integer o1,Integer o2) {
        return o2-o1;                            //按利润越大越优先出队
    }
});
Arrays.sort(proj,new Comparator<int[]>() { //排序
    @Override
    public int compare(int[] o1,int[] o2) {  //用于按启动资本递增排序
        return o1[0]-o2[0];
    }
});
int i=0;                                        //遍历 proj
for(int j=0;j<k;j++) {                           //最多提取 k 个
    while(i<n && proj[i][0]<=w) {
        maxpq.offer(proj[i][1]);                //将所有满足启动资本要求的进队
        i++;
    }
    if(!maxpq.isEmpty())                        //选择最大利润的项目
        w+=maxpq.poll();                        //增加总资本
    else break;
}
return w;
    }
}
```

上述程序提交时通过，执行用时为 84ms，内存消耗为 58.9MB。

7.4.8　LeetCode402——移掉 k 位数字★★

问题描述：给定一个以字符串表示的非负整数 num 和一个整数 $k(1\leqslant k\leqslant\text{num.length}\leqslant10^5$，num 仅由若干个 0～9 的数字组成，除了 0 本身之外，num 中不含任何前导零），设计一个算法移除这个数中的 k 位数字使得剩下的数字最小，并且以字符串形式返回这个最小的数字。例如，num＝"1432219"，$k=3$，移除掉 3 个数字（4、3 和 2）形成一个新的最小的数字 1219；返回"1219"；num＝"10"，$k=2$，返回"0"。要求设计如下方法：

```
public String removeKdigits(String num, int k) { }
```

问题求解：采用贪心法，贪心策略是按高位到低位方向搜索递增区间，删除该区间末尾的数字，这样形成一个新数串，从该位置连续操作，直到删除 k 个数字为止，最后删除前导零并返回。

例如，num＝"1432219"，$k=3$，从 num[0]（最高位）开始找到一个递增区间[1,4]，删除 4（位置是 1），得到新数串"132219"。从位置 1 开始找到一个递增区间[3]，删除 3（位置是 1），得到新数串"12219"。从位置 1 开始找到一个递增区间[2,2]，删除 2，得到新数串"1219"，共删除了 3 个数字，返回结果串"1219"。对应的程序如下：

```
class Solution {
    public String removeKdigits(String num, int k) {          //求解算法
        int n=num.length();
        if(n<=k) return "0";
        StringBuilder ans=new StringBuilder(num);    //将 num 转换为 StringBuilder 串
        int i=0;
        while(k>0) {                                  //在 ans 中删除 k 位
            while(i<n-1 && ans.charAt(i)<=ans.charAt(i+1))
                i++;                                  //找一个递增(含相同元素)区间
            ans.deleteCharAt(i);          //删除该递增区间的末尾元素 ans[i]
            k--;
            n--;
            if(i>0) i--;
        }
        while(ans.length()>1 && ans.charAt(0)=='0')          //删除前导零
            ans.deleteCharAt(0);
        return ans.toString();
    }
}
```

上述程序提交时通过,执行用时为 4ms,内存消耗为 38.1MB。

7.4.9 LeetCode452——用最少数量的箭引爆气球★★

问题描述:在二维空间中有许多球形的气球,每个气球提供水平方向上的开始坐标 xstart 和结束坐标 xend($-2^{31} \leqslant$ xstart$<$xend$\leqslant 2^{31}-1$),由于它是水平的,所以纵坐标并不重要,因此只要知道开始和结束的横坐标就足够了,全部气球的位置用 points 数组表示($1 \leqslant$ points.length $\leqslant 10^4$,points$[i]$.length$=2$)。一支弓箭可以沿着 X 轴从不同点完全垂直地射出,在坐标 x 处射出一支箭,若有一个气球的开始和结束坐标为 xstart 和 xend,且满足 xstart$\leqslant x \leqslant$xend,则该气球会被引爆。假设可以射出的弓箭的数量没有限制,并且弓箭一旦被射出之后可以无限地前进。设计一个算法找到使得所有气球全部被引爆所需的弓箭的最小数量。例如有 4 个气球,位置为 points$=\{\{10,16\},\{2,8\},\{1,6\},\{7,12\}\}$,可以在 $x=6$ 处射出弓箭射爆$\{2,8\}$和$\{1,6\}$两个气球,在 $x=11$ 处射出弓箭射爆$\{10,16\}$和$\{7,12\}$两个气球,所以返回结果为 2。要求设计如下方法:

```
public int findMinArrowShots(int[][] points) { }
```

问题求解:本题实际上就是求最大兼容活动子集的个数,每个最大兼容活动子集恰好可以用一支弓箭射爆,原理见《教程》中的 7.2.1 节的活动安排问题Ⅰ。对应的程序如下:

```
class Solution {
    public int findMinArrowShots(int[][] points) {          //求解算法
        int n=points.length;
```

```
Arrays.sort(points, new Comparator<int[]>() {
    @Override                      //按结束坐标递增排序
    public int compare(int[] o1,int[] o2) {
        if(o1[1]<o2[1])
            return -1;
        else
            return 1;
    }
});
int ans=1;
int preend=points[0][1];
for(int i=1;i<n;i++) {
    if(points[i][0]>preend) {
        ans++;
        preend=points[i][1];
    }
}
return ans;
```

上述程序提交时通过,执行用时为 53ms,内存消耗为 69.3MB。

7.4.10　LeetCode1353——最多可以参加的会议数目★★

问题描述:给定一个数组 events($1 \leqslant$ events. length $\leqslant 10^5$),其中 events$[i]=$ [startDayi, endDayi]($1\leqslant$startDayi$\leqslant$endDayi$\leqslant 10^5$),表示会议 i 开始于 startDayi,结束于 endDayi。参会人员可以在满足 startDayi$\leqslant d \leqslant$endDayi 中的任意一天 d 参加会议 i。注意,一天只能参加一个会议。设计一个算法求可以参加的最大会议数目。例如,events$=\{\{1,2\}$,$\{2,3\},\{3,4\}\}$,参会人员可以参加所有的(3 个)会议,如图 7.6 所示,结果为 3。要求设计如下方法:

```
public int maxEvents(int[][] events) { }
```

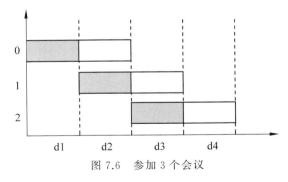

图 7.6　参加 3 个会议

问题求解:采用贪心法,贪心策略是选择可以参加的会议中最早结束的会议参加。建立一个会议结束时间越小越优先的优先队列 minqu(小根堆),将 events 按开始时间递增排序,用 start 表示可能参加会议的开始时间(初始为 events[0][0]),用 i 遍历 events,把所有开始时间小于或等于 start 的会议(可能参加这些会议)的结束时间进队,再将所有结束时间小于 start(这些会议已经结束)的会议出队,若队不空,表示存在可以参加的会议,选择堆顶会议(可以参加的会议中最早结束的会议)参加。进 start 增 1 继续考虑下一天。对应的程序如下:

```
class Solution {
    public int maxEvents(int[][] events) {                      //求解算法
        Arrays.sort(events,new Comparator<int[]>() {            //按开始时间递增排序
            @Override
            public int compare(int[] o1,int[] o2) {
                return o1[0]-o2[0];
            }
        });
        PriorityQueue<Integer>minpq=new PriorityQueue<>();       //小根堆
        int n=events.length;
        int ans=0;                                              //可以参加的最大会议数目
        int start=events[0][0];                                 //start 表示最早会议开始时间
        int i=0;                                                // 遍历 events 会议
        while(i<n || ! minpq.isEmpty()) {                       //会议没遍历完或者还有会议没结束
            while(i<n && events[i][0]<=start) {                 //将所有开始时间满足要求
                minpq.offer(events[i][1]);                      //会议的结束时间进队
                i++;
            }
            while(!minpq.isEmpty() && minpq.peek()<start)       //把已经结束的会议出队
                minpq.poll();
            if(!minpq.isEmpty()){
                minpq.poll();                                   //栈顶是结束时间最早的会议
                ans++;                                          //参加该会议
            }
            start++;                                            //参加会议时间往后排一天
        }
        return ans;
    }
}
```

上述程序提交时通过,执行用时为 64ms,内存消耗为 83MB。

7.4.11 LeetCode300——最长递增子序列★★

问题描述:给定一个整数数组 nums($1 \leqslant$ nums.length$\leqslant 2500$,$-10^4 \leqslant$ nums$[i] \leqslant 10^4$),设计一个算法求其中最长严格递增子序列的长度。例如,nums$=\{0,1,0,3,2,3\}$,其中最长严格递增子序列为$\{0,1,2,3\}$,答案为 4。要求设计如下方法:

```
public int lengthOfLIS(int[] nums) {
```

问题求解：采用简单贪心方法，要使递增子序列尽可能长，需要让序列上升得尽可能慢，因此每次在递增子序列末尾加上的那个元素要尽可能小。用数组 d 表示一个最长递增子序列，其元素个数为 len，初始时将 nums[0] 放置到 d[0]中，将 len 置为 1。用 i 从 1 开始遍历 nums。

（1）若 nums[i]>d[len−1]，说明 nums[i]大于 d 中的所有元素，直接将 nums[i]添加到 d 的末尾，len 增加 1。

（2）否则在 d 中找到第一个大于或等于 nums[i]的元素（一定会查找成功，利用《教程》中 4.3.3 节的 insertpoint 算法的思路），然后用 nums[i]替代该元素，这样 d 的长度不会减少。

最后返回 len，即 nums 中最长递增子序列的长度。例如，nums＝{0,1,0,3,2,3}，首先置 d＝{0}，len＝1，求解过程如下：

① i＝1，nums[1]＝1，nums[1]大于 d 中末尾元素，将 1 添加到 d，得到 d＝{0,1}，len＝2。

② i＝2，nums[2]＝0，在 d 中找到第一个大于或等于 nums[2]的位置 0，做替换操作，即置 nums[0]＝nums[2]＝0，得到 d＝{0,1}，len＝2。

③ i＝3，nums[3]＝3，nums[2]大于 d 中末尾元素，将 3 添加到 d，得到 d＝{0,1,3}，len＝3。

④ i＝4，nums[4]＝2，在 d 中找到第一个大于或等于 nums[4]的位置 2，做替换操作，即置 nums[2]＝nums[4]＝2，得到 d＝{0,1,2}，len＝3。

⑤ i＝5，nums[5]＝3，nums[5]大于 d 的末尾元素，将 3 添加到 d，得到 d＝{0,1,2,3}，len＝4。

nums 遍历完毕返回 len，即 4。对应的程序如下：

```java
class Solution {
    public int lengthOfLIS(int[] nums) {         //求解算法
        int n=nums.length;
        if(n==1) return 1;
        int[] d=new int[n];
        int len=1;
        d[len-1]=nums[0];
        for(int i=1;i<n;i++) {
            if(nums[i]>d[len-1]) {               //nums[i]大于 d 中的所有元素
                d[len]=nums[i];                  //将 nums[i]添加到 d 的末尾
                len++;
            }
            else {
                int pos=insertpoint(d,len,nums[i]);   //在 d 中查找 nums[i]的插入点
                d[pos]=nums[i];                  //替换
            }
        }
        return len;
    }
    int insertpoint(int d[],int len,int k) {     //查找第一个大于或等于 k 的元素位置
        int low=0,high=len;
        while(low<high) {                        //查找区间中至少含两个元素
```

```
        int mid=(low+high)/2;
        if(k<=d[mid])
            high=mid;                        //在左区间中查找(含 d[mid])
        else
            low=mid+1;                       //在右区间中查找
    }
    return low;                              //返回 low
    }
}
```

上述程序提交时通过,执行用时为 2ms,内存消耗为 38MB。

7.4.12   LeetCode1334——阈值距离内邻居最少的城市★★

问题描述:由边数组 edges 给出 n 个城市(从 0 到 $n-1$ 编号,$2 \leqslant n \leqslant 100$)道路的带权无向图,另外给出一个距离阈值 distanceThreshold($1 \leqslant$ distanceThreshold$\leqslant 10^4$),设计一个算法求能通过某些路径到达其他城市数目最少且路径距离最大为 distanceThreshold 的城市,如果有多个这样的城市,则返回编号最大的城市。例如,$n=4$,edges$=\{\{0,1,3\},\{1,2,1\},\{1,3,4\},\{2,3,1\}\}$,distanceThreshold$=4$,对应的图如图 7.7 所示,输出为 3。

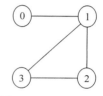

图 7.7   一个城市图

要求设计如下方法:

```
public int findTheCity(int n,int[][] edges,int distanceThreshold) { }
```

问题求解:采用 Dijkstra 算法求顶点 v 到其他顶点的最短路径长度,再求出距离阈值内的顶点个数。n 个顶点调用 n 次 Dijkstra 算法得到这样的顶点个数,用一维数组 B 存储,在 B 数组中求最后一个最小元素的顶点 ans。最后返回 ans。对应的程序如下:

```
class Solution {
    final int MAXN=105;                          //最大顶点个数
    final int INF=0x3f3f3f3f;                     //表示∞
    int A[][]=new int[MAXN][MAXN];               //邻接矩阵数组
    int B[]=new int[MAXN];                        //存放距离阈值内的顶点个数
    public int findTheCity(int n,int[][] edges,int distanceThreshold) {
        for(int i=0;i<n;i++)
            Arrays.fill(A[i],INF);               //A 中所有元素数组为∞
        for(int i=0;i<n;i++)                      //将主对角线元素设置为 0
            A[i][i]=0;
        for(int k=0;k<edges.length;k++) {        //构造邻接矩阵 A
            int i=edges[k][0];
            int j=edges[k][1];
            int w=edges[k][2];
            A[i][j]=A[j][i]=w;
        }
        for(int i=0;i<n;i++)                      //每个顶点调用 Dijkstra 算法得到 B
```

```
        Dijkstra(n,i,distanceThreshold);
    int ans=0;
    int mincnt=INF;                    //表示距离阈值内的最少顶点个数
    for(int i=0;i<n;i++) {             //求最小元素值的顶点 i(一定包含=)
        if(B[i]<=mincnt) {
            ans=i;
            mincnt=B[i];
        }
    }
    return ans;
}
void Dijkstra(int n,int v,int distanceThreshold) {          //Dijkstra算法
    int dist[]=new int[MAXN];
    int S[]=new int[MAXN];      //S[i]=1 表示顶点 i 在 S 中, S[i]=0 表示顶点 i 在 U 中
    for(int i=0;i<n;i++) {
        dist[i]=A[v][i];                  //初始化距离
        S[i]=0;                           //将 S 置空
    }
    S[v]=1;                               //将源点编号 v 放入 S 中
    for(int i=0;i<n-1;i++) {              //循环,直到所有顶点的最短路径都求出
        int mindis=INF;                   //mindis 置初值
        int u=-1;
        for(int j=0;j<n;j++) {            //选取在 U 中且具有最短路径长度的顶点 u
            if(S[j]==0 && dist[j]<mindis) {
                u=j;
                mindis=dist[j];
            }
        }
        if(u==-1) continue;               //找不到这样的最小距离的顶点 u 时跳过
        S[u]=1;                           //顶点 u 加入 S 中
        for(int j=0;j<n;j++) {            //修改在 U 中的顶点的最短路径
            if(S[j]==0) {
                if(A[u][j]<INF && dist[u]+A[u][j]<dist[j])
                    dist[j]=dist[u]+A[u][j];
            }
        }
        B[v]=0;
        for(int j=0;j<n;j++) {            //累计顶点 v 的距离阈值内的顶点个数
            if(j!=v && dist[j]<=distanceThreshold)
                B[v]++;
        }
    }
}
```

上述程序提交时通过,执行用时为 27ms,内存消耗为 39.1MB。

第 **8** 章

保存子问题的解
——动态规划

8.1 单项选择题及其参考答案 ✳

8.1.1 单项选择题

1. 下列算法中通常采用自底向上的方式求最优解的是_____。
    A. 备忘录　　　　B. 动态规划　　　　C. 贪心法　　　　D. 回溯法

2. 备忘录方法是_____的变形。
    A. 分治法　　　　B. 回溯法　　　　C. 贪心法　　　　D. 动态规划

3. 动态规划中状态的特点是_____。
    A. 无前效性　　　B. 无后效性　　　C. 有前效性　　　D. 有后效性

4. 采用动态规划的逆序解法,状态转移方程中的 $f_k(s_k)$ 表示_____。
    A. 阶段 k 中状态 s_k 到终点的最优解　　B. 阶段 k 到终点的最优解
    C. 阶段 0 到阶段 k 中状态 s_k 的最优解　　D. 阶段 0 到阶段 $k+1$ 的最优解

5. 与穷举法相比,动态规划的核心是_____。
    A. 采用动态方法　　　　　　　　B. 采用贪心思路
    C. 存在子问题的分解　　　　　　D. 避免重叠子问题的重复计算

6. 以下关于动态规划的叙述中正确的是_____。
    A. 动态规划分为线性动态规划和非线性动态规划
    B. 对于一个动态规划问题,应用顺推法和逆推法可能会得到不同的最优解
    C. 用动态规划求解,在定义状态时应保证各个阶段中所做决策的相互独立性
    D. 以上都不对

7. 以下_____是备忘录的主要特点。
    A. 采用递归过程求解,并保存子问题的解,在判断是否进一步递归时先判断一下当前子问题是否已有解
    B. 将一个大问题分成多个类似的子问题
    C. 在对问题求解时总是做出在当前看来是最优的选择
    D. 在递归中采用广度优先搜索方式

8. 一个问题可用动态规划算法或贪心算法求解的关键特征是问题的_____。
    A. 贪心选择性质　　　　　　　B. 重叠子问题
    C. 最优子结构性质　　　　　　D. 定义最优解

9. 如果一个问题既可以采用动态规划求解,也可以采用分治法求解,若_____,则应该选择动态规划算法求解。
    A. 不存在重叠子问题　　　　　B. 所有子问题是独立的
    C. 存在大量重叠子问题　　　　D. 以上都不对

10. 下面关于动态规划的说法正确的是_____。
    A. 动态规划利用子结构进行自顶向下求解
    B. 动态规划需要对重叠子问题多次缓存以减少重复计算

C. 动态规划中包含的子问题的解也是最优的

D. 动态规划将分解后的子问题看成相互独立的

11. 以下_____是贪心法与动态规划的主要区别。

    A. 贪心选择性质　　　　　　　　　　　　B. 无后效性

    C. 最优子结构性质　　　　　　　　　　　D. 定义最优解

12. 求解矩阵连乘问题的最佳方法是_____。

    A. 分支限界法　　　B. 动态规划　　　C. 贪心法　　　D. 回溯法

13. 用动态规划求 n 个整数的最大连续子序列和的时间复杂度是_____。

    A. $O(1)$　　　　B. $O(n)$　　　C. $O(n\log_2 n)$　　　D. $O(n^2)$

14. 用动态规划求 n 个整数的最长递增子序列长度的时间复杂度是_____。

    A. $O(1)$　　　　　B. $O(n)$　　　　C. $O(n\log_2 n)$　　　D. $O(n^2)$

15. 给定一个高度为 n 的整数三角形,求从顶部到底部的最小路径和,时间复杂度为_____。

    A. $O(1)$　　　　　B. $O(n)$　　　　C. $O(n\log_2 n)$　　　D. $O(n^2)$

16. Flody 算法是一种_____算法。

    A. 贪心法　　　　B. 回溯法　　　　C. 动态规划　　　D. 穷举法

8.1.2　单项选择题参考答案

1. 答:动态规划采用自底向上的方式(非递归方式)求最优解。答案为 B。

2. 答:备忘录方法是动态规划的变形,采用递归方式求解,即用自顶向下的方式求最优解。答案为 D。

3. 答:动态规划求解问题的性质应该满足最优子结构、无后效性和重叠子问题性质,所以其状态满足无后效性。答案为 B。

4. 答:采用逆序解法时求解过程是从终点推导到起点,$f_k(s_k)$ 表示阶段 k 中状态 s_k 到终点的最优解。答案为 A。

5. 答:动态规划本质上属于穷举法,但通过消除重叠子问题的重复计算来提高性能。答案为 D。

6. 答:动态规划可以采用顺推法和逆推法求解,但得到的最优解是相同的(例如多段图问题中最优解是起点到终点的最小线路长度)。答案为 C。

7. 答:备忘录是动态规划的变形,采用递归+保存子问题解的方法。答案为 A。

8. 答:动态规划求解问题的性质应该满足最优子结构、无后效性和重叠子问题性质,其中最优子结构和无后效性是关键特征。答案为 C。

9. 答:如果该问题存在大量重叠子问题,则应该选择动态规划算法求解,因为动态规划可以避免重叠子问题的重复计算,提高了求解性能。答案为 C。

10. 答:选项 C 是指最优子结构。答案为 C。

11. 答:贪心法与动态规划都必须满足最优子结构性质,但贪心法还必须满足贪心选择性质,而动态规划不必满足贪心选择性质。答案为 A。

12. 答:矩阵连乘问题是求最少数乘次数,最好采用动态规划求解。答案为 B。

13. 答:用动态规划求 n 个整数的最大连续子序列和时,采用 dp[i] 存放以元素 a_i 结尾的最大连续子序列和,这样时间复杂度为 $O(n)$。答案为 B。

14. **答**：用动态规划求 n 个整数的最长递增子序列长度时,采用 dp$[i]$ 存放以 $a[i]$ 结尾的子序列 $a[0..i]$ 中的最长递增子序列的长度,需要通过 dp$[0..i-1]$ 求 dp$[i]$,所以时间复杂度为 $O(n^2)$。答案为 D。

15. **答**：求整数三角形中从顶部到底部的最小路径和时,采用 dp$[i][j]$ 存放从顶部 $a[0][0]$ 到达 (i,j) 位置的最小路径和,通过两重循环求 dp$[i][j]$,对应的时间复杂度为 $O(n^2)$。答案为 D。

16. **答**：Flody 算法属于典型的动态规划算法,依次考虑 $k=0\sim(n-1)$ 的顶点,对应阶段 0～阶段 $n-1$。答案为 C。

8.2　问答题及其参考答案

8.2.1　问答题

1. 简述动态规划法的基本思路。

2. 简述动态规划法与贪心法的异同。

3. 动态规划和分治法有什么区别和联系?

4. 请说明动态规划算法为什么需要最优子结构性质。

5. 给定一个整数序列 a,将 a 中的所有元素递增排序,该问题满足最优子结构性质吗?为什么一般不采用动态规划求解?

6. 为什么迷宫问题一般不采用动态规划方法求解?

7. 给定 $a=\{-1,3,-2,4\}$,设计一维动态规划数组 dp,其中 dp$[i]$ 表示以元素 $a[i]$ 结尾的最大连续子序列和,求 a 的最大连续子序列和,并且给出一个最大连续子序列和 dp 数组值。

8. 给定 $a=\{1,3,2,5\}$,设计一维动态规划数组 dp,其中 dp$[i]$ 表示以 $a[i]$ 结尾的子序列的最长递增子序列长度,求 a 的最长递增子序列长度,并且给出一个最长递增子序列和 dp 数组值。

9. 有一个活动安排问题 Ⅱ,$A=\{[4,6),[6,8),[1,10),[6,12)\}$,不考虑算法优化,求 A 的可安排活动的最长占用时间,并且给出一个最优安排方案的求解过程。

10. 有这样一个 0/1 背包问题,$n=2$,$W=3$,$w=\{2,1\}$,$v=\{3,6\}$,给出利用 0/1 背包问题改进算法求解最大价值的过程。

11. 有这样一个完全背包问题,$n=2$,$W=3$,$w=\{2,1\}$,$v=\{3,6\}$,给出利用完全背包问题改进算法求解最大价值的过程。

12. 有 6 个矩阵分别是 $\boldsymbol{A}_1[20\times25]$、$\boldsymbol{A}_2[25\times5]$、$\boldsymbol{A}_3[5\times15]$、$\boldsymbol{A}_4[15\times10]$、$\boldsymbol{A}_5[10\times20]$、$\boldsymbol{A}_6[20\times25]$,给出利用动态规划求这些矩阵连乘时最少数乘次数的过程。

13. 求 n 个矩阵连乘的结果 $\boldsymbol{A}_1\times\boldsymbol{A}_2\times\cdots\times\boldsymbol{A}_n$,可以采用穷举法求最少数乘次数,从时间性能上分析穷举法与动态规划方法相比有什么缺点。

8.2.2　问答题参考答案

1. 答：动态规划法的基本思路是将待求解问题分解成若干个子问题,先求子问题的解并保存在动态规划数组,然后通过查表获取重叠子问题的解并且合并得到原问题的解。

2. 答：动态规划法的 3 个基本要素是最优子结构性质、无后效性和重叠子问题性质,而贪心法的两个基本要素是贪心选择性质和最优子结构性质。所以两者的共同点是都要求具有最优子结构性质。

两者的不同点如下：

① 求解方式不同。动态规划法是自底向上的,有些具有最优子结构性质的问题只能用动态规划法,有些可用贪心法;而贪心法是自顶向下的。

② 对子问题的依赖不同。动态规划法依赖于各子问题的解,所以应使各子问题最优才能保证整体最优;而贪心算法通常以迭代的方式做出相应的贪心选择,每做一次贪心选择就将所求问题简化为一个规模更小的子问题,所以贪心法不依赖于子问题的解。

3. 答：动态规划将求解大问题分成规模较小的子问题,但所得的各子问题之间有重叠子问题,为了避免子问题的重复计算,用表存储子问题的解。采用自底向上的方式,根据子问题的最优值合并得到更大问题的最优值,进而构造出所求问题的最优解。

分治法也是将待求解的大问题分成若干个规模较小的相同子问题,即该问题具有最优子结构性质。当规模缩小到一定的程度就可以容易地解决。所分解出的各个子问题是相互独立的,即子问题之间不包含公共的子问题;利用该问题分解出的子问题的解可以合并为该问题的解。

4. 答：最优子结构性质是指问题的最优解包含子问题的最优解。动态规划算法是采用自底向上方式求问题的最优解,先计算各个子问题的解,再利用子问题的解构造大问题的解,如果子问题的解不是最优,则构造出的大问题的解一定不是最优,因此需要满足最优子结构性质。

5. 答：序列 a 排序的最优解就是 a 中所有元素递增有序的结果,假设排序结果为 b, $b = \{b_0\}$ 合并 $\{a$ 中除 b_0 以外$\}$ 子问题的排序结果,满足最优子结构性质。因为其中没有重叠子问题,所以一般不采用动态规划求解,适合采用分治法求解,例如快速排序和二路归并排序就是典型的分治法排序算法。

6. 答：动态规划的本质是将问题分解为若干子问题,针对迷宫问题寻找从入口到出口路径的搜索方式是深度优先搜索,而采用深度优先搜索时当一个方块走不下去时就回退,这样不满足无后效性,所以不适合用动态规划法求解。

7. 答：求出 $dp[0] = -1, dp[1] = 3, dp[2] = 1, dp[3] = 5, a$ 的最大连续子序列和为 5,推导出的一个最大连续子序列为 $3, -2, 4$。

8. 答：求出 $dp[0] = 1, dp[1] = 2, dp[2] = 2, dp[3] = 3, a$ 的最长递增子序列长度为 3,推导出的一个最长递增子序列为 $1, 2, 5$。

9. 答：求出的 dp 和 pre 数组如表 8.1 所示,$n = 4$,可安排活动的最长占用时间 $= dp[3] = 9$。求一个最优安排方案的过程是先置解向量 $\boldsymbol{x}$ 为空,$i = 3$,$pre[i] = -1$,跳过 $A[i]$,将 i 减 1 $\Rightarrow i = 2$,由于 $pre[i] \neq -1$,将活动 2 添加到 $\boldsymbol{x}$ 中,置 $i = pre[2] = -2$,说明没有前驱活动,算法结束。结果 $\boldsymbol{x}$ 中仅包含活动 2。

表 8.1　dp 和 pre

i	b	e	length	pre[i]	dp[i]
0	4	6	2	−2	2
1	6	8	2	0	4
2	1	10	9	−2	9
3	6	12	6	−1	9

10. 答：i 从 1 到 2 循环,每次 r 从 3 到 1 循环,计算过程如下。

① 考虑物品 0($i=1$)

$r=3$,放入物品 0⇨dp[3]=3。

$r=2$,放入物品 0⇨dp[2]=3。

$r=1$,放不下物品 0⇨dp[1]=0。

② 考虑物品 1($i=2$)

$r=3$,放入物品 1⇨dp[3]=dp[$r-w[i-1]$]+$v[i-1]$=dp[3−1]+6=dp[2]+6=9（前面状态是 dp[2]）。

$r=2$,放入物品 1⇨dp[2]=dp[$r-w[i-1]$]+$v[i-1]$=dp[2−1]+6=dp[1]+6=6（前面状态是 dp[1]）。

$r=1$,放入物品 1⇨dp[1]=dp[$r-w[i-1]$]+$v[i-1]$=dp[1−1]+6=dp[0]+6=6（前面状态是 dp[0]）。

最后得到放入背包物品的最大总价值 dp[W]=9。

11. 答：i 从 1 到 2 循环,每次 r 从 1 到 3 循环,计算过程如下。

① 考虑物品 0($i=1$)

$r=1$,放不下物品 0⇨dp[1]=0。

$r=2$,放入物品 0⇨dp[2]=3。

$r=3$,放入物品 0⇨dp[3]=3。

② 考虑物品 1($i=2$)

$r=1$,放入物品 1⇨ dp[1]=dp[$r-w[i-1]$]+$v[i-1]$=dp[1−1]+6=dp[0]+6=6（前面状态是 dp[0]）。

$r=2$,放入物品 1⇨ dp[2]=dp[$r-w[i-1]$]+$v[i-1]$=dp[2−1]+6=dp[1]+6=12（前面状态是 dp[1]）。

$r=3$,放入物品 1⇨ dp[3]=dp[$r-w[i-1]$]+$v[i-1]$=dp[3−1]+6=dp[2]+6=18（前面状态是 dp[2]）。

最后得到放入背包物品的最大总价值 dp[W]=18。

12. 答：首先初始化二维动态规划数组 dp 中的所有元素为 0。len 表示处理的区间长度,len 从 1 到 6 循环,其求解过程如下：

(1) len=2

dp[1][2]=dp[2][2]+30×35×15=15750。

dp[2][3]=dp[3][3]+35×15×5=2625。

dp[3][4]=dp[4][4]+15×5×10=750。

dp[4][5]=dp[5][5]+5×10×20=1000。

dp[5][6]=dp[6][6]+10×20×25=5000。

（2）len=3

dp[1][3]=dp[2][3]+30×35×5=7875。

dp[2][4]=min{dp[3][4]+35×15×10=6000,dp[2][3]+dp[4][4]+35×5×10=4375}=4375。

dp[3][5]=min{dp[4][5]+15×5×20=2500,dp[3][4]+dp[5][5]+15×10×20=3750}=2500。

dp[4][6]=min{dp[5][6]+5×10×25=6250,dp[4][5]+dp[6][6]+5×20×25=3500}=3500。

（3）len=4

dp[1][4]=min{dp[2][4]+30×35×10=14875,dp[1][2]+dp[3][4]+30×15×10=21000,dp[1][3]+dp[4][4]+30×5×10=9375}=9375。

dp[2][5]=min{dp[3][5]+35×15×20=13000,dp[2][3]+dp[4][5]+35×5×20=7125,dp[2][4]+dp[5][5]+35×10×20=11375}=7125。

dp[3][6]=min{dp[4][6]+15×5×25=5375,dp[3][4]+dp[5][6]+15×10×25=9500，dp[3][5]+dp[6][6]+15×20×25=10000}=7125。

（4）len=5

dp[1][5]=min{dp[2][5]+30×35×20=28125,dp[1][2]+dp[3][5]+30×15×20=27250,dp[1][3]+dp[4][5]+30×5×20=11875,dp[1][4]+dp[5][5]+30×10×20=15375}=11875。

dp[2][6]=min{dp[3][6]+35×15×25=18500,dp[2][3]+dp[4][6]+35×5×25=10500,dp[2][4]+dp[5][6]+35×10×25=18125,dp[2][5]+dp[6][6]+35×20×25=24625}=10500。

（5）len=6

dp[1][6]=min{dp[2][6]+30×35×25=36750,dp[1][2]+dp[3][6]+30×15×25=32375,dp[1][3]+dp[4][6]+30×5×25=15125,dp[1][4]+dp[5][6]+30×10×25=21875,dp[1][5]+dp[6][6]+30×20×25=26875}=15125。

最少数乘次数是 dp[1][6]=15125。

13. 答：采用穷举法求解时需要在所有计算次序中比较找出最少数乘次数。计算次序总数就是所有放置括号的方法数，设 $f(n)$ 表示 n 个矩阵连乘的方法数，假设要做以下乘法：

$$(A_1 A_2 \cdots A_k) \times (A_{k+1} A_{k+2} \cdots A_n)$$

其中前面 k 个矩阵连乘的方法数为 $f(k)$，后面 $n-k$ 个矩阵连乘的方法数为 $f(n-k)$，则

$$f(n) = \sum_{k=1}^{n-1} f(k) f(n-k)$$

显然 $f(2)=1, f(3)=2$，为了使递推式有意义，令 $f(1)=1$，可以推出：

$$f(n) = \frac{1}{n} C_{n-1}^{2n-2} = O(4^n / n^{1.5})$$

对于某种计算次序求其数乘次数的时间为 $O(n)$，所以用穷举法求解的时间复杂度为 $O(4^n/\sqrt{n})$，远高于动态规划算法的时间复杂度 $O(n^3)$。

8.3　算法设计题及其参考答案　✳

8.3.1　算法设计题

1. 某个问题对应的递归模型如下：

$$f(1)=1$$
$$f(2)=2$$
$$f(n)=f(n-1)+f(n-2)+\cdots+f(1)+1 \quad 当 n>2 时$$

可以采用以下递归算法求解：

```java
long f(int n){
    if(n==1) return 1;
    if(n==2) return 2;
    long sum=1;
    for(int i=1;i<=n-1;i++)
        sum+=f(i);
    return sum;
}
```

但其中存在大量的重复计算，请采用备忘录方法求解。

2. 给定一个长度为 n 的数组 a，其中元素可正、可负、可零，设计一个算法求 a 中的序号 s 和 t，使得 $a[s..t]$ 的元素之和最大。

3. 一个机器人只能向下或向右移动，每次只能移动一步，设计一个算法求它从 $(0,0)$ 移动到 (m,n) 有多少条路径。

4. 有若干面值为 1 元、3 元和 5 元的硬币，设计一个算法求凑够 n 元的最少硬币个数。

5. 给定一个整数数组 a，设计一个算法求 a 中最长递减子序列的长度。

6. 给定一个整数数组 a，设计一个算法求 a 中最长连续递增子序列的长度。例如，$a=\{1,5,2,2,4\}$，最长连续递增子序列为 $\{2,2,4\}$，结果为 3。

7. 有 $n(2\leqslant n\leqslant 100)$ 位同学站成一排，他们的身高用 $h[0..n-1]$ 数组表示，音乐老师要请其中的 $n-k$ 位同学出列，使得剩下的 k 位同学（不能改变位置）排成合唱队形。合唱队形是指这样的一种队形，设 k 位同学从左到右的编号依次为 $1\sim k$，他们的身高分别为 h_1，$h_2,\cdots,h_k$，则他们的身高满足 $h_1\cdots<h_i>h_{i+1}>\cdots>h_k(1\leqslant i\leqslant k)$。设计一个算法求最少需要几位同学出列，可以使剩下的同学排成合唱队形。例如，$n=8$，$h=\{186,186,150,200,160,130,197,220\}$，最少出列 4 位同学，一种满足要求的合唱队形是 $\{150,200,160,130\}$。

8. 牛牛有两个字符串（可能包含空格），他想找出其中最长的公共子串的长度，希望你能帮助他。例如两个字符串分别为"abcde"和"abgde"，结果为 2。

9. 给定一个字符串 s，求该字符串中最长回文的长度。例如，$s=$"aferegga"，最长回文的长度为 3(回文子串为"ere")。

10. 给定一个字符串 s,求字符串中最长回文子序列的长度。例如,$s=$ "aferegga",最长回文子序列的长度为 5(回文子序列为"aerea")。

11. 给定一个含 $n(2 \leqslant n \leqslant 10)$ 个整数的数组 a,其元素值可正、可负、可零,求 a 的最大连续子序列乘积的值。例如,$a=\{-2,-3,2,-5\}$,其结果为 $30(-3 \times 2 \times(-5))$;$a=\{-2,0\}$,其结果为 0。

12. 某实验室经常有活动需要叫外卖,但是每次叫外卖的报销经费的总额最大为 C 元,有 N 种菜可以点,经过长时间的点菜,该实验室对于每种菜 i 都有一个量化的评价分数 V_i(表示这个菜的可口程度),每种菜的价格为 P_i,每种菜最多只能点一次。问如何选择各种菜使得在报销额度范围内点到的菜的总评价分数最大,求这个最大评价分数。例如,$C=90,N=4$,int $P[]=\{20,30,40,10\}$,int $V[]=\{25,20,50,18\}$,求出的最大评价分数为 95。

13. 一种双核 CPU 的两个核能够同时处理任务,现在有 n 个任务需要交给双核 CPU 处理,给出每个任务采用单核处理的时间数组 a。求出采用双核 CPU 处理这批任务的最少时间。例如,$n=5,a=\{3,3,7,3,1\}$ 时,采用双核 CPU 处理这批任务的最少时间为 9。

14. 给定一棵整数二叉树采用二叉链 root 存储,根结点的层次为 1,根结点的孩子结点的层次为 2,以此类推,每个结点对应一个层次,要么取所有奇数层次的结点,要么取所有偶数层次的结点,设计一个算法求这样取结点的最大结点值之和。例如,如图 8.1(a)所示的二叉树的结果为 10(取所有奇数层次的结点),如图 8.1(b)所示的二叉树的结果为 18(取所有偶数层次的结点)。

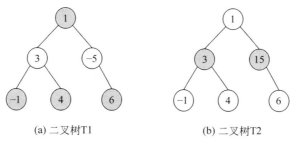

(a) 二叉树T1   (b) 二叉树T2

图 8.1 两棵二叉树

15. 长江游艇俱乐部在长江上设置了 $n(1 \leqslant n \leqslant 100)$ 个游艇出租站,编号为 $0 \sim(n-1)$。游客可在这些游艇出租站租用游艇,并在下游的任何一个游艇出租站归还游艇。游艇出租站 i 到游艇出租站 j 的租金为 $C[i][j](0 \leqslant i < j \leqslant n-1)$。设计一个算法计算出从游艇出租站 0 到游艇出租站 $n-1$ 所需的最少租金。例如 $n=3,C[0][1]=5,C[0][2]=15$,$C[1][2]=7$,则结果为 12,即从出租站 0 到出租站 1 的花费为 5,从出租站 1 到出租站 2 的花费为 7,总计 12。

8.3.2 算法设计题参考答案

1. **解**:设计一个 dp 数组,dp$[i]$ 对应 $f(i)$ 的值,首先将 dp 的所有元素初始化为 0,在计算 $f(i)$ 时,若 dp$[0]>0$,表示 $f(i)$ 已经求出,直接返回 dp$[i]$ 即可,这样避免了重复计算。对应的算法如下:

```
final int MAXN=105;
long dp[];                          //dp[n]保存 f(n)的计算结果
long f11(int n) {                   //被 f1 调用
    if(n==1){
        dp[n]=1;
        return dp[n];
    }
    if(n==2) {
        dp[n]=2;
        return dp[n];
    }
    if(dp[n]>0) return dp[n];
    long sum=1;
    for(int i=1;i<=n-1;i++)
        sum+=f11(i);
    dp[n]=sum;
    return dp[n];
}
long f1(int n) {                    //求解算法
    dp=new long[MAXN];              //所有元素为 0
    return f11(n);
}
```

2. **解**：算法原理参见《教程》中的 8.2.1 节，用 ans 数组存放 $\{s,t\}$，在求 dp 数组的同时求出最大元素 dp[maxi]，则 ans[1] = maxi，置 rsum = dp[maxi]，i = maxi，向前查找和最大的连续子序列，当 $i \geq 0$ 并且 rsum $\neq 0$ 时循环，每次循环执行 rsum = rsum - a[i]，$i = i - 1$。循环结束后置 ans[0] = $i + 1$。对应的算法如下：

```
int[] getst(int a[]) {              //求解算法
    int n=a.length;
    int dp[]=new int[n];
    int maxi=0;                     //最大 dp 元素的序号
    for(int i=1;i<n;i++) {          //求 dp
        dp[i]=Math.max(dp[i-1]+a[i],a[i]);
        if(dp[i]>dp[maxi]) maxi=i;
    }
    int ans[]=new int[2];
    ans[1]=maxi;
    int rsum=dp[maxi];
    int i=maxi;
    while(i>=0 && rsum!=0) {        //向前查找
        rsum-=a[i];
        i--;
    }
    ans[0]=i+1;
    return ans;
}
```

3. **解**：设计二维动态规划数组 dp，其中 dp[i][j]表示从(0,0)移动到(i,j)的路径条

数。由于机器人只能向下或向右移动,对于位置 (i,j) 只有左边 $(i,j-1)$ 和上方 $(i-1,j)$ 位置到达的路径。对应的状态转移方程如下:

$$dp[0][j]=1$$
$$dp[i][0]=1$$
$$dp[i][j]=dp[i][j-1]+dp[i-1][j] \qquad i、j>0$$

最后结果是 $dp[m][n]$。对应的动态规划算法如下:

```
int pathcnt(int m,int n) {                    //求解算法
    int dp[][]=new int[m+1][n+1];             //二维动态规划数组
    for(int i=1;i<=m;i++)
        dp[i][0]=1;
    for(int j=1;j<=n;j++)
        dp[0][j]=1;
    for(int i=1;i<=m;i++){
        for(int j=1;j<=n;j++)
            dp[i][j]=dp[i][j-1]+dp[i-1][j];
    }
    return dp[m][n];
}
```

4. **解**:设计一维动态规划数组 dp,$dp[x]$ 表示凑够 x 元的最少硬币个数。首先置 dp 的所有元素为 ∞,对应的状态转移方程如下:

$$dp[0]=0$$
$$dp[i]=\min\{dp[i-1]+1,dp[i-3]+1,dp[i-5]+1)\}$$

其中,$dp[i-1]+1$ 表示凑上一个 1 元的硬币 $(i \geq 1)$,$dp[i-3]+1$ 表示凑上一个 3 元的硬币 $(i \geq 3)$,$dp[i-5]+1$ 表示凑上一个 5 元的硬币 $(i \geq 5)$。最后 $dp[n]$ 就是问题的解。对应的算法如下:

```
final int INF=0x3f3f3f3f;
int mincnt(int n) {                           //求解算法
    int dp[]=new int[n+1];
    Arrays.fill(dp,INF);                      //初始化所有元素为∞
    dp[0]=0;
    for(int i=1;i<=n;i++) {
        if(i>=1) dp[i]=Math.min(dp[i],dp[i-1]+1);
        if(i>=3) dp[i]=Math.min(dp[i],dp[i-3]+1);
        if(i>=5) dp[i]=Math.min(dp[i],dp[i-5]+1);
    }
    return dp[n];
}
```

5. **解**:算法原理参见《教程》中的 8.2.3 节。对应的算法如下:

```
int maxDeclen(int a[]) {                       //求解算法
    int n=a.length;
    int dp[]=new int[n];                       //一维动态规划数组
```

```
for(int i=0;i<n;i++){
    dp[i]=1;
    for(int j=0;j<i;j++) {
        if(a[i]<a[j])
            dp[i]=Math.max(dp[i],dp[j]+1);
    }
}
int ans=dp[0];
for(int i=1;i<n;i++)
    ans=Math.max(ans,dp[i]);
return ans;
}
```

6. 解：注意该问题与求最长递增子序列不同,这里是求最长连续递增(非严格)子序列。设计动态规划数组为一维数组 dp,其中 $dp[i]$ 表示以 $a[i]$ 结尾的子序列 $a[0..i]$(共 $i+1$ 个元素)中的最长连续递增子序列的长度,初始时置 $dp[0]=1$,计算顺序是 i 从 1 到 $n-1$,对于每个 $a[i]$,$dp[i]$ 置为 1,分为两种情况:

① 若 $a[i] \geqslant a[i-1]$,则 $dp[i]=\max(dp[i],dp[i-1]+1)$。

② 否则最长递增子序列没有改变。

在求出 dp 数组后,通过顺序遍历 dp 求出最大值 $dp[maxi]$,该值就是 a 中最长连续递增子序列的长度。对应的状态转移方程如下:

$$dp[0]=1 \qquad\qquad 初始条件$$
$$dp[i]=1 \qquad\qquad 1 \leqslant i \leqslant n-1$$
$$dp[i]=\max(dp[i],dp[i-1]+1) \quad a[i] \geqslant a[i-1]$$

对应的算法如下:

```
int maxDeclen(int a[]) {              //求解算法
    int n=a.length;
    int dp[]=new int[n];             //一维动态规划数组
    dp[0]=1;
    int maxi=0;
    for(int i=1;i<n;i++) {
        dp[i]=1;
        if(a[i]>=a[i-1])
            dp[i]=Math.max(dp[i],dp[i-1]+1);
        if(dp[i]>dp[maxi]) maxi=i;
    }
    return dp[maxi];
}
```

7. 解：要使出列人数最少,即留的人最多,也就是序列最长。对于同学 i,求出前面小于其身高的最大子序列人数(含自己),再求出后面大于其身高的最大子序列人数(含自己),求出两者之和(含自己两次),对于每位同学求出这样的最大值 ans,显然答案就是 $n-ans+1$。求出前面小于其身高的最大子序列人数就是求最大递增子序列问题,求出后面大于其身高的最大子序列人数就是求反向最大递减子序列问题。对应的算法如下:

```
int dp1[];
int dp2[];
void preless(int a[]) {                    //求前面较小的人数(含自己)
    int n=a.length;
    dp1=new int[n];
    for(int i=0;i<n;i++) {
        dp1[i]=1;
        for(int j=0;j<i;j++) {
            if(a[j]<a[i])
                dp1[i]=Math.max(dp1[i],dp1[j]+1);
        }
    }
}
void postgreater(int a[]) {                //求后面较大的人数(含自己)
    int n=a.length;
    dp2=new int[n];
    for(int i=n-1;i>=0;i--) {       //i从后向前循环
        dp2[i]=1;
        for(int j=i+1;j<n;j++) { //比较 a[i+1..n-1]中的元素
            if(a[j]<a[i])
                dp2[i]=Math.max(dp2[i],dp2[j]+1);
        }
    }
}
int solve(int a[]) {                        //求解算法
    int n=a.length;
    preless(a);
    postgreater(a);
    int ans=dp1[0]+dp2[0];
    int maxi=0;
    for(int i=1;i<n;i++) {
        if(dp1[i]+dp2[i]>ans) maxi=i;
        ans=Math.max(ans,dp1[i]+dp2[i]);
    }
    return n-ans+1;
}
```

8. **解**：这里是求两个字符串的公共子串而不是求最长公共子序列的长度(公共子串相当于连续公共子序列)。设置二维动态规划数组 dp，对于两个字符串 s 和 t，用 $dp[i][j]$ 表示 $s[0..i]$ 和 $t[0..j]$ 的连续公共子串的长度(并非最大长度)。对应的状态转移方程如下：

$dp[i][0] = 1$　　　　　　　　　　若 $s[i] == t[0]$(边界情况:dp 的第 0 列,$0 \leqslant i < n$)
$dp[0][j] = 1$　　　　　　　　　　若 $s[0] == t[j]$(边界情况:dp 的第 0 行,$0 \leqslant j < m$)
$dp[i][j] = dp[i-1][j-1]+1$　若 $s[i] == t[j]$($1 \leqslant i < n, 1 \leqslant j < m$)

最后在 $dp[i][j]$ 中求出最大值 ans 即为所求。对应的算法如下：

```
int Maxlength(String s,String t) {              //求解算法
    int m=s.length();
    int n=t.length();
```

```
int dp[][]=new int[m][n];              //二维动态规划数组
int ans=0;
for(int i=0;i<m;i++) {                  //边界情况:dp 的第 0 列
    if(s.charAt(i)==t.charAt(0))
        dp[i][0]=1;
}
for(int j=0;j<n;j++){                    //边界情况:dp 的第 0 行
    if(s.charAt(0)==t.charAt(j))
        dp[0][j]=1;
}
for(int i=1;i<m;i++) {                   //求 dp 的其他元素
    for(int j=1;j<n;j++) {
        if(s.charAt(i)==t.charAt(j))
            dp[i][j]=dp[i-1][j-1]+1;
        ans=Math.max(ans,dp[i][j]);
    }
}
return ans;
}
```

9. **解**：采用区间动态规划方法,算法原理参见《教程》中的例 8-3,这里仅求最长回文子串的长度。对应的算法如下:

```
int maxPallen(String s) {               //求解算法
    int n=s.length();
    if(n==1) return 1;
    boolean dp[][]=new boolean[n][n];    //二维动态规划数组
    int ans=0;
    for(int len=1;len<=n;len++) {        //按长度 len 枚举区间[i,j]
        for(int i=0;i+len-1<n;i++) {
            int j=i+len-1;
            if(len==1)                   //区间中只有一个字符时为回文子串
                dp[i][j]=true;
            else if(len==2)              //区间长度大于 2 的情况
                dp[i][j]=(s.charAt(i)==s.charAt(j));
            else                         //区间长度大于 2 的情况
                dp[i][j]=(s.charAt(i)==s.charAt(j) && dp[i+1][j-1]);
            if(dp[i][j])
                ans=Math.max(ans,len);   //求最长回文子串的长度
        }
    }
    return ans;
}
```

10. **解**：采用区间动态规划方法求解,注意子序列中的字符不一定是连续的。设置二维动态规划数组 dp(初始化所有元素为 0),dp$[i][j]$表示 $s[i..j]$中最长回文子序列的长度。显然有 dp$[i][i]=1(0 \leqslant i < n)$。对于长度为 len 的子序列 $s[i..j]$分为两种情况:

① 如果两端字符相同($s[i]=s[j]$),若其长度 len 等于 2,则 dp$[i][j]=2$;若其长度大

于 2,则 dp$[i][j]$=dp$[i+1][j-1]+2$。

②如果两端字符不相同,则 dp$[i][j]$=max(dp$[i+1][j]$,dp$[i][j-1]$)。

对应的状态转移方程如下:

dp$[i][i]=1$

dp$[i][j]=2$ 若 $s[i]=s[j]$ 且长度等于 2

dp$[i][j]=$dp$[i+1][j-1]+2$ 若 $s[i]=s[j]$ 且长度大于 2

dp$[i][j]=$max(dp$[i+1][j]$,dp$[i][j-1]$) 其他情况

最终的 dp$[0][n-1]$ 即为所求。对应的算法如下:

```
int maxPallen(String s) {                        //求解算法
    int n=s.length();
    int dp[][]=new int[n][n];
    for(int i=0;i<n;i++)                          //边界情况
        dp[i][i]=1;
    for(int len=2;len<=n;len++) {                 //考虑长度为 len 的子序列
        for(int i=0;i+len-1<n;i++) {              //考虑 s[i..j]子序列
            int j=i+len-1;
            if(s.charAt(i)==s.charAt(j)) {        //两端字符相同
                if(len==2)                        //子序列长度为 2
                    dp[i][j]=2;
                else                              //子序列长度大于 2
                    dp[i][j]=dp[i+1][j-1]+2;
            }
            else                                  //两端字符不相同
                dp[i][j]=Math.max(dp[i+1][j],dp[i][j-1]);
        }
    }
    return dp[0][n-1];
}
```

11. 解:用 ans 存放最大连续子序列乘积的值。考虑存在负数的情况,由于两个负数相乘结果为正数,因此设置两个一维动态规划数组 maxdp 和 mindp,maxdp$[i]$ 和 mindp$[i]$ 表示分别以 $a[i]$ 结尾的最大连续子序列乘积和最小连续子序列乘积。求 maxdp 的状态转移方程如下:

maxdp$[0]=a[0]$

maxdp$[i]=$max3($a[i]$,maxdp$[i-1]*a[i]$,mindp$[i-1]*a[i]$)

在上述第二个式子中,$a[i]$ 表示选择 $a[i]$ 为最大连续子序列乘积的第一个元素,maxdp$[i-1]*a[i]$ 表示选择前面的最大相乘连续子序列加上 $a[i]$ 作为当前最大相乘连续子序列,mindp$[i-1]*a[i]$ 表示选择前面的最小相乘连续子序列加上 $a[i]$ 作为当前最大相乘连续子序列(一般是 mindp$[i-1]$ 和 $a[i]$ 均为负数的情况)。同样求 mindp 的状态转移方程如下:

mindp$[0]=a[0]$

mindp$[i]=$min3($a[i]$,maxdp$[i-1]*a[i]$,mindp$[i-1]*a[i]$)

在上述第二个式子中,$a[i]$ 表示选择 $a[i]$ 为最小连续子序列乘积的第一个元素,

$\text{maxdp}[i-1] * a[i]$ 表示选择前面的最大相乘连续子序列加上 $a[i]$ 作为当前最小相乘连续子序列(一般是 $\text{maxdp}[i-1]$ 为正、$a[i]$ 为负的情况),$\text{mindp}[i-1] * a[i]$ 表示选择前面的最小相乘连续子序列加上 $a[i]$ 作为当前最小相乘连续子序列。

在求出 maxdp 后,通过 $\text{maxdp}[i]$($0 \leqslant i < n$)比较求出的最大值就是最终结果。对应的算法如下:

```java
int maxmulti(int a[]) {                                    //求解算法
    int n=a.length;
    int mindp[]=new int[n];
    int maxdp[]=new int[n];
    int ans=maxdp[0]=mindp[0]=a[0];
    for(int i=1;i<n;i++){
        maxdp[i]=Math.max(a[i],Math.max(maxdp[i-1] * a[i],mindp[i-1] * a[i]));
        mindp[i]=Math.min(a[i],Math.min(maxdp[i-1] * a[i],mindp[i-1] * a[i]));
        ans=Math.max(maxdp[i],ans);
    }
    return ans;
}
```

12. 解:本例类似 0/1 背包问题(每种菜只有选择和不选择两种情况),求总价格为 C 的最大评价分数。采用求 0/1 背包问题的改进算法,设置一个一维动态规划数组 dp,$\text{dp}[j]$ 表示总价格为 j 的最大评价分数。首先初始化 dp 的所有元素为 0,对于第 $i-1$ 种菜,不选择时 $\text{dp}[j]$ 没有变化;若选择,$\text{dp}[j]=\text{dp}[j-P[i-1]]+V[i-1]$,所以有 $\text{dp}[j]=\max(\text{dp}[j], \text{dp}[j-P[i-1]]+V[i-1])$。最终 $\text{dp}[C]$ 即为所求。对应的算法如下:

```java
int maxscore(int P[],int V[],int N,int C) {                //求解算法
    int dp[]=new int[C+1];                                 //一维动态规划数组
    for(int i=1;i<=N;i++) {
        for(int j=C;j>=P[i-1];j--)
            dp[j]=Math.max(dp[j],dp[j-P[i-1]]+V[i-1]);
    }
    return dp[C];
}
```

13. 解:完成 n 个任务需要 sum 时间,放入两个核中执行,假设第一个核的处理时间为 $n1$,第二个核的处理时间为 $\text{sum}-n1$,并假设 $n1 \leqslant \text{sum}/2$,$\text{sum}-n1 \geqslant \text{sum}/2$,要使处理时间最少,则 $n1$ 越来越靠近 $\text{sum}/2$,最终目标是求 $\max(n1, \text{sum}-n1)$ 的最大值。这样转换为 0/1 背包问题,这里仅求最少时间,采用《教程》中 8.6.1 节的 0/1 背包问题的优化算法,对应的动态规划算法如下:

```java
int mintime(int a[]) {                                     //求解算法
    int n=a.length;
    int sum=0;                                             //求所有任务的时间和
    for(int i=0;i<n;i++)
        sum+=a[i];
```

```
int dp[]=new int[sum/2+1];           //一维动态规划数组
for(int i=0;i<n;i++) {
    for(int j=sum/2;j>=a[i];j--)
        dp[j]=Math.max(dp[j],dp[j-a[i]]+a[i]);
}
return Math.max(dp[sum/2],sum-dp[sum/2]);
}
```

14. **解**：本题采用树形动态规划求解，原理参见《教程》中 8.7.2 节的动态规划方法。对于当前结点 root，有取和不取两种可能，设计一维动态规划数组 dp[2]，dp[0]表示不取结点 root 的最大收益，dp[1]表示取结点 root 的最大收益，取左、右孩子的动态规划数组分别用 leftdp[]和 rightdp[]表示：

① 不取结点 root，则必须取 root 的左、右孩子结点，以 root 为根结点的树的最大收益=左子树的最大收益+右子树的最大收益，其中左子树的最大收益=取左孩子结点，右子树的最大收益=取右孩子结点。这样有 dp[0]=leftdp[1]+rightdp[1]。

② 取结点 root，则不能取左、右孩子结点，对应的最大收益=root.val+不取左子结点时左子树的最大收益+不取右子结点时右子树的最大收益，即 dp[1]=root.val+leftdp[0]+rightdp[0]。

最后返回 max(dp[0],dp[1])即可。对应的算法如下：

```
int[] order(TreeNode root) {                //动态规划算法
    int dp[]=new int[2];
    if(root==null) return dp;
    int leftdp[]=order(root.left);
    int rightdp[]=order(root.right);
    dp[0]=leftdp[1]+rightdp[1];
    dp[1]=root.val+leftdp[0]+rightdp[0];
    return dp;
}
int maxSum(TreeNode root) {                  //求解算法
    if(root==null) return 0;
    int dp[]=order(root);
    return Math.max(dp[0],dp[1]);
}
```

15. **解**：这是一道典型的区间动态规划题。设置二维动态规划数组 dp，dp[i][j]表示区间[i,j]（从出租站 i 到出租站 j）的最小费用，区间[i,j]中至少包含两个元素，采用直接枚举区间，即 i 从 0 到 $n-1$、j 从 $i+1$ 到 $n-1$（这样保证区间长度至少为 2）的两重循环，状态转移方程如下：

$$dp[i][i]=0$$
$$dp[i][j]=C[i][j] \qquad\qquad i<j$$
$$dp[i][j]=\min(dp[i][j],dp[i][m]+dp[m][j]) \quad 枚举[i,j]区间的分割点 m$$

最后 dp[0][n-1]就是答案。对应的算法如下：

```
final int INF=0x3f3f3f3f;
int mincost(int C[][],int n) {                    //求解算法
    int dp[][]=new int[n][n];
    for(int i=0;i<n;i++)
        dp[i][i]=0;
    for(int i=0;i<n;i++) {
        for(int j=i+1;j<n;j++)
            dp[i][j]=C[i][j];
    }
    for(int i=n-1;i>=0;i--) {
        for(int j=i+1;j<n;j++) {
            for(int m=i+1;m<j;m++)               //枚举分割点
                dp[i][j]=Math.min(dp[i][j],dp[i][m]+dp[m][j]);
        }
    }
    return dp[0][n-1];
}
```

8.4　在线编程题及其参考答案 ※

8.4.1　LeetCode152——乘积最大的子数组★★

问题描述：给定一个整数数组 nums，设计一个算法求该数组中乘积最大的连续子数组（该子数组中至少包含一个数字），并返回该子数组对应的乘积。例如，nums＝{2,3,−2,4}，最大乘积的子数组是{2,3}，最大乘积为 6。要求设计如下方法：

```
public int maxProduct(int[] nums) { }
```

问题求解：与《教程》中 8.2.1 节的求最大连续子序列和类似，但有所不同，由于 nums 中存在负整数，两个负整数的乘积可能更大，为此设计两个一维动态规划数组 mindp 和 maxdp，其中 mindp$[i]$表示以 nums$[i]$结尾的子数组的最小乘积，maxdp$[i]$表示以 nums$[i]$结尾的子数组的最大乘积。对应的状态转移方程如下：

mindp$[0]$＝nums$[0]$；

maxdp$[0]$＝nums$[0]$；

maxdp$[i]$＝max3(maxdp$[i-1]$ * nums$[i]$,nums$[i]$,mindp$[i-1]$ * nums$[i]$)

mindp$[i]$＝min3(mindp$[i-1]$ * nums$[i]$,nums$[i]$,maxdp$[i-1]$ * nums$[i]$)

在求出 maxdp 数组后，答案 ans 为最大的 maxdp 元素。对应的程序如下：

```
class Solution {
    public int maxProduct(int[] nums) {
        int n=nums.length;
        int mindp[]=new int[n];
        int maxdp[]=new int[n];
```

```
        mindp[0]=nums[0];
        maxdp[0]=nums[0];
        int ans=maxdp[0];
        for(int i=1;i<n;i++) {
            maxdp[i]=Math.max(maxdp[i-1]*nums[i],Math.max(nums[i],mindp[i-1]*
            nums[i]));
            mindp[i]=Math.min(mindp[i-1]*nums[i],Math.min(nums[i],maxdp[i-1]*
            nums[i]));
            ans=Math.max(ans,maxdp[i]);
        }
        return ans;
    }
}
```

上述程序提交时通过,执行用时为 2ms,内存消耗为 38.1MB。

8.4.2　LeetCode64——最小路径和★★

问题描述:给定一个包含非负整数的 $m \times n$ 网格 grid($1 \leqslant m$,$n \leqslant 200$,$0 \leqslant$ grid$[i][j] \leqslant$
100),设计一个算法求一条从左上角到右下角的路径,使得路径上的数字总和最小,每次只
能向下或者向右移动一步。要求设计如下方法:

```
public int minPathSum(int[][] grid) { }
```

问题求解:对于位置(i,j),向下移动一格对应的位置是$(i-1,j)$,向右移动一格对应
的位置是$(i,j+1)$。设置一个二维动态规划数组 dp$[m][n]$,dp$[i][j]$表示到达位置(i,j)
的路径的最小数字和,对应的状态转移方程如下:

$$dp[0][0] = grid[0][0] \qquad \text{起始位置:边界条件 ①}$$
$$dp[i][0] = dp[i-1][0] + grid[i][0] \qquad \text{第 0 列的情况:边界条件 ②}$$
$$dp[0][j] = dp[0][j-1] + grid[0][j] \qquad \text{第 0 行的情况:边界条件 ③}$$
$$dp[i][j] = \min(dp[i-1][j],$$
$$dp[i][j-1]) + grid[i][j] \qquad \text{其他情况}$$

在求出 dp 数组后,dp$[m-1][n-1]$就是到达右下角的路径的最小数字和。对应的程
序如下:

```
class Solution {
    public int minPathSum(int[][] grid) {
        int m=grid.length;
        int n=grid[0].1ength;
        int dp[][]=new int[m][n];
        for(int i=0;i<m;i++)
                dp[i]=new int[n];
            dp[0][0]=grid[0][0];              //起始位置:边界条件①
        for(int i=1;i<m;i++)                  //第 0 列的情况:边界条件②
            dp[i][0]=dp[i-1][0]+grid[i][0];
        for(int j=1;j<n;j++)                  //第 0 行的情况:边界条件③
            dp[0][j]=dp[0][j-1]+grid[0][j];
```

```
    for(int i=1;i<m;i++) {          //其他情况
        for(int j=1;j<n;j++)
            dp[i][j]=Math.min(dp[i-1][j],dp[i][j-1])+grid[i][j];
    }
    return dp[m-1][n-1];
    }
}
```

上述程序提交时通过，执行用时为 2ms，内存消耗为 41.1MB。

8.4.3　LeetCode1289——下降路径的最小和 II★★★

问题描述：给定一个 n 阶（$1 \leqslant n \leqslant 200$）整数方阵 grid（$-99 \leqslant \text{grid}[i][j] \leqslant 99$），定义"非零偏移下降路径"是从 grid 数组中的每一行选择一个数字，且按顺序选出来的数字中相邻数字不在原数组的同一列。设计一个算法求非零偏移下降路径数字和的最小值。要求设计如下方法：

```
public int minFallingPathSum(int[][] grid) { }
```

问题求解：设计二维动态规划数组 $dp[n][n]$，$dp[i][j]$ 表示在 grid 的第 $0 \sim i$ 行中最后选择 $\text{grid}[i][j]$ 元素时非零偏移下降路径的最小和。

从第 0 行的某个位置到达 (i,j) 位置有多条路径，也就是说对于上一行中的任意位置 $(i-1,k)$，只要满足 $k \neq j$，都可能存在到达 (i,j) 位置的路径，如图 8.2 所示，则有

$$dp[i][j] = \text{grid}[i][j] + \min_{0 \leqslant k \leqslant n-1 \text{且} k \neq j} dp[i-1][k]$$

考虑边界条件，当 $i=0$ 时 $dp[0][j] = \text{arr}[0][j]$（$0 \leqslant j \leqslant n-1$）。

在求出 dp 数组后，第 $n-1$ 行中的最小值就是答案。对应的程序如下：

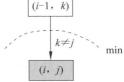

图 8.2　到达 (i,j) 位置的多条路径

```
class Solution {
    public int minFallingPathSum(int[][] grid) {
        int n=grid.length;
        int dp[][]=new int[n][n];
        for(int i=0;i<n;i++)
            dp[i]=new int[n];
        for(int j=0;j<n;j++)                    //第 0 行：边界情况
            dp[0][j]=grid[0][j];
        for(int i=1;i<n;i++) {
            for(int j=0;j<n;j++) {
                int tmp=Integer.MAX_VALUE;
                for(int k=0;k<n;k++) {
                    if(k!=j)
                        tmp=Math.min(tmp,dp[i-1][k]);
                }
                dp[i][j]=grid[i][j]+tmp;
            }
        }
```

```
        int ans=dp[n-1][0];
        for(int j=1;j<n;j++)
            ans=Math.min(ans,dp[n-1][j]);
        return ans;
    }
}
```

上述程序提交时通过,执行用时为 54ms,内存消耗为 46.1MB。另外,也可以采用滚动数组优化空间。对应的程序如下:

```
class Solution {
    public int minFallingPathSum(int[][] grid) {
        int n=grid.length;
        int dp[][]=new int[2][n];
        for(int i=0;i<2;i++)
            dp[i]=new int[n];
        for(int j=0;j<n;j++)                    //第 0 行:边界情况
            dp[0][j]=grid[0][j];
        int c=0;
        for(int i=1;i<n;i++) {
            c=1-c;
            for(int j=0;j<n;j++) {
                int tmp=Integer.MAX_VALUE;
                for(int k=0;k<n;k++) {
                    if(k!=j)
                        tmp=Math.min(tmp,dp[1-c][k]);
                }
                dp[c][j]=grid[i][j]+tmp;
            }
        }
        int ans=dp[c][0];
        for(int j=1;j<n;j++)
            ans=Math.min(ans,dp[c][j]);
        return ans;
    }
}
```

上述程序提交时通过,执行用时为 48ms,内存消耗为 46.2MB。

8.4.4　LeetCode1301——最大得分的路径数目★★★

问题描述:给定一个正方形字符数组 board($2 \leqslant$board.length$=$board[i].length$\leqslant 100$),从数组最右下方的字符'S'出发到达数组最左上方的字符'E',数组剩余的部分为数字字符 1、2、……、9 或者障碍'X',每一步可以向上、向左或者向左上方移动,可以移动的前提是到达的格子没有障碍。一条路径的得分定义为路径上所有数字的和。设计一个算法返回一个列表{x,cnt},x 和 cnt 均为整数,x 表示得分的最大值,cnt 表示得到最大得分的方案数,由于方案数可能巨大,需要对其按 10^9+7 取余。如果没有任何路径可以到达终点,则返回{0,0}。例如,board={"E12","1X1","21S"},如图 8.3 所示,从'S'到'E'有两条路径,路径和均为 4,

所以答案为{4,2}。

要求设计如下方法：

```
public int[] pathsWithMaxScore(List<String>board) { }
```

问题求解：采用动态规划方法，设计二维动态规划数组 dp，其中每个元素为 EType 类型，$dp[i][j].x$ 表示从'S'起点到达当前位置(i,j)的最大得分，$dp[i][j].cnt$ 表示从'S'起点到达当前位置(i,j)的最大得分的方案数。假设 board 为 m 行 n 列，为了方便，将 board 用二维整数数组 mg 表示，路径的起始和结束位置值为 0，'X'位置值为$-\infty$，其他用对应的数字表示。容易发现每一个位置的最大得分和方案数只与横、纵坐标都不比它小的那些位置有关，如图 8.4 所示。让(i,j)从右下角$(m-1,n-1)$开始求 dp 数组。

图 8.3　一个正方形字符数组 board

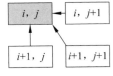

图 8.4　到达(i,j)位置的 3 条路径

用 MOD 表示 10^9+7，对应的状态转移方程如下：

$$dp[m-1][n-1].x=0, dp[m-1][n-1].cnt=1$$

$$dp[i][j].x=\max\{-\infty, \max3\{dp[i+1][j].x, dp[i][j+1].x,$$
$$dp[i+1][j+1].x+mg[i][j]\}$$

$$dp[i][j].cnt=(到达(i,j)位置最大得分方案数之和)\%MOD$$

对应的程序如下：

```
class EType {                               //二维动态规划数组 dp 的元素类
    int x;
    int cnt;
    public EType(int x,int c) {
        this.x=x;
        this.cnt=c;
    }
}
class Solution {
    final int MOD=1000000007;
    final int INF=0x3f3f3f3f;                //表示∞
    public int[] pathsWithMaxScore(List<String>board) {
        int m=board.size();
        int n=board.get(0).length();
        int mg[][]=new int[m][n];
        for(int i=0;i<m;i++) {
            for(int j=0;j<n;j++) {
                if(board.get(i).charAt(j)>='0' && board.get(i).charAt(j)<='9')
                    mg[i][j]=board.get(i).charAt(j)-'0';
                else if(board.get(i).charAt(j)=='S' || board.get(i).charAt(j)=='E')
                    mg[i][j]=0;
```

```
                else                              //board[i][j]='X'时
                    mg[i][j]=-INF;
            }
        }
        EType dp[][]=new EType[m+1][n+1];
        for(int i=0;i<=m;i++)
            for(int j=0;j<=n;j++)
                dp[i][j]=new EType(-INF,0);
        dp[m-1][n-1]=new EType(0,1);
        for(int i=m-1;i>=0;i--) {
            for(int j=n-1;j>=0;j--) {
                if(i==m-1 && j==n-1) continue;        //跳过起点
                dp[i][j].x=Math.max(dp[i+1][j].x,Math.max(dp[i][j+1].x,
                    dp[i+1][j+1].x));
                dp[i][j].cnt=0;                        //从 0 开始
                if(dp[i+1][j].x==dp[i][j].x) {
                    dp[i][j].cnt+=dp[i+1][j].cnt;
                    dp[i][j].cnt%=MOD;
                }
                if(dp[i][j+1].x==dp[i][j].x) {
                    dp[i][j].cnt+=dp[i][j+1].cnt;
                    dp[i][j].cnt%=MOD;
                }
                if(dp[i+1][j+1].x==dp[i][j].x) {
                    dp[i][j].cnt+=dp[i+1][j+1].cnt;
                    dp[i][j].cnt%=MOD;
                }
                dp[i][j].x+=mg[i][j];
                dp[i][j].x=Math.max(-INF,dp[i][j].x);
            }
        }
        int ans[]=new int[2];                          //存放结果
        if(dp[0][0].x<0 || dp[0][0].cnt==0) {
            ans[0]=0; ans[1]=0;
        }
        else {
            ans[0]=(int)dp[0][0].x;
            ans[1]=(int)dp[0][0].cnt;
        }
        return ans;
    }
}
```

上述程序提交时通过,执行用时为 11ms,内存消耗为 39.4MB。

8.4.5 LeetCode139——单词的拆分★★

问题描述:给定一个非空字符串 s 和一个包含非空单词的列表 wordDict,设计一个算法判断 s 是否可以被空格拆分为一个或多个在字典中出现的单词。在拆分时可以重复使用字典中的单词,可以假设字典中没有重复的单词。例如,输入 s = "leetcode", wordDict = {"leet","code"},输出为 true。解释如下,返回 true 是因为"leetcode"可以被拆分成"leet code"。要求设计如下方法：

```
public boolean wordBreak(String s, List<String>wordDict) { }
```

问题求解：设计一维 bool 动态规划数组 dp$[n+1]$，dp$[j]$表示 $s[0..j-1]$（共 j 个字符）是否可以被拆分为一个或多个在字典中出现的单词。单词列表 wordDict 采用 HashSet 哈希集合 hset 表示（查找单词的性能为 $O(1)$）。

初始时置 dp 的所有元素为 false。显然 dp$[0]=$true（认为空串出现在字典中）。用 j 从 1 到 n 循环，i 从 0 到 $j-1$ 循环，取出 $s[i..j-1]$子串，若它出现在 hset 中并且 dp$[i]$为 true（dp$[i]$为 true 时表示 $s[0..i-1]$可以拆分），则说明 $s[0..j-1]$也可以拆分，置 dp$[j]=$ true。

在求出 dp 数组后，如果 dp$[n]$为 true，说明 s 可以拆分，否则说明 s 不可以拆分，返回该元素即可。对应的程序如下：

```
class Solution {
    public boolean wordBreak(String s, List<String>wordDict) {
        HashSet<String>hset=new HashSet<>();
        for(String x:wordDict)
            hset.add(x);
        int n=s.length();
        boolean dp[]=new boolean[n+1];
        dp[0]=true;
        for(int j=1;j<=n;j++) {
            for(int i=0;i<j;i++) {
                String word=s.substring(i,j);          //word=s[i..j-1]
                if(dp[i] && hset.contains(word))
                    dp[j]=true;
            }
        }
        return dp[n];
    }
}
```

上述程序提交时通过，执行用时为 7ms，内存消耗为 39MB。

8.4.6　LeetCode377——组合总和 IV★★

问题描述：给定一个由正整数组成且不存在重复数字的数组，设计一个算法求和为给定目标正整数的组合的个数。例如，nums=$\{1,2,3\}$，target=4，所有可能的组合为$\{1,1,1,1\}$，$\{1,1,2\}$，$\{1,2,1\}$，$\{1,3\}$，$\{2,1,1\}$，$\{2,2\}$，$\{3,1\}$，顺序不同的序列被视作不同的组合，因此输出为 7。要求设计如下方法：

```
public int combinationSum4(int[] nums, int target) { }
```

问题求解：采用动态规划方法求解，类似完全背包问题。对应的程序如下：

```
class Solution {
    public int combinationSum4(int[] nums, int target) {
        int n=nums.length;
        int dp[]=new int[target+1];
        dp[0]=1;
        for(int i=0;i<n;i++) {
            for(int j=0;j<=target;j++) {
                if(j>=nums[i])
                    dp[j]=dp[j]+dp[j-nums[i]];
            }
        }
        return dp[target];
    }
}
```

但是提交时出现执行错误,本题实际上是求排列数。为此将两重 for 循环颠倒过来,这样针对每个 j($0 \leqslant j \leqslant$ target)求出用 nums 中全部或者部分元素凑成 j 的元素排列数,用 dp[j]存储,最后的 dp[target]就是答案。

由于理论上 nums 中的每个元素可以重复任意次,这样 dp[j]可能非常大,甚至大于最大的 int 整数 Integer.MAX_VALUE,这样的 dp[j]没有意义,因此忽略这样的 dp[j]。对应的程序如下:

```
class Solution {
    public int combinationSum4(int[] nums, int target) {
        int n=nums.length;
        int dp[]=new int[target+1];
        dp[0]=1;
        for(int j=0;j<=target;j++) {      //类似完全背包问题中的遍历背包容量
            for(int i=0;i<n;i++) {        //类似完全背包问题中的遍历物品
                if(j-nums[i]>=0 && dp[j]<Integer.MAX_VALUE-dp[j-nums[i]])
                    dp[j]=dp[j]+dp[j-nums[i]];
                                          //dp[j]<Integer.MAX_VALUE-dp[j-nums[i]]时
            }                             //保证 dp[j]<Integer.MAX_VALUE
        }
        return dp[target];
    }
}
```

上述程序提交时通过,执行用时为 1ms,内存消耗为 35.8MB。从中看出,与完全背包问题对比,如果求组合数就是外层 for 循环遍历物品,内层 for 遍历背包;如果求排列数就是外层 for 遍历背包,内层 for 循环遍历物品。

8.4.7　LeetCode300——最长递增子序列★★

问题描述:给定一个整数数组,求其中最长递增(严格)子序列的长度,这里采用动态规划求解。

问题求解:采用动态规划方法,原理见《教程》中的 8.2.3 节。对应的程序如下:

```
class Solution {
    public int lengthOfLIS(int[] nums) {
        int n=nums.length;
        int dp[]=new int[n];
        int ans=0;
        for(int i=0;i<n;i++) {
            dp[i]=1;
            for(int j=0;j<i;j++) {
                if(nums[i]>nums[j])              //当 nums[j]…nums[i]严格递增时
                    dp[i]=Math.max(dp[i],dp[j]+1);
            }
            ans=Math.max(ans,dp[i]);
        }
        return ans;
    }
}
```

上述程序提交时通过,执行用时为 62ms,内存消耗为 38.1MB。

8.4.8　LeetCode354——俄罗斯套娃信封问题★★★

问题描述:给定一些标记了宽度和高度的信封,宽度和高度以整数对形式(w,h)出现。当另一个信封的宽度和高度都比这个信封大的时候,这个信封就可以放进另一个信封里,如同俄罗斯套娃一样。设计一个算法求最多能有多少个信封组成一组"俄罗斯套娃"信封(即可以把一个信封放到另一个信封里面)。例如,输入 envelopes=$\{\{5,4\},\{6,4\},\{6,7\},\{2,3\}\}$,最多信封的个数为 3,其组合为$\{2,3\}=>\{5,4\}=>\{6,7\}$。要求设计如下方法:

```
public int maxEnvelopes(int[][] envelopes) { }
```

问题求解:采用动态规划方法,与本书 8.4.7 节最长递增子序列问题的思路相同,只是需要先对 envelopes 按宽 w 和高 h 递增排序,同样设置一维动态规划数组 dp,dp[i]表示以 i 结尾的最长套娃长度,每次更新 dp[i]为 dp[$0\sim i-1$]里能套上的最大值加 1。对应的程序如下:

```
class Solution {
    public int maxEnvelopes(int[][] envelopes) {
        int n=envelopes.length;
        if(n==1) return n;
        Arrays.sort(envelopes,new Comparator<int[]>() {          //排序
            @Override
            public int compare(int[] o1,int[] o2) {
                if(o1[0]==o2[0])                      //宽度一样时按高度递增排列
                    return o1[1]-o2[1];
                return o1[0]-o2[0];                    //宽度不同时按宽度递增排列
            }
        });
        int dp[]=new int[n];
        int ans=0;
```

```
        for(int i=0;i<n;i++) {
            dp[i]=1;
            for(int j=0;j<i;j++) {
                if(envelopes[j][0]<envelopes[i][0] && envelopes[j][1]<envelopes[i][1])
                    dp[i]=Math.max(dp[i],dp[j]+1);
            }
            ans=Math.max(ans,dp[i]);
        }
        return ans;
    }
}
```

上述程序提交时通过,执行用时为 248ms,内存消耗为 39.6MB。

8.4.9 LeetCode72——编辑距离★★★

问题描述:给定两个单词 word1 和 word2(0≤word1.length,word2.length≤500,word1 和 word2 由小写英文字母组成),设计一个算法求将 word1 转换为 word2 所使用的最少操作数。可以对一个单词进行如下 3 种操作:插入一个字符、删除一个字符或者替换一个字符。例如,word1="horse",word2="ros",答案为 3,对应的操作是将 horse->rorse,rorse->rose,rose->ros。要求设计如下方法:

```
public int minDistance(String word1, String word2) {
```

问题求解:采用动态规划方法,原理见《教程》中的 8.5.2 节。对应的程序如下:

```
class Solution {
    public int minDistance(String word1, String word2) {
        int m=word1.length();
        int n=word2.length();
        int dp[][]=new int[m+1][n+1];              //二维动态规划数组
        for(int i=0;i<=m;i++)
            dp[i]=new int[n+1];
        for(int i=1;i<=m;i++)
            dp[i][0]=i;                            //把 a 的 i 个字符全部删除转换为 b
        for(int j=1; j<=n;j++)
            dp[0][j]=j;                            //在 a 中插入 b 的全部字符转换为 b
        for(int i=1;i<=m;i++) {
            for(int j=1;j<=n;j++) {
                if(word1.charAt(i-1)==word2.charAt(j-1))
                    dp[i][j]=dp[i-1][j-1];
                else
                    dp[i][j]=Math.min(Math.min(dp[i-1][j],dp[i][j-1]),
                        dp[i-1][j-1])+1;
            }
        }
        return dp[m][n];
    }
}
```

上述程序提交时通过，执行用时为 5ms，内存消耗为 40MB。

8.4.10 LeetCode583——两个字符串的删除操作★★

问题描述：给定两个单词 word1 和 word2（单词的长度不超过 500，单词中的字符只能为小写字母），设计一个算法求使 word1 和 word2 相同所需的最小步数，每一步可以删除任意一个字符串中的一个字符。例如，输入"sea"和"eat"，输出为 2，第一步将"sea"变为"ea"，第二步将"eat"变为"ea"。要求设计如下方法：

```
public int minDistance(String word1, String word2) { }
```

问题求解：采用动态规划方法，设字符串 a、b 的长度分别为 m、n，设计一个动态规划二维数组 dp，其中 $dp[i][j]$ 表示使得 $a[0..i-1]$（$1 \leqslant i \leqslant m$）与 $b[0..j-1]$（$1 \leqslant j \leqslant n$）相同所需的最小步数。

显然，当 b 为空串时，要删除 a 中的全部字符转换为 b，即 $dp[i][0]=i$（删除 a 中的 i 个字符，共 i 次操作）；当 a 为空串时，要删除 b 中的全部字符转换为 a，即 $dp[0][j]=j$（删除 b 中的 j 个字符，共 j 次操作）。

对于非空的情况，当 $a[i-1]=b[j-1]$ 时，这两个字符不需要任何操作，即 $dp[i][j]=dp[i-1][j-1]$。当 $a[i-1] \neq b[j-1]$ 时，以下 3 种操作都可以达到目的：

① 删除 $a[i-1]$ 字符，对应的最小步数是 $dp[i-1][j]+1$，也就是 $dp[i][j]=dp[i-1][j]+1$。

② 删除 $b[j-1]$ 字符，对应的最小步数是 $dp[i][j-1]+1$，也就是 $dp[i][j]=dp[i][j-1]+1$。

③ 同时删除 a 中的 $a[i-1]$ 字符和 b 中的 $b[j-1]$ 字符，对应的最小步数是 $dp[i-1][j-1]+2$，也就是 $dp[i][j]=dp[i-1][j-1]+2$。

此时 $dp[i][j]$ 取 3 种操作的最小值。所以得到的状态转移方程如下：

$$dp[i][j]=dp[i-1][j-1] \qquad \text{当 } a[i-1]=b[j-1] \text{ 时}$$
$$dp[i][j]=\min(dp[i-1][j]+1, dp[i][j-1]+1,$$
$$dp[i-1][j-2]+2) \qquad \text{当 } a[i-1] \neq b[j-1] \text{ 时}$$

最后得到的 $dp[m][n]$ 即为所求。对应的程序如下：

```java
class Solution {
    public int minDistance(String word1, String word2) {
        int m=word1.length();
        int n=word2.length();
        int dp[][]=new int[m+1][n+1];
        for(int i=0;i<=m;i++)
            dp[i][0]=i;
        for(int j=0;j<=n;j++)
            dp[0][j]=j;
        for(int i=1;i<=m;i++) {
            for(int j=1;j<=n;j++) {
                if(word1.charAt(i-1)==word2.charAt(j-1))
```

```
                    dp[i][j]=dp[i-1][j-1];
                else
                    dp[i][j]=Math.min(dp[i-1][j-1]+2,Math.min(dp[i-1][j],
                        dp[i][j-1])+1);
            }
        }
        return dp[m][n];
    }
}
```

上述程序提交时通过,执行用时为 8ms,内存消耗为 38.9MB。

8.4.11　LeetCode1143——最长公共子序列★★

问题描述:给定两个字符串 text1 和 text2(均由小写英文字符组成,长度均为 1~1000),设计一个算法求它们的最长公共子序列的长度,如果不存在公共子序列,则返回 0。例,text1 = "abcde",text2 = "ace",答案为 3。要求设计如下方法:

```
public int longestCommonSubsequence(String text1, String text2) { }
```

问题求解:采用动态规划方法,原理见《教程》中的 8.5.1 节,设计二维动态规划数组 dp,其中 dp$[i][j]$为"$a_0a_1\cdots a_{i-1}$"和"$b_0b_1\cdots b_{j-1}$"的最长公共子序列长度。对应的程序如下:

```
class Solution {
    public int longestCommonSubsequence(String text1, String text2) {
        int m=text1.length();              //m 为 text1 的长度
        int n=text2.length();              //n 为 text2 的长度
        int dp[][]=new int[m+1][n+1];
        for(int i=1;i<=m;i++) {
            for(int j=1;j<=n;j++) {        //两重 for 循环处理 text1、text2 的所有字符
                if(text1.charAt(i-1)==text2.charAt(j-1))    //两字符相同时
                    dp[i][j]=dp[i-1][j-1]+1;
                else                       //两字符不相同时
                    dp[i][j]=Math.max(dp[i][j-1],dp[i-1][j]);
            }
        }
        return dp[m][n];
    }
}
```

上述程序提交时通过,执行用时为 10ms,内存消耗为 42.1MB。采用空间优化方法,将 dp 改为一维数组,对应的程序如下:

```
class Solution {
    public int longestCommonSubsequence(String text1, String text2) {
        int m=text1.length();              //m 为 text1 的长度
```

```
            int n=text2.length();              //n 为 text2 的长度
            int dp[]=new int[n+1];             //一维动态规划数组
            for(int i=1;i<=m;i++) {
                int upleft=dp[0];              //阶段 i 初始化 upleft 为 dp[0]或者 0
                for(int j=1;j<=n;j++) {
                    int tmp=dp[j];             //临时保存 dp[j]
                    if(text1.charAt(i-1)==text2.charAt(j-1))    //两字符相同时
                        dp[j]=upleft+1;
                    else
                        dp[j]=Math.max(dp[j-1],dp[j]);          //两字符不相同时
                    upleft=tmp;                //修改 upleft
                }
            }
            return dp[n];
        }
    }
```

上述程序提交时通过,执行用时为 11ms,内存消耗为 36.4MB。

8.4.12　LeetCode91——解码方法★★

问题描述:一条包含字母 A~Z 的消息通过以下映射进行了编码,即'A'→1,'B'→2,…,'Z'→26。要解码已编码的消息,所有数字必须基于上述映射的方法,反向映射回字母(可能有多种方法)。例如,"11106" 可以映射为"AAJF"(对应的分组为 1,1,10,6)或者"KJF"(对应的分组为 11,10,6),但不能分组为 1,11,06,因为"06"不能映射为"F"。给定一个只含数字的非空字符串 s($1 \leqslant s.length \leqslant 100$,$s$ 只包含数字,并且可能包含前导零),设计一个算法求 s 的解码方法的总数。要求设计如下方法:

```
public int numDecodings(String s) { }
```

问题求解:采用动态规划方法。设计一维动态规划数组 dp,其中 $dp[i]$ 表示前 i 个数字对应的解码总数,先初始化所有 dp 元素为 0。为了求 $dp[i]$,考虑 $s[i-1]$ 的各种选择:

(1) 如果 $s[i-1] \neq '0'$,此时可以单独解码 $s[i-1]$,当确定了 $s[i-1]$ 的解码方法后,$dp[i] += dp[i-1]$。

(2) 如果 $i \geqslant 2$,将 $s[i-2]$ 和 $s[i-1]$ 合并后转换为整数 t,若 t 在 10~26 内,说明可以将它们组合起来解码,这样 $dp[i] += dp[i-2]$。

边界条件为 $dp[0]$,那么将 $dp[0]$ 设置为什么呢? 当 $s = '1'$时只有 $dp[1] = dp[0]$,显然有一种解码方法,$dp[1]$ 应该为 1,为此必须设置 $dp[0] = 1$。对应的程序如下:

```
class Solution {
    public int numDecodings(String s) {
        int n=s.length();
        int dp[]=new int[n+1];                 //一维动态规划数组
        dp[0]=1;
        for(int i=1;i<=n;i++) {
```

```
            if(s.charAt(i-1) !='0')
                dp[i]+=dp[i-1];              //单独解码 s[i-1]的情况
            if(i >=2) {
                int t=(s.charAt(i-2)-'0') * 10+s.charAt(i-1)-'0';
                                             //s[i-2]和 s[i-1]合并
                if(t >=10 && t <=26)         //合并有效时
                    dp[i] +=dp[i-2];         //将 s[i-2]和 s[i-1]组合解码的情况
            }
        }
        return dp[n];
    }
}
```

上述程序提交时通过,执行用时为 0ms,内存消耗为 36.5MB。

8.4.13　LeetCode55——跳跃游戏★★

问题描述：给定一个非负整数数组 nums($1 \leqslant$ nums.length $\leqslant 3 \times 10^4, 0 \leqslant$ nums$[i] \leqslant$ 10^5),最初位于数组的第一个下标,数组中的每个元素代表在该位置可以跳跃的最大长度,设计一个算法判断是否能够到达最后一个下标。例如,nums$=\{2,3,1,1,4\}$,第 1 步从位置 0 跳到位置 1,第 2 步从位置 1 跳到位置 4,答案为 true。要求设计如下方法：

```
public boolean canJump(int[] nums) { }
```

问题求解：采用动态规划方法,设计一维动态规划数组 dp,其中 dp$[i]$表示能否从位置 0 跳到位置 i,初始时将所有元素置为 false。显然 dp$[0]=$true。

对于位置 i,考虑每个小于 i 的位置 j,若 dp$[j]$为 true 并且 $j+$nums$[j] \geqslant i$(从位置 j 可以跳到位置 i),则将 dp$[i]$置为 true。最后返回 dp$[n-1]$。对应的程序如下：

```
class Solution {
    public boolean canJump(int[] nums) {
        nt n=nums.length;
        boolean dp[]=new boolean[n];
        dp[0]=true;
        for(int i=1;i<n;i++) {
            for(int j=0;j<i;j++) {
                if(dp[j] && (j+nums[j])>=i) {
                    dp[i]=true;
                    break;              //确定为 true 后退出内循环
                }
            }
        }
        return dp[n-1];
    }
}
```

上述程序提交时通过,执行用时为 785ms,内存消耗为 39.7MB。修改 dp 数组为整型数组,其中 $dp[i]$ 表示从小于或等于 i 的位置跳到的最远位置。显然 $dp[0]=nums[0]$,对于位置 i,若 $dp[i-1]<i$ 说明不能到达位置 i,返回 false,否则置 $dp[i]=\max\{dp[i-1],i+nums[i]\}$。nums 遍历结束后返回 false。对应的程序如下:

```java
class Solution {
    public boolean canJump(int[] nums) {
        int n=nums.length;
        int dp[]=new int[n];
        dp[0]=nums[0];
        for(int i=1;i<n;i++) {
            if(dp[i-1]<i)
                return false;
            dp[i]=Math.max(dp[i-1],i+nums[i]);
        }
        return true;
    }
}
```

上述程序提交时通过,执行用时为 4ms,内存消耗为 39.3MB。

8.4.14 LeetCode122——买卖股票的最佳时机 II

问题描述:给定一个整数数组 prices,其中 $prices[i]$ 表示某只股票第 i 天的价格。设计一个算法计算所能获取的最大利润。

问题求解:采用动态规划方法,利润是从 0 开始的,利润与当前的持股状态有关,持股状态有两种,即持股和不持股。设置二维动态规划数组 dp,$dp[i][j]$ 表示第 i 天持股状态为 j 时的最大利润,$j=0$ 表示当前不持股,$j=1$ 表示当前持股(最多持股数量为 1)。

显然 $dp[0][0]=0$(第 0 天不持股的最大利润为 0),$dp[0][1]=-prices[0]$(第 0 天持股只能是买入股票,其最大利润为 $-prices[0]$,此时有股票而没有卖出时利润为负数)。

对于 $dp[i][0]$,表示今天(对应第 i 天)不持股,有以下两种情况:

① 昨天(对应第 $i-1$ 天)不持股,今天什么都不做,利润与昨天相同,即 $dp[i][0]=dp[i-1][0]$。

② 昨天持股,今天卖出股票,利润为 $dp[i-1][1]+prices[i]$,即 $dp[i][0]=dp[i-1][1]+prices[i]$。

合起来有 $dp[i][0]=\max(dp[i-1][0],dp[i-1][1]+prices[i])$。

对于 $dp[i][1]$,表示今天(对应第 i 天)持股,有以下两种情况:

① 昨天(对应第 $i-1$ 天)持股,今天什么都不做,利润与昨天相同,即 $dp[i][1]=dp[i-1][1]$。

② 昨天不持股,今天买入股票,由于允许多次交易,所以今天的利润就是昨天的利润减去当天买入的股价,即 $dp[i][1]=dp[i-1][0]-prices[i]$(这是与 LeetCode121——买卖股票的最佳时机问题的唯一差别)。

合起来有 $dp[i][1]=\max(dp[i-1][1],dp[i-1][0]-prices[i])$。

对应的状态转移方程如下:

$$dp[0][0] = 0$$
$$dp[0][1] = -\text{prices}[0]$$
$$dp[i][0] = \max(dp[i-1][0], dp[i-1][1] + \text{prices}[i]) \quad \text{当 } i > 0 \text{ 时}$$
$$dp[i][1] = \max(dp[i-1][1], dp[i-1][0] - \text{prices}[i])$$

求出 dp 数组后最大利润就是 $dp[n-1][0]$。对应的程序如下：

```
class Solution {
    public int maxProfit(int[] prices) {
        int n=prices.length;
        if(n<2) return 0;
        int dp[][]=new int[n][2];
        dp[0][0]=0;
        dp[0][1]=-prices[0];
        for(int i=1;i<n;i++) {
            dp[i][0]=Math.max(dp[i-1][0], dp[i-1][1]+prices[i]);
            dp[i][1]=Math.max(dp[i-1][1], dp[i-1][0]-prices[i]);
        }
        return dp[n-1][0];
    }
}
```

上述程序提交时通过,执行用时为 3ms,内存消耗为 38.1MB。将处理每一天看成一个阶段,由于每个阶段仅与前一个阶段相关,所以采用滚动数组优化空间。对应的程序如下：

```
class Solution {
    public int maxProfit(int[] prices) {
        int n=prices.length;
        if(n<2) return 0;
        int dp[]=new int[2];
        dp[0]=0;
        dp[1]=-prices[0];
        for(int i=1;i<n;i++) {
            dp[0]=Math.max(dp[0], dp[1]+prices[i]);
            dp[1]=Math.max(dp[1], dp[0]-prices[i]);
        }
        return dp[0];
    }
}
```

上述程序提交时通过,执行用时为 2ms,内存消耗为 38MB。

8.4.15 LeetCode956——最高的广告牌★★★

问题描述：现在安装一个广告牌,并希望它高度最大。这块广告牌将有两个钢制支架,两边各一个,每个钢支架的高度必须相等;有一堆可以焊接在一起的钢筋 rods($0 \leqslant$ rods.length$\leqslant 20, 1 \leqslant$ rods$[i] \leqslant 1000$,钢筋的长度总和最多为 5000)。设计一个算法求广告牌的最大可能安装高度,如果没法安装广告牌,则返回 0。例如 rods$=\{1,2,3,4,5,6\}$,可以将钢

筋 2,3,5 焊接成为一个支架,将钢筋 4 和 6 焊接成为一个支架,这样广告牌的高度为 10。要求设计如下方法:

```
public int tallestBillboard(int[] rods) { }
```

问题求解:采用动态规划方法。设计二维动态规划数组 dp,其中 dp[i][j]表示处理完钢筋 i 并且两个支架之差为 j 时可以组成的最大广告牌高度。初始时设置 dp 的所有元素为 −1(−1 表示为无效状态),置 dp[0][rods[0]]=dp[0][0]=0(一个钢筋构成的广告牌的高度只能为 0)。对于钢筋 i 有如下选择:

(1) 丢弃钢筋 i,即不选择钢筋 i,则 dp[i][j]=max{dp[i][j],dp[i−1][j]}。

(2) 将钢筋 i 加在较高的支架上,则 dp[i][j+rods[i]]=max{dp[i][j+rods[i]],dp[i−1][j]}。

(3) 将钢筋 i 加在较低的支架上,则 dp[i][|j−rods[i]|]=max{dp[i][|j−rods[i]|],dp[i−1][j]+min(j,rods[i])}。

在求出 dp 数组后,若 dp[n−1][0]=−1,说明没法安装广告牌,返回 0,否则返回 dp[n−1][0]。对应的程序如下:

```java
class Solution {
    public int tallestBillboard(int[] rods) {
        int n=rods.length;
        if(n<=1) return 0;
        int sum=0;
        for(int i=0;i<n;i++)              //求所有钢筋的总长度
            sum+=rods[i];
        int dp[][]=new int[n][sum+1];
        for(int i=0;i<n;i++)              //将 dp 的所有元素初始化为-1
            Arrays.fill(dp[i],-1);
        dp[0][rods[0]]=dp[0][0]=0;
        for(int i=1;i<n;i++)   {
            for(int j=0;j<=sum;j++) {
                if(dp[i-1][j]==-1)    //前面状态无效时跳过
                    continue;
                dp[i][j]=Math.max(dp[i][j],dp[i-1][j]);
                dp[i][j+rods[i]]=Math.max(dp[i][j+rods[i]],dp[i-1][j]);
                dp[i][Math.abs(j-rods[i])]=Math.max(dp[i][Math.abs(j-rods[i])],
                        dp[i-1][j]+Math.min(j,rods[i]));
            }
        }
        return dp[n-1][0]==-1? 0:dp[n-1][0];
    }
}
```

上述程序提交时通过,执行用时为 14ms,内存消耗为 38.8MB。

8.4.16　LeetCode416——分割等和子集★★

问题描述:给定一个只包含正整数的非空数组 nums($1 \leqslant$ nums.length $\leqslant 200, 1 \leqslant$

nums[i]≤100)。设计一个算法判断是否可以将这个数组分割成两个子集,使得两个子集的元素和相等。例如,nums={1,5,11,5},可以分割成{1,5,5}和{11},返回 true;nums={1,2,3,5},不能分割成两个元素和相等的子集,返回 false。要求设计如下方法:

```
public boolean canPartition(int[] nums) { }
```

问题求解:先求出 nums 的所有元素和 sum,显然 sum 为奇数时不能分割成两个元素和相等的子集,返回 false,否则等价于能否在 nums 数组中选择和等于 sum/2 的若干元素,属于典型的 0/1 背包问题。

采用动态规划求解,设置二维动态规划数组 dp,dp[i][r]表示在 nums[0~i−1](共 i 个整数)中能否选择和恰好为 r 的若干整数,对应的状态转移方程如下:

$$dp[i][0] = true$$
$$dp[i][r] = dp[i-1][r] \qquad\qquad r < nums[i-1]$$
$$dp[i][r] = dp[i-1][r] \ || $$
$$\qquad\qquad dp[i-1][r - nums[i-1]] \quad 不选择和选择 nums[i-1] 两种情况$$

对应的程序如下:

```
class Solution {
    public boolean canPartition(int[] nums) {
        int sum=0;
        for(int x:nums)
            sum+=x;
        if(sum%2==1) return false;
        int n=nums.length;
        int W=sum/2;
        boolean dp[][]=new boolean[n+1][W+1];
        for(int i=0;i<=n;i++) {
            dp[i]=new boolean[W+1];
            Arrays.fill(dp[i],false);
        }
        for(int i=0;i<=n;i++)
            dp[i][0]=true;
        for(int i=1;i<=n;i++) {
            for(int r=0;r<=W;r++) {
                if(r<nums[i-1])
                    dp[i][r]=dp[i-1][r];
                else
                    dp[i][r]=dp[i-1][r] || dp[i-1][r-nums[i-1]];
            }
        }
        return dp[n][W];
    }
}
```

上述程序提交时通过,执行用时为 49ms,内存消耗为 39.4MB。采用类似 0/1 背包问题的改进算法,设置一个一维动态规划数组 dp,dp[r]表示选择整数和为 r 的组合总数。对应的程序如下:

```
class Solution {
    public boolean canPartition(int[] nums) {
        int sum=0;
        for(int x:nums)
            sum+=x;
        if(sum%2==1) return false;
        int n=nums.length;
        int W=sum/2;
        boolean dp[]=new boolean[W+1];
        Arrays.fill(dp,false);
        dp[0]=true;
        for(int i=1;i<=n;i++) {
            for(int r=W;r>=nums[i-1];r--) {        //r按 nums[i-1]到 W 的逆序
                dp[r]=dp[r] || dp[r-nums[i-1]];
            }
        }
        return dp[W];
    }
}
```

上述程序提交时通过,执行用时为 25ms,内存消耗为 37.9MB。

8.4.17　LeetCode518——零钱兑换 II★★

问题描述：给定一个整数数组 coins 表示不同面额的硬币（$1 \leqslant$ coins.length $\leqslant 300$，$1 \leqslant$ coins$[i] \leqslant 5000$，coins 中的所有值互不相同），另外给一个整数 amount（$0 \leqslant$ amount $\leqslant 5000$）表示总金额,设计一个算法求可以凑成总金额的硬币组合数。如果任何硬币组合都无法凑出总金额,返回 0,假设每一种面额的硬币有无限个。例如,coins$=\{1,2,5\}$,amount$=5$,有 4 种方式可以凑成总金额,即 $5=5,5=2\times2+1,5=2+3\times1,5=5\times1$,答案为 4。要求设计如下方法：

```
public int change(int amount, int[] coins) { }
```

问题求解：与完全背包问题类似,原理见《教程》中的 8.6.3 节和 8.6.4 节。设计二维动态规划数组 dp,其中 dp$[i][r]$ 表示考虑前 i 种硬币凑成总和为 r 的方案数量。显然 dp$[0][*]=0$,dp$[*][0]=0$。

对于第 $i-1$ 种硬币（面额为 nums$[i-1]$）,有如下选择：

(1) 不选择该硬币,则 dp$[i][r]=$dp$[i-1][r]$。

(2) 选择该硬币,当选择一枚时有 dp$[i][r]+=$dp$[i-1][r-$coins$[i-1]]$,当选择两枚时有 dp$[i][r]+=$dp$[i-1][r-2*$coins$[i-1]]$,最多可以选择 $r/$nums$[i-1]$ 枚,即：

$$\mathrm{dp}[i][r] += \sum_{k=1}^{r/\mathrm{nums}[i-1]} \mathrm{dp}[i-1][r-k*\mathrm{coins}[i-1]]$$

在求出 dp 数组后,dp$[n][$amount$]$ 即为答案。对应的程序如下：

```
class Solution {
    public int change(int amount,int[] coins) {
```

```
        int n=coins.length;
        int dp[][]=new int[n+1][amount+1];              //二维动态规划数组
        dp[0][0]=1;
        for(int i=1;i<=n; i++) {
            for(int r=0;r<=amount;r++) {
                dp[i][r]=dp[i-1][r];
                for(int k=1;k * coins[i-1]<=r;k++)
                    dp[i][r]+=dp[i-1][r-k * coins[i-1]];
            }
        }
        return dp[n][amount];
    }
}
```

上述程序提交时通过,执行用时为 86ms,内存消耗为 44.9MB。采用与完全背包问题类似的空间优化方法,将 dp 改为一维数组,最后返回 dp[amount]。对应的程序如下:

```
class Solution {
    public int change(int amount,int[] coins) {
        int n=coins.length;
        int dp[]=new int[amount+1];              //一维动态规划数组
        dp[0]=1;
        for(int i=1;i<=n;i++) {
            for(int r=coins[i-1];r<=amount;r++)
                dp[r]+=dp[r-coins[i-1]];
        }
        return dp[amount];
    }
}
```

上述程序提交时通过,执行用时为 2ms,内存消耗为 35.8MB。

8.4.18 LeetCode1312——让字符串成为回文串的最少操作次数★★★

问题描述:给定一个字符串 s($1 \leqslant s.length \leqslant 500$,$s$ 中的所有字符都是小写字母),每一次操作都可以在字符串的任意位置插入任意字符。设计一个算法求让 s 成为回文串的最少操作次数。例如,$s=$"mbadm",s 插入两个字符可变为回文"mbdadbm"或者"mdbabdm",答案为 2。要求设计如下方法:

```
public int minInsertions(String s) { }
```

问题求解:采用区间动态规划求解,原理见《教程》中的例 8-3,可以按斜对角线方向求出 dp 数组,最后返回 dp[0][$n-1$]即可。对应的程序如下:

```
class Solution {
    public int minInsertions(String s) {
        int n=s.length();
```

```
        char[] ss=s.toCharArray();              //将 s 转换为字符数组 ss
        int[][] dp=new int[n][n];
        for(int len=2;len<=n;len++) {
            for(int i=0;i+len-1<n;i++) {
                int j=i+len-1;                   //当前区间[i..j]的长度为 len
                if(ss[i]==ss[j])
                    dp[i][j]=dp[i+1][j-1];
                else
                    dp[i][j]=Math.min(dp[i+1][j]+1,dp[i][j-1]+1);
            }
        }
        return dp[0][n-1];
    }
}
```

上述程序提交时通过，执行用时为 11ms，内存消耗为 39.8MB。当然也可以按行自下而上，每一行按从左到右的顺序求出 dp 数组，最后返回 dp[0][$n-1$]。对应的程序如下：

```
class Solution {
    public int minInsertions(String s) {
        int n=s.length();
        char[] ss=s.toCharArray();              //将 s 转换为字符数组 ss
        int[][] dp=new int[n][n];
        for(int i=n-2;i>=0;i--) {
            for(int j=i+1;j<n;j++) {            //当前区间为[i..j]
                if(ss[i]==ss[j])
                    dp[i][j]=dp[i+1][j-1];
                else
                    dp[i][j]=Math.min(dp[i+1][j]+1,dp[i][j-1]+1);
            }
        }
        return dp[0][n-1];
    }
}
```

上述程序提交时通过，执行用时为 10ms，内存消耗为 39.7MB。

第 **9** 章　最难问题——NP
完全问题

9.1　单项选择题及其参考答案　※

9.1.1　单项选择题

1. 下面的说法中错误的是_____。
   A. 可以用确定性算法在运行多项式时间内得到解的问题属于 P 类
   B. NP 问题是指可以在多项式时间内验证一个解的问题
   C. 所有的 P 类问题都是 NP 问题
   D. NP 完全问题不一定属于 NP 问题

2. 以下关于判定问题难易处理的叙述中正确的是_____。
   A. 可以由多项式时间算法求解的问题是难问题
   B. 需要超过多项式时间算法求解的问题是易问题
   C. 可以由多项式时间算法求解的问题是易问题
   D. 需要超过多项式时间算法求解的问题是不能处理的

3. 下面关于 NP 问题的说法中正确的是_____。
   A. NP 问题都是不可能解决的问题　　B. P 类问题包含在 NP 类问题中
   C. NP 完全问题是 P 类问题的子集　　D. NP 类问题包含在 P 类问题中

4. 求单源最短路径的 Dijkstra 算法属于_____。
   A. P 类　　　　　　　　　　　　　　B. NP 类

5. 快速排序算法属于_____。
   A. P 类　　　　　　　　　　　　　　B. NP 类

6. 求子集和算法属于_____。
   A. P 类　　　　　　　　　　　　　　B. NP 完全问题

7. 求全排列算法属于_____。
   A. P 类　　　　　　　　　　　　　　B. NP 完全问题

9.1.2　单项选择题参考答案

1. **答**：NP 完全问题一定属于 NP 问题。答案为 D。
2. **答**：易问题是指可以由多项式时间算法求解的问题。答案为 C。
3. **答**：P 类问题包含在 NP 类问题中。答案为 B。
4. **答**：求单源最短路径的 Dijkstra 算法的时间复杂度为 $O(n^2)$，是多项式级的算法，属于 P 类问题。答案为 A。
5. **答**：快速排序算法的时间复杂度为 $O(n\log_2 n)$，是多项式级的算法，属于 P 类问题。答案为 A。
6. **答**：求子集和算法的时间复杂度为 $O(2^n)$，是非多项式级的算法，可以证明属于 NP 完全问题。答案为 B。
7. **答**：求全排列算法的时间复杂度为 $O(n!)$，是非多项式级的算法，可以证明属于 NP

完全问题。答案为 B。

9.2.1   问答题

1. 简述 P 类和 NP 类问题的不同点。

2. 为什么说 NP 完全问题是最难问题。

3. 证明求两个 m 行 n 列的二维整数矩阵相加问题属于 P 类问题。

4. 给定一个整数序列 a，求 a 中所有元素是否都是唯一的，写出对应的判定问题。

5. 证明 0/1 背包问题属于 NP 类。

6. 顶点覆盖问题是这样描述的，给定一个无向图 $G=(V,E)$，求 V 的一个最小子集 V' 的大小，使得如果 $(u,v) \in E$，则有 $u \in V'$ 或者 $v \in V'$，或者说 E 中的每一条边至少有一个顶点属于 V'。写出对应的判定问题 VCOVER。

7. 利用团集判定问题 CLIQUE 是 NP 完全问题，证明第 6 题的 VCOVER 问题属于 NP 完全问题。

8. 利用 VCOVER 问题是 NP 完全问题，证明团集判定问题 CLIQUE 是 NP 完全问题。

9.2.2   问答题参考答案

1. **答**：一个判定问题 Π 如果可以用一个确定性算法在多项式时间内判定或者解出，则该判定问题属于 P 类问题。

一个判定问题 Π 如果可以用一个确定性算法在多项式时间内检测或者验证它的解，则该判定问题属于 NP 类问题。

2. **答**：如果对所有的 $\Pi' \in NP, \Pi' \leqslant_p \Pi$，则称 Π 是 NP 难的。NP 完全问题的定义是如果 Π 是 NP 难的并且 $\Pi \in NP$ 类，则 Π 是 NP 完全问题，从中看出 NP 完全问题不会比 NP 类中的任何问题容易，反过来可以说 NP 完全问题是 NP 中最难的问题。

3. **证明**：$C=A+B$ 的确定性算法如下。

```
void add(vector<int> &A, vector<int> &B, vector<int> &C) {
    int m=A.size();
    int n=A[0].size();
    for(int i=0;i<m;i++){
        for(int j=0;j<n;j++)
            C[i][j]=A[i][j]+B[i][j];
    }
}
```

上述算法是多项式时间算法，所以该问题属于 P 类问题。

4. **答**：对应的判定问题是一个整数序列 a 中存在两个相同的元素吗？

5. **证明**：0/1 背包问题的判定问题是，对于正整数 W 和 C，问能否在背包中装入总重量不超过 W 且总价值不少于 C 的物品？

如果以 W 作为背包总重量的一个实例求出的最大价值为 c，容易建立一个确定性算法来验证 c 是否确实是一个解，若 $c \geqslant C$ 则回答 yes。所以 0/1 背包问题属于 NP 类问题。

6. **答**：顶点覆盖判定问题 VCOVER 是给定无向图 $G = (V, E)$ 和一个正整数 k，问 G 中是否存在大小为 k 的子集 V'，使得 E 中的每一条边至少有一个顶点属于 V'？

7. **证明**：这里主要证明 CLIQUE$\leqslant_p$VCOVER 成立。

对于含 n 个顶点的无向图 $G = (V, E)$，假设有一个大小为 k 的团集 V'，构造 G 的补图 $G' = (V, E')$，$E' = \{(u, v) \mid u, v \in V \text{ 且 } (u, v) \notin E\}$。

首先证明 $V - V'$ 是图 G' 的顶点覆盖。任意给 $(u, v) \in E'$，则 $(u, v) \notin E$，由于 V' 中的任意一对顶点都是相连的，所以 u 或者 v 至少有一个顶点不在 V' 中，否则与 $(u, v) \notin E$ 矛盾。也就是说 u 或者 v 至少有一个顶点在 $V - V'$ 中，因此边 (u, v) 被集合 $V - V'$ 覆盖。从而 E 中的任意一条边都被 $V - V'$ 覆盖。因此 $V - V'$ 是图 $G' = (V, E')$ 的一个顶点覆盖，并且其大小为 $n - k$。

反过来，假设图 $G' = (V, E')$ 有一个大小为 $n - k$ 的顶点覆盖，则对于任意的 $u, v \in V$，如果 $(u, v) \in E'$，则 $u \in V'$，或者 $v \in V'$，或者均在 V' 中。反过来，则对于任意的 $u, v \in V$，如果 $u \notin V'$ 且 $v \notin V'$，则 $(u, v) \in E$，这意味着 $V - V'$ 构成图 G 的一个完全子图，其大小为 $n - |V'| = k$。

上述由 G 构造 G' 是多项式时间，所以有 CLIQUE$\leqslant_p$VCOVER，所证成立。

8. **证明**：这里主要证明 VCOVER$\leqslant_p$CLIQUE 成立。

对于含 n 个顶点的无向图 $G = (V, E)$，假设有一个大小为 k 的顶点覆盖 V'，构造 G 的补图 $G' = (V, E')$，$E' = \{(u, v) \mid u, v \in V \text{ 且 } (u, v) \notin E\}$。

V' 中有 k 个顶点，则 G 中的任何一条边至少有一个顶点在 V' 中，这样 $V - V'$ 含 $n - k$ 个顶点，并且 $V - V'$ 中的顶点在 G 中不存在边，则它们在 G' 中都存在边，构成一个大小为 $n - k$ 的团集。假设 $V - V'$ 不是 G' 的大小为 $n - k$ 的团集，则 $V - V'$ 中存在顶点对 (u, v) 在 G' 中没有边，那么这条边就在 G 中，但由于 u 和 v 都不在 V' 中，故产生矛盾，假设不成立。

反过来，如果 $V - V'$ 是 G' 中一个大小为 $n - k$ 的团集，则 V' 是 G 的一个大小为 k 的覆盖。假设 (u, v) 是 G 中的边，但没有被 V' 覆盖，则 u 和 v 都在 $V - V'$ 中，但边 (u, v) 不在 G' 中，故产生矛盾。

上述由 G 构造 G' 是多项式时间，所以有 VCOVER$\leqslant_p$CLIQUE，所证成立。

附　录

附录 A　在线编程实验报告格式

每次实验要求提交完整的实验报告。实验报告的基本格式如下：

1. 设计人员相关信息

（1）设计者姓名、学号和班号。

（2）设计日期。

2. 实验设计相关信息

（1）实验题及其问题描述。

（2）实验目的。

（3）算法描述。

（4）实验源程序。

（5）提交结果。

（6）实验体会。

附录 B　在线编程实验报告示例

1. 设计人员相关信息

省略。

2. 实验题及其问题描述

实验题：给表达式添加运算符（LeetCode282★★★）

问题描述：给定一个仅包含数字 0～9 的字符串 num（长度为 1～10）和一个目标值整数 target（$-2^{31} \leqslant$ target $\leqslant 2^{31}-1$），设计一个回溯算法在 num 的数字之间添加二元运算符 '+'、'−'或'∗'，返回所有能够得到目标值的表达式。例如，num＝"123"，target＝6，算法返回 {"1+2+3","1∗2∗3"}；num＝"105"，target＝5，算法返回［"1∗0+5","10−5"］。要求设计如下方法：

```
public List<String>addOperators(String num,int target) { }
```

3. 实验目的

考查学生对回溯法知识点的掌握程度，提高学生利用回溯法算法策略设计解决复杂问题的能力。

4. 算法描述

采用回溯法求解，用 i 遍历 num，如图 B.1 所示。对于当前数字 num[i]，现在要在前面添加二元运算符'+'、'−'或'∗'，假设前面构造的表达式为 exps，对应的值是 expv，如果只有运

算符'+'和'−',可以很容易将运算值回溯,如选取 op='+',则 exps=exps+"+"+num[i],expv=expv+(num[i]−'0');选取 op='−',则 exps=exps+"−"+num[i],expv=expv+(num[i]−'0')。当选取 op='*'时,由于存在运算优先级的问题,需要记录形如 a+b*c 中的乘法部分,为此需要额外记录最后一次的计算项 prev(相当于 a+b*c 中的 b),即置 exps=exps+"*"+num[i],expv=expv−prev+prev*nums[i],prev=prev*num[i]。

另外,需要注意运算数可能由一位或者多位数字构成,也就是说若当前考虑数字 num[i],数字分割点可能是 $i \sim n-1$,即 num[$i..j$](num[i]≠'0',$i \leqslant j < n$)均可能作为当前分割的数字,用 cur 表示,因此需要枚举所有有效的 cur。

例如,num="105",target=5。这里 $n=3$,首先 $i=0$,num[0]='1',首数字前面不必加运算符(可以看成添加空运算符),枚举 num[0..2],得到 3 个子问题"1 op 05"、"10 op 5"和"105",其中 op 表示分割点。对于子问题"1 op 05",由于"05"以"0"开头,不能在"0"和"5"之间继续分割,相当于子问题"1 op 05"分割的子问题只有"1 op 05",再考虑 op 取'+'、'−'和'*'的各种情况。当到达叶子结点时若 expv=target,则得到一个解。其求解过程如图 B.2 所示。

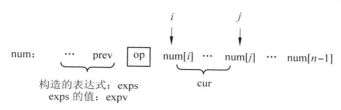

图 B.1 用 i 遍历 num

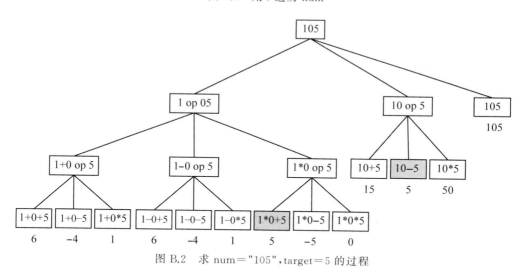

图 B.2 求 num="105",target=5 的过程

5. 实验源程序

本实验对应的程序代码如下:

```
class Solution {
    List<String>ans=new ArrayList<>();            //存放结果
    String num;
    int target;
```

```java
public List<String>addOperators(String num,int target) {
    this.num=num;
    this.target=target;
    long expv=0;
    String exps="";
    long prev=0;
    dfs(expv,exps,prev,0);
    return ans;
}
void dfs(long expv,String exps,long prev,int i) {
    if(i==num.length()) {                            //到达一个叶子结点
        if(expv==target)
        ans.add(exps);                               //找到一个解,将其添加到 ans 中
        return ;
    }
    for(int j=i;j<num.length();j++) {                //枚举从 num[i]开始的数字
        if(j!=i && num.charAt(i)=='0') break;        //'0'不作为前导零
        long cur=Long.parseLong(num.substring(i,j+1));
                                                     //将 num[i..j]转换为整数 cur
        if(i==0)                                     //开头不能添加符号(相当于添加' ')
            dfs(cur,""+cur,cur,j+1);
        else {
            dfs(expv+cur,exps+"+"+cur,cur,j+1);
            dfs(expv-cur,exps+"-"+cur,-cur,j+1);
            dfs(expv-prev+prev * cur,exps+" * "+cur,prev * cur,j+1);
        }
    }
}
```

6. 提交结果

本实验的提交结果如图 B.3 所示。

```
执行结果：   通过   显示详情›

执行用时： 97 ms ,在所有 Java 提交中击败了 50.81% 的用户

内存消耗： 42.1 MB ,在所有 Java 提交中击败了 13.36% 的用户

通过测试用例： 23 / 23
```

图 B.3　实验提交结果

7. 实验体会

在实验设计中很容易产生两种误解：

（1）将题目解读成任意两个相邻数字之间必须添加运算符'＋'、'－'或' * '，这样 num＝"105"，target＝5 问题只有一个解，即"1 * 0＋5"，这样就漏掉了解"10－5"。

（2）将题目解读成任意两个相邻数字之间必须添加运算符'＋'、'－'、' * '或者" "（空运算符），这样对于 num＝"105"，target＝5 问题可以找到另外一个解"10－5"，但实际上是错误的，因为在后面添加空运算符"时无法回溯前面的" * "的结果。

图书资源支持

感谢您一直以来对清华版图书的支持和爱护。为了配合本书的使用，本书提供配套的资源，有需求的读者请扫描下方的"书圈"微信公众号二维码，在图书专区下载，也可以拨打电话或发送电子邮件咨询。

如果您在使用本书的过程中遇到了什么问题，或者有相关图书出版计划，也请您发邮件告诉我们，以便我们更好地为您服务。

我们的联系方式：

地　　址：北京市海淀区双清路学研大厦 A 座 714

邮　　编：100084

电　　话：010-83470236　010-83470237

客服邮箱：2301891038@qq.com

QQ：2301891038（请写明您的单位和姓名）

资源下载：关注公众号"书圈"下载配套资源。

资源下载、样书申请

书 圈

图书案例

清华计算机学堂

观看课程直播